中国石油科技进展丛书（2006—2015年）

井下作业

主 编：雷 群
副主编：李益良

石油工业出版社

内 容 提 要

本书系统地阐述了中国石油2006—2015年在井下作业技术与装备方面取得的重要成果及新进展，详细介绍了精细分层注水、大修作业、带压作业、连续油管作业、节能环保及自动化作业、试油及水平井压裂作业等井下作业的技术原理、现场试验及应用效果，并对中国井下作业技术的未来发展趋势进行了展望。

本书可供现场井下作业技术人员、科研院所研发人员以及从事相关技术的管理人员阅读，也可供石油院校相关专业师生参考。

图书在版编目（CIP）数据

井下作业/雷群主编.—北京：
石油工业出版社，2019.1
（中国石油科技进展丛书.2006—2015年）
ISBN 978-7-5183-3008-9

Ⅰ.①井… Ⅱ.①雷… Ⅲ.①井下作业–研究 Ⅳ.
①TE358

中国版本图书馆CIP数据核字（2018）第273081号

出版发行：石油工业出版社
　　　　　（北京安定门外安华里2区1号　100011）
　　　　　网　址：www.petropub.com
　　　　　编辑部：（010）64523537　图书营销中心：（010）64523633
经　　销：全国新华书店
印　　刷：北京中石油彩色印刷有限责任公司

2019年1月第1版　2019年1月第1次印刷
787×1092毫米　开本：1/16　印张：14
字数：340千字

定价：120.00元
（如出现印装质量问题，我社图书营销中心负责调换）
版权所有，翻印必究

《中国石油科技进展丛书（2006—2015年）》编委会

主　任：王宜林

副主任：焦方正　喻宝才　孙龙德

主　编：孙龙德

副主编：匡立春　袁士义　隋　军　何盛宝　张卫国

编　委：（按姓氏笔画排序）

于建宁　马德胜　王　峰　王卫国　王立昕　王红庄
王雪松　王渝明　石　林　伍贤柱　刘　合　闫伦江
汤　林　汤天知　李　峰　李忠兴　李建忠　李雪辉
吴向红　邹才能　闵希华　宋少光　宋新民　张　玮
张　研　张　镇　张子鹏　张光亚　张志伟　陈和平
陈健峰　范子菲　范向红　罗　凯　金　鼎　周灿灿
周英操　周家尧　郑俊章　赵文智　钟太贤　姚根顺
贾爱林　钱锦华　徐英俊　凌心强　黄维和　章卫兵
程杰成　傅国友　温声明　谢正凯　雷　群　蔺爱国
撒利明　潘校华　穆龙新

专　家　组

成　员：刘振武　童晓光　高瑞祺　沈平平　苏义脑　孙　宁
　　　　高德利　王贤清　傅诚德　徐春明　黄新生　陆大卫
　　　　钱荣钧　邱中建　胡见义　吴　奇　顾家裕　孟纯绪
　　　　罗治斌　钟树德　接铭训

《井下作业》编写组

主　　编：雷　群

副 主 编：李益良

编写人员：（按姓氏笔画排序）

马圣凯　王凤山　王全宾　王家禄　史永庆　史健搏
兰乘宇　朱世佳　刘国军　刘国良　孙　虎　孙　强
李　涛　张立新　张守华　张绍林　张随望　张　磊
陆红军　陈　强　明尔扬　岳湘刚　金显鹏　郝忠献
胡强法　黄守志　韩伟业　韩　雄　管保山　魏　然

序

习近平总书记指出，创新是引领发展的第一动力，是建设现代化经济体系的战略支撑，要瞄准世界科技前沿，拓展实施国家重大科技项目，突出关键共性技术、前沿引领技术、现代工程技术、颠覆性技术创新，建立以企业为主体、市场为导向、产学研深度融合的技术创新体系，加快建设创新型国家。

中国石油认真学习贯彻习近平总书记关于科技创新的一系列重要论述，把创新作为高质量发展的第一驱动力，围绕建设世界一流综合性国际能源公司的战略目标，坚持国家"自主创新、重点跨越、支撑发展、引领未来"的科技工作指导方针，贯彻公司"业务主导、自主创新、强化激励、开放共享"的科技发展理念，全力实施"优势领域持续保持领先、赶超领域跨越式提升、储备领域占领技术制高点"的科技创新三大工程。

"十一五"以来，尤其是"十二五"期间，中国石油坚持"主营业务战略驱动、发展目标导向、顶层设计"的科技工作思路，以国家科技重大专项为龙头、公司重大科技专项为抓手，取得一大批标志性成果，一批新技术实现规模化应用，一批超前储备技术获重要进展，创新能力大幅提升。为了全面系统总结这一时期中国石油在国家和公司层面形成的重大科研创新成果，强化成果的传承、宣传和推广，我们组织编写了《中国石油科技进展丛书（2006—2015年）》（以下简称《丛书》）。

《丛书》是中国石油重大科技成果的集中展示。近些年来，世界能源市场特别是油气市场供需格局发生了深刻变革，企业间围绕资源、市场、技术的竞争日趋激烈。油气资源勘探开发领域不断向低渗透、深层、海洋、非常规扩展，炼油加工资源劣质化、多元化趋势明显，化工新材料、新产品需求持续增长。国际社会更加关注气候变化，各国对生态环境保护、节能减排等方面的监管日益严格，对能源生产和消费的绿色清洁要求不断提高。面对新形势新挑战，能源企业必须将科技创新作为发展战略支点，持续提升自主创新能力，加快构筑竞争新优势。"十一五"以来，中国石油突破了一批制约主营业务发展的关键技术，多项重要技术与产品填补空白，多项重大装备与软件满足国内外生产急需。截至2015年底，共获得国家科技奖励30项、获得授权专利17813项。《丛书》全面系统地梳理了中国石油"十一五""十二五"期间各专业领域基础研究、技术开发、技术应用中取得的主要创新性成果，总结了中国石油科技创新的成功经验。

《丛书》是中国石油科技发展辉煌历史的高度凝练。中国石油的发展史，就是一部创业创新的历史。建国初期，我国石油工业基础十分薄弱，20世纪50年代以来，随着陆相生油理论和勘探技术的突破，成功发现和开发建设了大庆油田，使我国一举甩掉贫油的帽子；此后随着海相碳酸盐岩、岩性地层理论的创新发展和开发技术的进步，又陆续发现和建成了一批大中型油气田。在炼油化工方面，"五朵金花"炼化技术的开发成功打破了国外技术封锁，相继建成了一个又一个炼化企业，实现了炼化业务的不断发展壮大。重组改制后特别是"十二五"以来，我们将"创新"纳入公司总体发展战略，着力强化创新引领，这是中国石油在深入贯彻落实中央精神、系统总结"十二五"发展经验基础上、根据形势变化和公司发展需要作出的重要战略决策，意义重大而深远。《丛书》从石油地质、物探、测井、钻完井、采油、油气藏工程、提高采收率、地面工程、井下作业、油气储运、石油炼制、石油化工、安全环保、海外油气勘探开发和非常规油气勘探开发等15个方面，记述了中国石油艰难曲折的理论创新、科技进步、推广应用的历史。它的出版真实反映了一个时期中国石油科技工作者百折不挠、顽强拼搏、敢于创新的科学精神，弘扬了中国石油科技人员秉承"我为祖国献石油"的核心价值观和"三老四严"的工作作风。

《丛书》是广大科技工作者的交流平台。创新驱动的实质是人才驱动，人才是创新的第一资源。中国石油拥有21名院士、3万多名科研人员和1.6万名信息技术人员，星光璀璨，人文荟萃、成果斐然。这是我们宝贵的人才资源。我们始终致力于抓好人才培养、引进、使用三个关键环节，打造一支数量充足、结构合理、素质优良的创新型人才队伍。《丛书》的出版搭建了一个展示交流的有形化平台，丰富了中国石油科技知识共享体系，对于科技管理人员系统掌握科技发展情况，做出科学规划和决策具有重要参考价值。同时，便于科研工作者全面把握本领域技术进展现状，准确了解学科前沿技术，明确学科发展方向，更好地指导生产与科研工作，对于提高中国石油科技创新的整体水平，加强科技成果宣传和推广，也具有十分重要的意义。

掩卷沉思，深感创新艰难、良作难得。《丛书》的编写出版是一项规模宏大的科技创新历史编纂工程，参与编写的单位有60多家，参加编写的科技人员有1000多人，参加审稿的专家学者有200多人次。自编写工作启动以来，中国石油党组对这项浩大的出版工程始终非常重视和关注。我高兴地看到，两年来，在各编写单位的精心组织下，在广大科研人员的辛勤付出下，《丛书》得以高质量出版。在此，我真诚地感谢所有参与《丛书》组织、研究、编写、出版工作的广大科技工作者和参编人员，真切地希望这套《丛书》能成为广大科技管理人员和科研工作者的案头必备图书，为中国石油整体科技创新水平的提升发挥应有的作用。我们要以习近平新时代中国特色社会主义思想为指引，认真贯彻落实党中央、国务院的决策部署，坚定信心、改革攻坚，以奋发有为的精神状态、卓有成效的创新成果，不断开创中国石油稳健发展新局面，高质量建设世界一流综合性国际能源公司，为国家推动能源革命和全面建成小康社会作出新贡献。

2018年12月

丛书前言

石油工业的发展史，就是一部科技创新史。"十一五"以来尤其是"十二五"期间，中国石油进一步加大理论创新和各类新技术、新材料的研发与应用，科技贡献率进一步提高，引领和推动了可持续跨越发展。

十余年来，中国石油以国家科技发展规划为统领，坚持国家"自主创新、重点跨越、支撑发展、引领未来"的科技工作指导方针，贯彻公司"主营业务战略驱动、发展目标导向、顶层设计"的科技工作思路，实施"优势领域持续保持领先、赶超领域跨越式提升、储备领域占领技术制高点"科技创新三大工程；以国家重大专项为龙头，以公司重大科技专项为核心，以重大现场试验为抓手，按照"超前储备、技术攻关、试验配套与推广"三个层次，紧紧围绕建设世界一流综合性国际能源公司目标，组织开展了50个重大科技项目，取得一批重大成果和重要突破。

形成40项标志性成果。（1）勘探开发领域：创新发展了深层古老碳酸盐岩、冲断带深层天然气、高原咸化湖盆等地质理论与勘探配套技术，特高含水油田提高采收率技术，低渗透/特低渗透油气田勘探开发理论与配套技术，稠油/超稠油蒸汽驱开采等核心技术，全球资源评价、被动裂谷盆地石油地质理论及勘探、大型碳酸盐岩油气田开发等核心技术。（2）炼油化工领域：创新发展了清洁汽柴油生产、劣质重油加工和环烷基稠油深加工、炼化主体系列催化剂、高附加值聚烯烃和橡胶新产品等技术，千万吨级炼厂、百万吨级乙烯、大氮肥等成套技术。（3）油气储运领域：研发了高钢级大口径天然气管道建设和管网集中调控运行技术、大功率电驱和燃驱压缩机组等16大类国产化管道装备，大型天然气液化工艺和20万立方米低温储罐建设技术。（4）工程技术与装备领域：研发了G3i大型地震仪等核心装备，"两宽一高"地震勘探技术，快速与成像测井装备、大型复杂储层测井处理解释一体化软件等，8000米超深井钻机及9000米四单根立柱钻机等重大装备。（5）安全环保与节能节水领域：

研发了 CO_2 驱油与埋存、钻井液不落地、炼化能量系统优化、烟气脱硫脱硝、挥发性有机物综合管控等核心技术。（6）非常规油气与新能源领域：创新发展了致密油气成藏地质理论，致密气田规模效益开发模式，中低煤阶煤层气勘探理论和开采技术，页岩气勘探开发关键工艺与工具等。

取得 15 项重要进展。（1）上游领域：连续型油气聚集理论和含油气盆地全过程模拟技术创新发展，非常规资源评价与有效动用配套技术初步成型，纳米智能驱油二氧化硅载体制备方法研发形成，稠油火驱技术攻关和试验获得重大突破，井下油水分离同井注采技术系统可靠性、稳定性进一步提高；（2）下游领域：自主研发的新一代炼化催化材料及绿色制备技术、苯甲醇烷基化和甲醇制烯烃芳烃等碳一化工新技术等。

这些创新成果，有力支撑了中国石油的生产经营和各项业务快速发展。为了全面系统反映中国石油 2006—2015 年科技发展和创新成果，总结成功经验，提高整体水平，加强科技成果宣传推广、传承和传播，中国石油决定组织编写《中国石油科技进展丛书（2006—2015 年）》（以下简称《丛书》）。

《丛书》编写工作在编委会统一组织下实施。中国石油集团董事长王宜林担任编委会主任。参与编写的单位有 60 多家，参加编写的科技人员 1000 多人，参加审稿的专家学者 200 多人次。《丛书》各分册编写由相关行政单位牵头，集合学术带头人、知名专家和有学术影响的技术人员组成编写团队。《丛书》编写始终坚持：一是突出站位高度，从石油工业战略发展出发，体现中国石油的最新成果；二是突出组织领导，各单位高度重视，每个分册成立编写组，确保组织架构落实有效；三是突出编写水平，集中一大批高水平专家，基本代表各个专业领域的最高水平；四是突出《丛书》质量，各分册完成初稿后，由编写单位和科技管理部共同推荐审稿专家对稿件审查把关，确保书稿质量。

《丛书》全面系统反映中国石油 2006—2015 年取得的标志性重大科技创新成果，重点突出"十二五"，兼顾"十一五"，以科技计划为基础，以重大研究项目和攻关项目为重点内容。丛书各分册既有重点成果，又形成相对完整的知识体系，具有以下显著特点：一是继承性。《丛书》是《中国石油"十五"科技进展丛书》的延续和发展，凸显中国石油一以贯之的科技发展脉络。二是完整性。《丛书》涵盖中国石油所有科技领域进展，全面反映科技创新成果。三是标志性。《丛书》在综合记述各领域科技发展成果基础上，突出中国石油领先、高端、前沿的标志性重大科技成果，是核心竞争力的集中展示。四是创新性。《丛书》全面梳理中国石油自主创新科技成果，总结成功经验，有助于提高科技创新整体水平。五是前瞻性。《丛书》设置专门章节对世界石油科技中长期发展做出基本预测，有助于石油工业管理者和科技工作者全面了解产业前沿、把握发展机遇。

《丛书》将中国石油技术体系按 15 个领域进行成果梳理、凝练提升、系统总结，以领域进展和重点专著两个层次的组合模式组织出版，形成专有技术集成和知识共享体系。其中，领域进展图书，综述各领域的科技进展与展望，对技术领域进行全覆盖，包括石油地质、物探、测井、钻完井、采油、油气藏工程、提高采收率、地面工程、井下作业、油气储运、石油炼制、石油化工、安全环保节能、海外油气勘探开发和非常规油气勘探开发等 15 个领域。31 部重点专著图书反映了各领域的重大标志性成果，突出专业深度和学术水平。

《丛书》的组织编写和出版工作任务量浩大，自 2016 年启动以来，得到了中国石油天然气集团公司党组的高度重视。王宜林董事长对《丛书》出版做了重要批示。在两年多的时间里，编委会组织各分册编写人员，在科研和生产任务十分紧张的情况下，高质量高标准完成了《丛书》的编写工作。在集团公司科技管理部的统一安排下，各分册编写组在完成分册稿件的编写后，进行了多轮次的内部和外部专家审稿，最终达到出版要求。石油工业出版社组织一流的编辑出版力量，将《丛书》打造成精品图书。值此《丛书》出版之际，对所有参与这项工作的院士、专家、科研人员、科技管理人员及出版工作者的辛勤工作表示衷心感谢。

人类总是在不断地创新、总结和进步。这套丛书是对中国石油 2006—2015 年主要科技创新活动的集中总结和凝练。也由于时间、人力和能力等方面原因，还有许多进展和成果不可能充分全面地吸收到《丛书》中来。我们期盼有更多的科技创新成果不断地出版发行，期望《丛书》对石油行业的同行们起到借鉴学习作用，希望广大科技工作者多提宝贵意见，使中国石油今后的科技创新工作得到更好的总结提升。

孙龙德

2018 年 12 月

前 言

井下作业是油田勘探开发过程中保证油水井正常生产的技术手段，根据油田调整、改造、完善、挖潜需要，按照工艺设计要求，利用地面和井下设备、工具，对油水井采取的各种井下技术措施的工艺，主要包括油水井维修（水井试注、换封、测吸水剖面，油井检泵、清砂、防砂、套管刮蜡、堵水及简单的井下事故处理等修井作业）、油水井大修（井下事故处理、复杂落物打捞、套管修理、侧钻等）、分层注水及调剖、油层改造（酸化、压裂）和试油等。

为了全面、准确反映"十一五""十二五"期间中国石油井下作业技术的发展和创新成果，根据中国石油天然气集团公司科技管理部的安排，组织本行业专家编写《中国石油科技进展丛书（2006—2015年）》分册《井下作业》，旨在总结近十年来井下作业新技术与新工艺研发、新型装备研制、井下作业新技术推广与应用等方面取得的成绩和形成的特色技术，提炼井下作业技术发展中形成的新理念和新思路，展望未来井下作业技术的发展趋势。

在多方协商的基础上，成立了《井下作业》编写组，由雷群任主编，提出编写思路和框架，并对核心内容进行审定。编写组召开了多次会议，广泛征求意见，讨论本书提纲和编写内容，确定各章节负责人和执笔专家。初稿完成后，中国石油天然气集团有限公司科技管理部领导和有关专家听取了本分册编写概况、主要修改内容和成果汇报，提出了宝贵意见和建议。

本书分为九章，内容涵盖精细分层注水、大修作业、带压作业、连续管作业、节能环保及自动化作业技术、试油作业、水平井压裂作业、技术展望等。

感谢为本书编写提供审稿的吴奇、张守良、兰中孝、高向前等专家。特别感谢中国石油天然气集团有限公司科技管理部撒利明处长、谢正凯副处长等领导给予我们的关心和指导。石油工业出版社张镇总编辑、章卫兵副总编辑对本书的编写工作提出了许多很好的建议，在此一并表示感谢。

由于编者水平有限，书中难免出现不妥之处，敬请广大读者批评指正。

目 录

第一章　绪论 ·· 1
第二章　精细分层注水作业技术 ·· 5
　　第一节　桥式同心高效测调分层注水技术 ································· 5
　　第二节　分层注水全过程监测与自动控制技术 ························· 17
　　参考文献 ·· 30
第三章　大修作业技术 ·· 32
　　第一节　小通道及无通道套损井打通道新技术 ························ 32
　　第二节　膨胀管密封加固新技术 ·· 45
　　第三节　取换套管修井新技术 ··· 48
　　第四节　超短半径侧钻水平井新技术 ····································· 52
　　第五节　水平井修井技术 ··· 57
　　第六节　气井修井技术 ·· 61
　　第七节　顶驱修井新技术 ··· 68
　　参考文献 ·· 72
第四章　带压作业技术 ·· 74
　　第一节　新型带压作业机 ··· 74
　　第二节　油水井带压作业新技术 ·· 87
　　第三节　气井带压作业新技术 ··· 93
　　参考文献 ·· 100
第五章　连续管作业技术 ··· 102
　　第一节　新型连续管作业机及其配套装置 ······························· 102
　　第二节　连续管修井新技术 ·· 110
　　第三节　连续管储层改造新技术 ·· 116
　　第四节　连续管完井管柱作业新技术 ······································ 122
　　第五节　连续管致密油与页岩气水平井作业新技术 ··················· 126

参考文献 ………………………………………………………………………… 130

第六章　节能环保及自动化作业技术 ………………………………………… 132
第一节　清洁作业技术 ………………………………………………………… 132
第二节　修井作业自动化 ……………………………………………………… 138
第三节　网电修井机 …………………………………………………………… 147
参考文献 ………………………………………………………………………… 151

第七章　试油作业技术 ………………………………………………………… 152
第一节　射孔—酸化—测试—封堵一体化技术 ……………………………… 152
第二节　试油完井一体化技术 ………………………………………………… 156
第三节　地层测试数据跨测试阀地面直读技术 ……………………………… 162
第四节　井下测试数据全井无线传输技术 …………………………………… 165
第五节　超高压油气井地面测试技术 ………………………………………… 169
第六节　页岩气丛式井地面返排测试技术 …………………………………… 175
第七节　含硫井井筒返出液地面实时处理技术 ……………………………… 183
第八节　地面高压旋流除砂技术 ……………………………………………… 186
参考文献 ………………………………………………………………………… 189

第八章　水平井压裂作业技术 ………………………………………………… 190
第一节　水力喷射分段压裂技术 ……………………………………………… 190
第二节　裸眼封隔器分段压裂技术 …………………………………………… 193
第三节　水力泵送桥塞分段压裂技术 ………………………………………… 195
第四节　双封单卡分段压裂工艺 ……………………………………………… 198
参考文献 ………………………………………………………………………… 200

第九章　技术展望 ……………………………………………………………… 202
第一节　精细分层注水展望 …………………………………………………… 202
第二节　大修作业技术展望 …………………………………………………… 203
第三节　带压作业技术展望 …………………………………………………… 204
第四节　连续管作业技术展望 ………………………………………………… 205
第五节　清洁环保及自动化作业技术展望 …………………………………… 205
第六节　试油技术展望 ………………………………………………………… 205
第七节　水平井压裂作业技术展望 …………………………………………… 206

第一章 绪 论

在油气田开发过程中，根据油气田调整、改造、完善、挖潜的需要，按照工艺设计要求，利用地面装备和井下工具，对油、水、气井采取各种井下技术措施，以达到提高注采量，改善油层渗流条件及油、水、气井技术状况，提高采油采气速度和最终采收率的目的，这一系列井下施工工艺统称为"井下作业"。

据统计，中国石油天然气股份有限公司油气水井数由 2010 年的 22.8 万口增加到 2017 年的 33.3 万口，井下作业总工作量由 2010 年的 18.8 万井次上升到 19.7 万井次。这些修井作业完善了油气水井井网系统，改善注采关系，维持了油气田正常生产和实现油水井增产增注，保障了勘探开发过程中各种技术的实施。

近十年来，中国石油在大修作业、精细分层注水作业、带压作业、连续油管作业、节能环保及自动化作业、试油作业、水平井压裂作业等技术工艺均有所突破，形成了一些先进成熟的井下作业技术，并广泛应用于油田现场。

本书旨在总结"十一五""十二五"期间井下作业技术取得的成绩、形成的特色技术，提炼在此期间井下作业技术发展中形成的新理念和新思路，展望未来井下作业技术的发展趋势。

一、精细分层注水井作业技术

2006 年以来，针对分注井小水量、大斜度、深井等特点，中国石油持续推进精细分层注水工作，创新形成了以桥式同心分注为代表的定向井小水量分注技术体系，大幅提升分注工艺适应性；同时，针对测试周期长、测调效率低、注水合格率下降快、无法对分层流量和注入压力等重要参数进行有效的监测等问题，中国石油开发了以"数字化、自动化、集成化"为特点的第四代分注技术——分层注水全过程监测与自动控制技术，实现井下注水过程中分层参数的实时监测和配注量的自动测调等功能，满足全天候达标注水，代表了目前注水工艺的最高水平。这些分层注水新技术在油田的应用促进了井下作业技术的进步，保障了精细分层注水技术在油田的规模推广应用。"十二五"期间，其中桥式同心高效测调分层注水工艺在长庆、冀东、大港、华北、辽河、吐哈、新疆等油田应用总井数超过 6000 多口，测调成功率由以往技术的 72% 提升到 90% 以上，单层测调误差由 10%~15% 减小到 5%~10%，平均单井测调时间由 1~2d 缩短到 6h 以内，封隔器电动直读验封技术平均封隔器验封时间由 5h 缩短到 2h 以内，验封成功率由 68% 提高到 95%。解决了油藏纵向开发矛盾，提升分注技术在大斜度井、深井、多层小卡距井以及采出水回注井上的应用范围，改善注水开发效果。

二、大修作业技术

"十一五"以来随着油田开发的不断深入，井网愈趋复杂、开发方式多样，套损形势日益严峻，且存在逐年增多、程度加剧的态势，严重影响了区块注采关系完善和区块产能建设。其中东部油田ϕ30mm小通径、活性错断无通道、吐砂吐岩块井等疑难井比例高，西部油田深井、水平井、气井等复杂井数量大是大修技术面临的重要挑战。

针对上述问题，中国石油自2006年开始，先后突破了70～50mm、50～30mm小通径及无通道套损井打通道技术瓶颈，研究了适合$5\frac{1}{2}$in、7in、9in套管的膨胀管密封加固工艺，在气井、水平井上的修井技术进行不断攻关，先后开发了小通道及无通道套损井打通道、膨胀管密封加固、取换套管修井、超短半径侧钻水平井、顶驱修井、水平井及气井修井等一系列大修新技术，极大提高了多种井型多种疑难复杂井的治理效果和治理水平。"十二五"期间，其中小通道及无通道套损井打通道新技术在大庆油田、华北油田累计应用781口井，修复率由原来的69.2%提高到82.1%；对于打开通道井，为保证水井密封效果，采用膨胀管加固技术，累计应用488口井，施工成功率达到100%；对于浅层漏失、多点套损的井，为彻底达到修前技术指标，采用取换套技术进行修复，累计应用730口井，修复率达到95%以上。此外在水平井、气井方面，通过攻关水平井解卡打捞、整形、钻塞，气井解卡打捞及隐患井治理技术，基本满足油田修复需求，水平井累计应用22口，气井累计应用64口，施工成功率均达到100%；应用超短半径侧钻水平井新技术，实现了近井挖潜，措施增油的效果，累计应用37口井，施工成功率达到100%；应用顶驱修井技术，实现了受限井场可达到大修功能的效果，累计应用362口井，施工成功率达到100%。

三、带压作业技术

带压作业是在井口有压力的情况下，利用专用设备进行起下管柱、井筒修理及增产措施的施工作业，与常规作业相比，具有保护油气层、节能环保、缩短停产周期、降低综合作业成本等优势。为提高带压作业技术水平，中国石油自2006年开始先后研制了辅助式、独立式等多种类型带压作业机，初步形成了水力式、钢丝、电缆、油管投捞堵塞器等适应不同管柱结构的油管封堵工艺。结合各自油田自身条件和井况，对现有设备进行升级改造，研发了新型作业机和油管堵塞工具，提升带压作业施工能力，推动了带压作业技术的规模化高效应用。"十二五"期间，中国石油带压作业累计工作量超过2.8万井次，累计减少污水排放超过$1000 \times 10^4 m^3$，提前恢复注水超过$700 \times 10^4 m^3$，成为保护地层、稳产增产和环保作业的重要作业技术。

四、连续管作业技术

连续管作业技术是一项推动石油工程技术产生"革命性"变化的新技术，它以一根能盘卷的连续数千米钢制管沟通地面与井底，替代油管、钻杆、钢丝绳或者电缆向井下传递动力、介质或信息，实现安全、高效、便捷、环保地修复井筒、录取资料、改造储层等作业。

2006年起，通过国家和中国石油天然气集团有限公司攻关、试验、推广等一系列项目的一体化组织，中国石油连续管技术取得了丰硕的成果，形成了自主技术和产品，推动了国内技术的快速发展。2011年以来，中国石油天然气集团有限公司设立专项推广取得了显著成效，"万能作业机"的功能得到充分体现，凭借其快速起下和不压井作业的天然优势，解决了页岩气水平井作业等生产难题，形成了快速修井技术工艺，连续管设备、工具和专用管材等自主产品实现系列化，工程技术自主服务能力也得到了全面的提升。

"十二五"期间，国产连续管作业机保有量超过100台，连续管作业量已超过2000井次，连续管技术在修井、储层改造、完井管柱作业、致密油与页岩气水平井作业等领域得到越来越广泛的应用。

五、节能环保及自动化作业技术

随着"新两法"的实施，常规修井作业过程中普遍存在的环境污染，施工效率低下，能耗过高等问题日益突出，为此中国石油开展修井技术攻关，形成了清洁作业，自动化作业以及网电修井等一系列新型修井技术，并完成了现场推广应用。

针对环境污染问题，中国石油自2006年起基于"以防为主，防治结合"的原则，抓住作业中"井筒、井口、地面、尾废"4个关键环节，形成4大类、9种清洁生产技术，已在大庆、新疆、吉林、长庆、华北等油田得到初步应用，有效降低了污油污水产生量，解决井筒液体污染井口问题，减轻地面处理压力，减少了特种车辆使用以及作业队伍对特车依赖，降低了运行成本，提高了生产时效。以新疆油田为例，环保型修井作业系统可适应于新疆油田95%以上油、水井作业。3名操作员工即可完成从施工准备、提下结构、地清、完井收尾等各项工作，提下油管速度约45~60根/h，降低员工劳动强度，减少特种车辆使用以及作业队伍对特车依赖，降低运行成本，提高生产时效，减少95%以上含油污泥的产生，实现修井作业自动化、环保、节能、安全、高效运行。

六、试油技术

近年来常规油气试油作业，由于井深、井筒温度、井下压力逐步增加，井筒环境更加复杂，试油作业难度、作业风险和周期也逐步增大，亟须对工艺进行创新、装备工具进行升级。

针对高温高压油气井试油作业，中国石油自2010年开始先后形成了以射孔—酸化—测试—封堵一体化技术、试油完井一体化技术、无线直读技术、超高压油气井地面测试技术等为代表的试油测试新技术，并开发了耐高温高压的大通径测试工具、140MPa防硫地面测试装备等前沿装备和工具，极大地提高了高温深井试油作业的安全性、可控性和大幅降低了作业时间。

针对页岩气等非常规油气试油作业，中国石油先后攻关了以地面流程高压除砂、排液求产、返排液清洁处理与循环利用等技术为代表的丛式井地面返排测试技术，并研发了105MPa旋流除砂器、抗冲蚀远控油嘴系统、多袋式双联过滤器等特色试采装备，实现了页岩气试采作业高压远程控制、数据无线采集、作业全程监控，保障了页岩气高效开发、环保开发、安全开发、效益开发。

"十二五"期间，中国石油在川渝、新疆、渤海、土库曼斯坦等国内外油气田广泛开展试油测试作业，其中国内试油测试28791层次、国外8445层次，成功率达到98%，发现了$1000 \times 10^8 m^3$级整装气田"安岳大气田"、$10 \times 10^8 t$级"玛湖大油田"、$50 \times 10^8 m^3$产能"威远—长宁"页岩气田等特大型油气田，创造了最高测试产量$508 \times 10^4 m^3/d$的指标。

七、水平井压裂作业技术

随着石油勘探开发的不断深入，低渗透、低孔隙度等非常规油气藏不断增多，尤其是致密油气以及页岩气等作为典型的非常规油气藏资源，具有低孔隙度、极低基质渗透率等特征，实施水平井分段压裂改造已成为实现该类气藏高效开发的关键技术。

近年来中国石油开发了水力喷射分段压裂、裸眼封隔器+滑套分段压裂、水力泵送桥塞分段压裂和双封单卡分段压裂等系列技术，"十二五"期间规模应用3000余口井，初期单井产量达到20.0t/d，致密油单井增产6~8倍，实现致密油规模有效动用，气田单井增产3~5倍，以苏里格、神木为代表的致密砂岩气藏产量达到$260\times10^8m^3$，有效推动了非常规油气藏的高效开发。

第二章 精细分层注水作业技术

中国石油 80% 以上的产量来自注水开发，注水产量的主体地位是不可改变的。同时油田注水是目前油田开发最成熟、最经济、最有效的技术，其地位也是不可替代的。

分层注水是保持地层能量、提高水驱动用程度的重要技术手段。油田注水由早期的笼统注水逐步发展为分层注水、细分层系注水和精细注水。分层注水工艺根据不同阶段的生产需求出现了固定式、活动式偏心、同心集成、桥式偏心、桥式同心等多种类型，取得了显著的经济效益和社会效益。经过了几十年的发展，国内油田的分层注水技术无论从细分程度还是应用规模上都达到了国际领先水平。

2006 年以来，针对分注井小水量、大斜度、深井等特点，中国石油持续推进精细注水工作，创新形成了以桥式同心分注为代表的定向井小水量分注技术体系，大幅提升分注工艺适应性；同时，针对测试周期长、测调效率低、注水合格率下降快、无法对分层流量和注入压力等重要参数进行有效的监测等问题，中国石油开发了以"数字化、自动化、集成化"为特点的第四代分注技术——分层注水全过程监测与自动控制技术，实现井下注水过程中分层参数的实时监测和配注量的自动测调等功能，满足全天候达标注水，代表了目前注水工艺的最高水平。

下面分别对桥式同心分注技术和分层注水全过程监测与自动控制技术分两节来叙述。

第一节 桥式同心高效测调分层注水技术

桥式偏心和电缆测调技术目前应用最为广泛，是主体分注技术。但是桥式偏心对定向井和大斜度井适应性较差，主要体现在投捞成功率低以及仪器对接成功率低等。为此，中国石油近年来又发展应用了桥式同心高效测调分层注水工艺，具有同心对接、同心测调的特点，能够实现在线直读测调和验封，无须投捞，对定向井、大斜度井、深井具有较强的适应性。注水井在作业完井时下入桥式同心配水器，用于实现分层注水。需要验封和测调时，由测试绞车携带仪器实现井下分层流量的调节和分层参数的监测，无须投捞作业。由于井下仪器与配水器同心对接、同心调整，而且具有桥式通道，采用电缆直读测调，因此被称桥式同心高效测调分层注水工艺，在定向井和大斜度较为普遍的长庆、冀东等油田广泛应用，总井数超过 6000 多口[1-5]。

一、桥式同心分注技术及配套工具

1. 技术介绍

管柱结构：桥式同心分注管柱主要由非金属水力锚、Y341 斜井封隔器、桥式同心配水器、预置工作筒、双作用阀、筛管、丝堵组成（图 2-1）。

工艺原理：桥式同心分层注水工艺是指注水井在作业完井时下入桥式同心配水器，完井后能够进行水嘴打开、试注、管柱验封、水量调配以及后期定期测调的一项新型分层注水工艺技术。该技术采用封隔器将各储层分隔开，采用桥式同心配水器为各层注水，地面控制器通过电缆与同心电动井下测调仪连接，控制井下仪器，同心电动井下测调仪与配水器同心对接调节注水量，数据采集控制系统实时在线监测井下流量、温度和压力，实现流量测试与调配同步进行，满足地质配注需求。

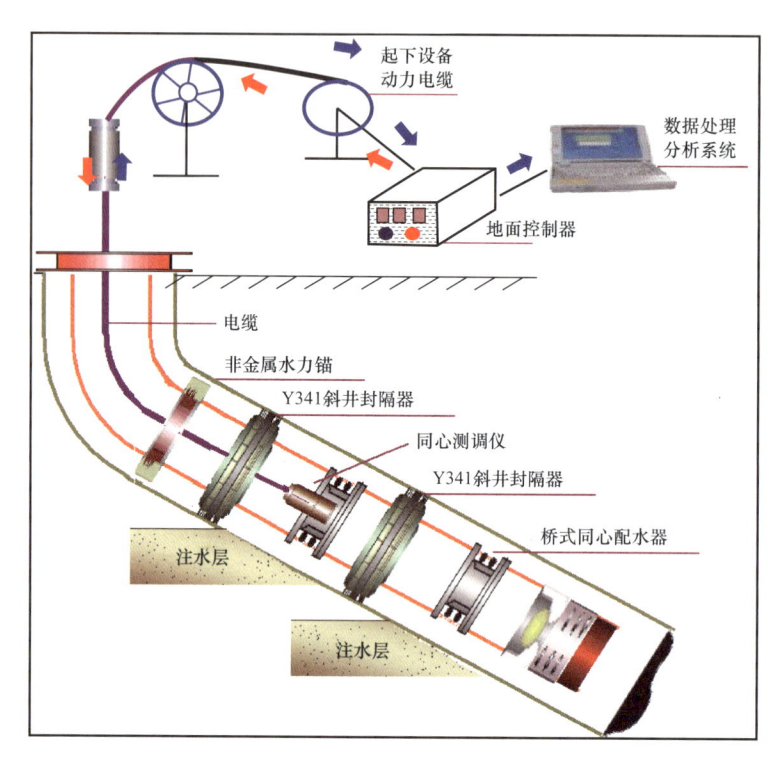

图 2-1 桥式同心分层注水工艺示意图

2. 关键配套工具

1）桥式同心配水器

桥式同心配水器是桥式同心分层注水工艺的核心工具，用于分层注水井井下分层配水，拥有较大面积桥式过流通道，配水器与可调式水嘴集成同心设计，采用平台式定位机构。

（1）结构。

桥式同心配水器主要由上接头、外筒、本体、活动水嘴、固定水嘴、下接头等件组成（图 2-2），其中上、下接头可根据具体要求设计成多种油管螺纹样式。

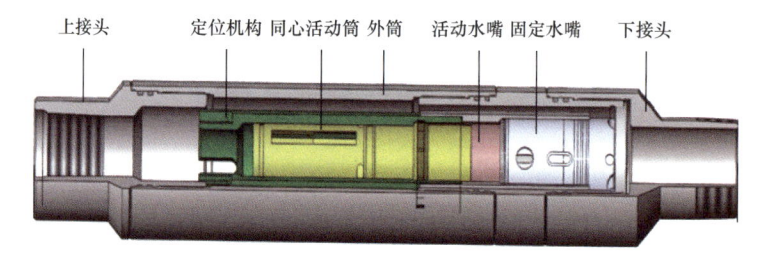

图 2-2 桥式同心配水器示意图

桥式同心配水器采用配水工作筒和可调水嘴一体化设计，解决以往分注工艺进行水嘴投捞工作；井下调节器与配水工作筒的定位对接和水量大小调节对接均为同心对接，对接成功率很高；流量测量和调节注入量大小同步进行，并且可在地面控制器的显示屏上进行可视化同步操作；桥式过流通道具有较大流通面积，层间干扰性小。同时考虑对水嘴进一步从结构上优化改进，解决桥式偏心可调式水嘴孔径小、节流能力差、易堵塞的缺陷，进一步提高桥式同心配水器的采出水回注适应性。

（2）原理。

桥式同心配水器将可调式水嘴集成设计在中心通道外围，在连入分层注水管柱之前，水嘴处于完全关闭状态，管柱连接下入井筒预定位置后，油管内注水打压封隔器坐封。采用平台式直接定位对接机构，电缆携带同心电动测调仪进入油管，到达桥式同心配水器顶端3~5m时，地面给测调仪发送开臂指令，定位爪张开，下放测调仪进入配水器中心通道，定位爪坐落于定位台阶上，根据地面发送的正转和反转指令，测调仪防转爪卡于防转卡槽、调节爪卡于调节孔中，测调仪调节装置带动同心活动筒和活动水嘴在固定水嘴内向上和向下转动，改变固定水嘴出水孔的过流面积，实现对注水量的调节。配水器拥有较大面积过流通道，由于测调仪占用中心通道，一部分注入水流经过流槽、桥式通道和过流孔流向下一级桥式同心配水器，以满足其他层段分层配水的需要[6-10]。

（3）技术特点。

① 改变测调仪和配水器传统旋转导向定位对接方式，采用平台式定位对接，提高对接成功率（图2-3）。改变笔尖式导向定位机制，采用平台式直接定位对接机构，缩短工具总长，提高多级、大斜度井分注适应性，大幅提高对接成功率，使地面试验对接成功率达到99%。同时因取消了传统的导向机构，使配水器中心管长度由950mm缩短为640mm，为精细分层注水提供了更广阔的应用条件，使最小跨距缩短为3m。

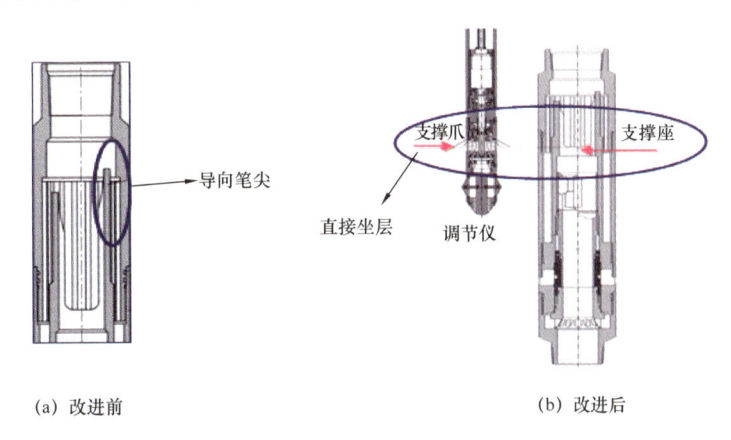

图2-3 桥式同心配水器导向改进前后结构图

② 可调式水嘴与配水器集成一体化设计，无须投捞，关闭状态下承压满足封隔器坐封要求。可调式水嘴与配水器一体化设计，无级连续可调，提高配注精度，关闭状态下耐内压达到40MPa（表2-1），满足封隔器坐封要求，调配时无须投捞水嘴，实现了免投捞作业。

表 2-1 桥式同心配水器试压情况表

序号	试验压力，MPa	稳压时间，min	有无泄漏
1	5	30	无
2	15	30	无
3	25	30	无
4	35	30	无
5	40	30	无

③ 拥有较大面积桥式过流通道，层间干扰小，有效确保本层测试调配时，不影响其他层段正常注水。

④ 桥式同心配水器长度短，对于层内多级小卡距分注井具有较好的适应性。

⑤ 可调式水嘴调节行程大，小水量调节分辨率高。

2）Y341 逐级解封封隔器

（1）结构。

该封隔器主要由坐封、锁紧、反洗、密封、解封等机构组成，三维图如图 2-4 所示。

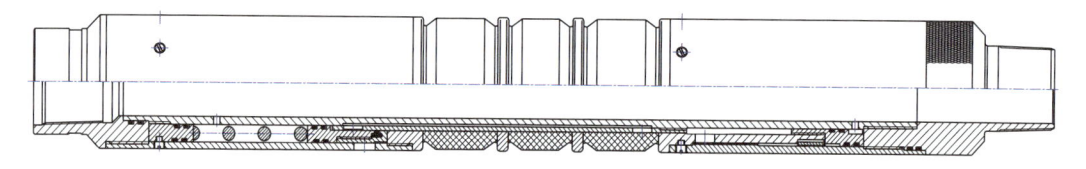

图 2-4 逐级解封定向井封隔器示意图

（2）原理。

坐封：Y341-114 逐级解封平衡可洗井封隔器随细分注水管柱下井，油管内注水加压至 5MPa，稳定一段时间后加压至 10MPa，再稳定一段时间后加压至 15MPa，高压液体自中心管小孔进入下工作筒活塞腔，推动坐封活塞、锁环、锁环挂、释放头，剪断坐封销钉压缩胶筒坐封。同时，锁环牙齿与下工作筒牙齿咬合锁定，卸掉油管内压，封隔器仍保持坐封状态。

洗井：油套环形空间注水，套压大于油压，套管内高压液体作用在洗井活塞上，洗井活塞上行打开洗井通道，实现反循环洗井。

解封：上提管柱，胶筒与套管内壁摩擦力使中心管、释放头、坐封活塞、锁环、坐封推筒、下工作筒、下接头保持不动，上接头、洗井活塞、上工作筒、压帽随管柱上行，剪断解封销钉，压帽离开胶筒，靠胶筒自身弹性解封。由于解封时该封隔器胶筒保持在原来坐封位置，不随管柱移动，使下级封隔器在该封隔器解封时，不承受上提管柱的作用力，从而实现自上而下逐级解封。

（3）技术参数。

Y341-114 逐级解封封隔器结构参数见表 2-2。

表2-2　Y341-114逐级解封封隔器技术参数

总长 mm	最大外径 mm	最小通径 mm	适应套管 mm	工作温度 ℃	工作压力 MPa	坐封压力 MPa	洗井压力 MPa	解封拉力 tf
958	ϕ114	ϕ55	121～127	120	35	13～15	2～5	5～6

（4）Y341-114技术特点。

Y341-114逐级解封平衡可洗井封隔器主要用于油田多层段细分注水。该封隔器具有逐级解封功能，可有效避免多层段分层注水井封隔器3级以上不易解封，而造成起管柱时遇阻事故的发生，该封隔器可与偏心、桥式配水器等井下工具组成细分注水管柱。

二、桥式同心分注高效测调工艺

（1）工艺原理。

桥式同心分注工艺由桥式同心配水器、同心电动井下测调仪、电动验封仪、地面控制器、辅助设备电缆测井车组成（图2-5）。桥式同心配水器与分注管柱一起下入，内部装有可调水嘴，电动验封仪和测调仪由电缆下到分注管柱，与工作筒对接，地面直读实现验封和流量测调。地面控制器通过电缆获取验封压力数据或者测调压力温度流量数据，并对验封仪和测调仪进行实时控制[11-15]。

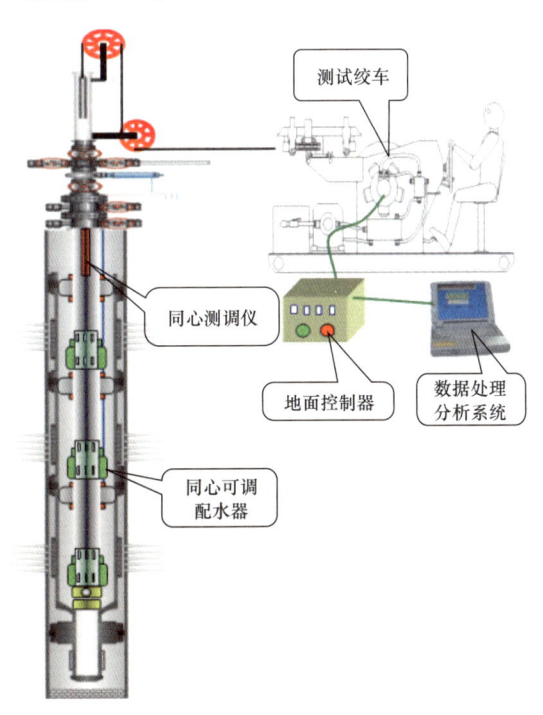

图2-5　桥式同心分注电缆高效测调工艺

（2）同心电动直读验封仪。

同心电动直读验封仪是对分注管柱尤其是封隔器密封效果检测的关键工具，包含机械式验封仪所有功能，并增加了磁定位、地面直读和电动机控制三种模块，由电动机旋转驱动密封件坐封和解封，验封成功率和效率高。

桥式同心电动直读验封仪的设计思路是将机械式密封段转换成电动控制，同时改进机械式密封段没有泄压通道的缺陷。桥式同心电动直读验封仪包括地面系统和井下仪器两个部分。地面控制器为 LZT-300 或 TPC-300 控制器（图 2-6）。

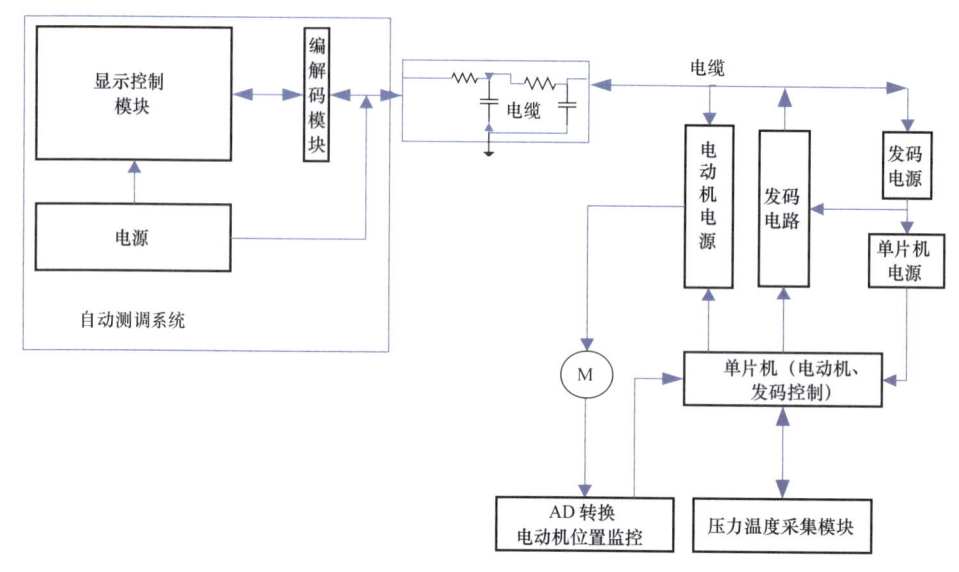

图 2-6　桥式同心电动直读验封仪原理框图

桥式同心电动直读验封仪实时发送压力温度数据到地面控制器，实现了数据传输实时性，加快了验封速度，每层只用开关井一次即可。电动机驱动坐封和解封，保证了皮碗的压缩量，因此保证了密封的可靠，提高了验封曲线的压差，增加了验封的成功率，避免了机械式密封段靠加重和冲击来坐封的不可靠因素。电动机控制开收臂，避免了机械式密封段机械臂误触发的缺陷。平衡压技术，在解封行程的起始阶段为地层和油管提供压力平衡通道，消除皮碗在后续解封过程中受的压差，减小了皮碗的磨损，避免了机械式密封段靠强拉钢丝解封的缺陷。

桥式同心电动直读验封仪用电动机控制定位爪的张开和收起，并控制封隔器胶圈的压缩和回复。主要结构特点是电动密封段，原理如图 2-7 所示。

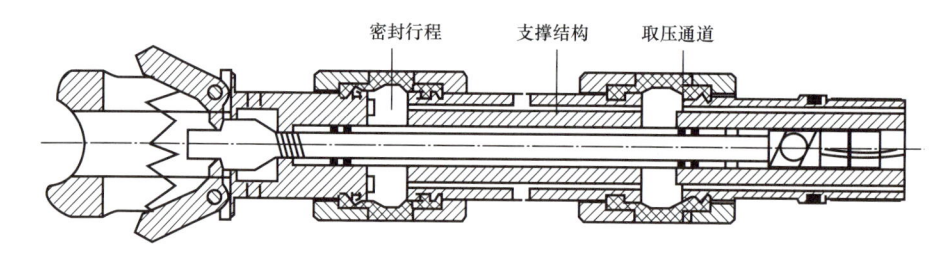

图 2-7　桥式同心电动直读验封仪剖面图

① 结构：同心电动直读验封仪主要由上接头、磁定位装置、集成控制装置、动力传动机构、定位机构、压力数据采集装置和测试密封装置依次连接而成（图 2-8、图 2-9）。

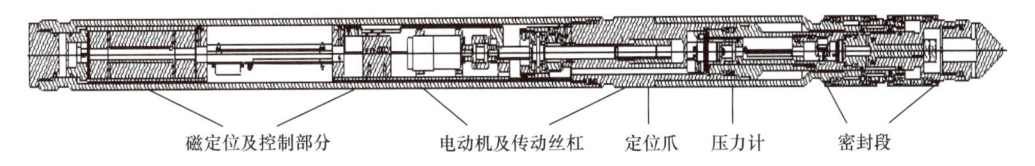

图 2-8　同心电动直读验封仪器结构示意图

图 2-9　同心电动直读验封仪器实物

磁定位装置：护套外螺纹连接上接头，护套中心孔内上部设有插座，中心孔内下部设有线圈总成及其两端的磁钢；上接头外壁与连接套螺纹连接，连接套底部外螺纹连接护筒。

集成控制装置：设在护筒内，控制骨架通过螺钉连接于护套中心孔底端，控制骨架连接电源模块、主控制板以及电动机和磁定位板。

电路部分采用模块化设计，包括主控板，电动机和磁定位模块，压力温度采集模块。主控板功能：发码和控制指令接受。电动机磁定位。电动机驱动电路（转向切换）和磁定位驱动以及信号模数转换。压力温度采集模块：采集压力和补偿温度值。模块化的设计方便调试和生产以及维护。

动力传递机构：设在护筒内，电动机上端连接控制骨架，下端通过联轴器连接丝杠，丝杠上依次连接限位滑块和内设推力轴承的微动开关固定架，微动开关固定架下端销钉连接顶部设有密封压板的中间接头，中间接头外壁螺纹连接护筒；丝杠底端螺纹连接推力滑块，推力滑块底端连接两个对称的限位销钉。

定位机构：定位爪通过销轴连接于中间接头上。

压力数据采集装置：连接筒上端两个对称的限位孔与推力滑块限位销钉连接，推力滑块连接内设固定式插头的插头座，固定式插头外螺纹连接内设固定式插座的电路护筒，电路护筒内螺钉连接压力计电路板；内设压力传感器的传感器壳体外螺纹连接于电路护筒底端。

测试密封装置：上胶筒上端由螺环压紧，内螺纹连接设有油压传压孔的连接筒，下端由螺环压紧，内螺纹连接套筒，连接筒外螺纹连接套筒；连接杆上部螺纹连接于传感器壳体底孔内，下部穿过由固定销连接的芯轴的中心孔，螺纹连接螺母；下胶筒上端由螺环压紧，内螺纹连接固定轴套，下端由螺环压紧，内螺纹连接芯轴，连接筒外螺纹连接固定轴套。

② 工作原理。

桥式同心电动直读验封仪机械原理示意图如图 2-10 所示，电动机动通过丝杠驱动滑块向右移动，开始开臂行程，约束定位臂的滑块移开，定位臂在扭簧的作用下逐渐张开，直到开臂行程结束，开臂行程中滑块没有对推杆施加推力；开臂行程结束后，坐层；坐层后，电动机通过丝杠驱动滑块继续向右移动，滑块推动推杆压缩皮碗，皮碗的另一端的档环和骨架连接不动，随着推杆的移动，皮碗变形增大，直到坐封行程结束；解封和收臂分别为坐封和开臂的逆过程。

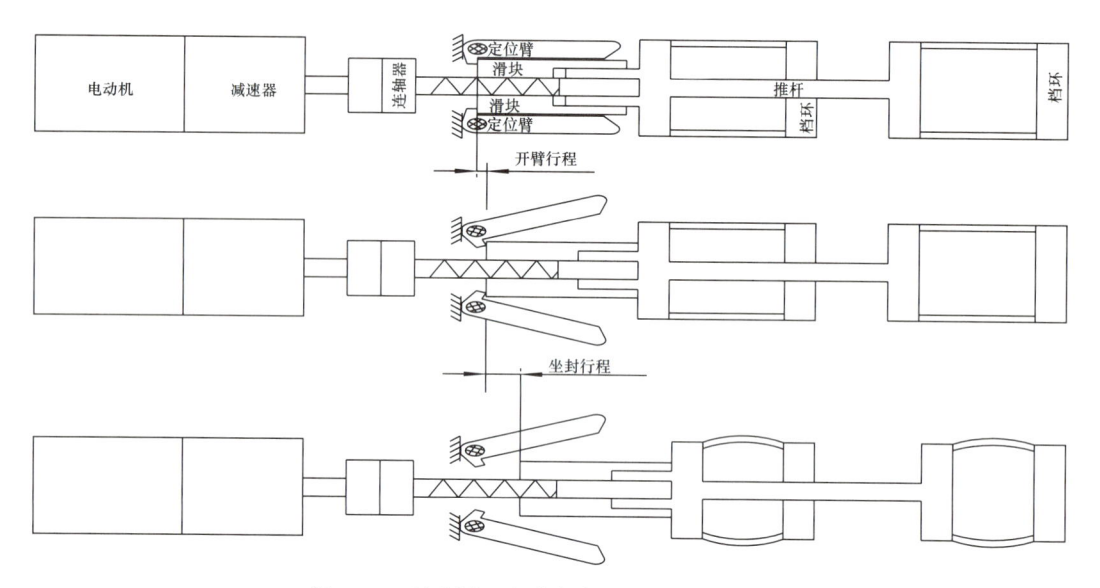

图 2-10　桥式同心电动直读验封仪机械原理图

定位：粗定位，粗定位靠电缆码盘确定验封层位置；精确定位，精确定位靠电动机控制定位爪张开后，卡在配水器内壁的定位槽上。电动机控制定位爪的张开和收起，可保证使仪器随意地停留在某一层进行验封，不必自下而上逐级验封，同时可避免类似常规密封段的定位爪误触发问题。

坐封：启动电动机，坐封时保证下封隔胶圈先张开，上封隔胶圈后张开。坐封后将封隔地层压力导入到封隔橡胶圈内部，使封隔胶圈内部压力大于外部压力，封隔胶圈受压扩张，可调整电动机进一步挤压封隔胶圈，使封隔器可靠坐封。坐封的效果可以通过地面设备直接监测。

解封：通过地面监视器，当地层压力和油管内压力完全平衡时，再上提仪器或启动电动机进行解封，使封隔胶圈磨损减小。解封方式为，开启电动机反转，解封时应保证定位爪收起，密封段封隔橡胶内外压的充分平衡，使解封时封隔橡胶受到的摩擦力最小，封隔器胶圈在电动机的带动下解封。

桥式同心电动验封仪的主要难点是电动机的选型和封隔胶圈皮碗的选择。由于坐封和解封时皮碗承受的压力差较大，需要的电动机扭矩较大。而胶圈皮碗既要适应高温高腐蚀的环境，又要承受较大的压差。

③ 技术特点。

a. 电动直读验封仪采用电缆供电、传送指令和信号，以地面直读方式实时观测验封效果，能有效提高验封效率。

b. 采用电动机传动压缩和拉伸胶筒，实现有效坐封和解封，安全可靠，胶筒不易磨损，验封成功率高。

c. 利用磁定位器和定位爪双重作用实现精确定位。

d. 定位爪可根据指令要求随时张开或收回，可进行任意层段的验封，实现一次下井完成所有层位的测试验封。

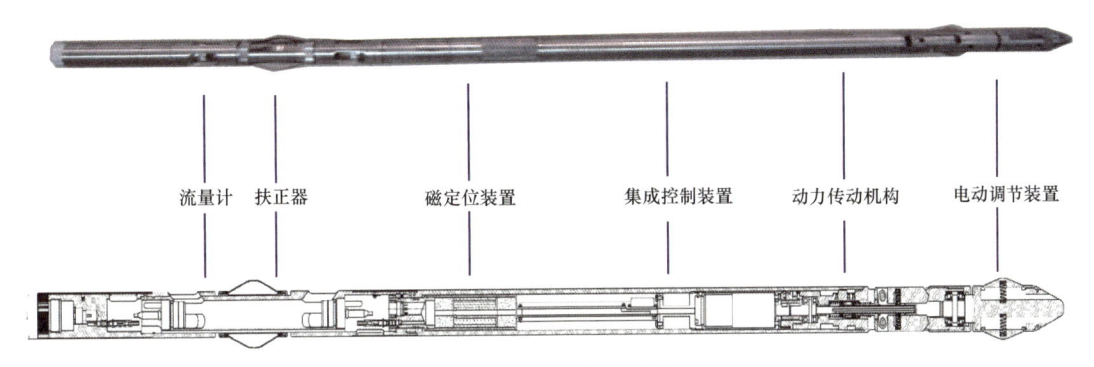

（3）同心电动井下测调仪。

同心电动井下测调仪是桥式同心分层注水工艺技术的关键仪器，其设计理念：流量测试与水量调节集成为一体，实现测调同步；动力传递设计为同心连杆机构，机械结构简单，动力传递效率高，测调稳定性高。

① 结构。

同心电动井下测调仪包括：上接头、流量测量及控制装置、集成控制装置、动力传递机构、定位防转装置、电动调节装置、护套。上接头将流量测量及控制装置封装于内，同时将集成控制装置、动力传递机构自上而下顺次封装于护套内，护套上部与流量测量及控制装置连接，下部与动力传递机构连接；动力传递机构下部与定位防转装置连接，定位防转装置下部与电动调节装置连接（图2-11）。

图2-11 同心电动井下测调仪

a. 流量计。

流量计采用超声波相位差测量流量原理，用于实时测量流量，检验配水器配水量的大小，方便实现注水井各层配注量的调节，可同时测量流量、压力、温度三种参数。压力、温度传感器均采用恒流供电的方式，流量、压力、温度三种电量信号最终以直流电平方式分时进行A/D转换，最终由流量计的数字电路部分将其转换为数字信号，得到测量数据，并通过ST编码电路将数字信号编码并上传到地面控制器。

流量测量部分为长度为200mm的进水测量管，最大流量可以测到800m³/d，测量精度可以达到2%。另外为了适应不同井况对注水的精度和注入量的不同，仪器标检也因地制宜。对于小流量注水，可以进行细分标检即标定最大流量降低，在较小的量程内标检，提高小流量的测量精度。

b. 扶正器。

流量测量时进行了大量的模拟试验，包括不同斜度井中的流量测量试验，不同矿化度注水流量测量试验，仪器在井中不同位置对流量测量的影响试验等。最终得出结论：斜井和流态对流量测量影响较大。解决办法就是增加仪器扶正器（图2-12），保证仪器在大斜度井中居中度；优化进水测量管的尺寸和结构以稳定流态。另外在程序上优化算法，提高测量精度和抗干扰能力。

图2-12 测调仪扶正器

c. 磁定位装置。

磁定位功能是为了指示仪器井下位置而增加的新的功能。其主要原理是利用节箍改变原来的磁定位短节中通过磁定位线圈的磁通量,进而在磁定位线圈两端产生感应电动势。再利用压频转换芯片将电压转换为频率。最后用单片机对频率进行采集,并将采集数据传送给地面控制,由地面控制器将原始采集数据进行处理。

d. 集成控制装置。

集成控制装置用于传输和控制井下仪器的指令和动作,包括:电源线密封器、压力传感器、骨架密封接头、磁钢、磁感线圈、线圈轴、电路骨架、单片机控制单元等。

e. 动力传动机构。

动力传递机构用于给调节装置提供动力源,包括:隔离电感、隔离电感骨架、温度传感器、电动机、联轴器、推力轴承、定位架体、传动轴、弹簧、磁块、霍尔元件、密封圈、转动体、电动机接头、垫圈盖、弹簧罩等。

f. 电动调节装置。

电动调节装置至少包括:锁紧环、调节爪、弹簧、调节锥体、锥形螺环(图2-13)。调节锥体上的调节爪带动桥式集成同心配水器的同心活动筒和活动水嘴转动,实现水量大小的调节。

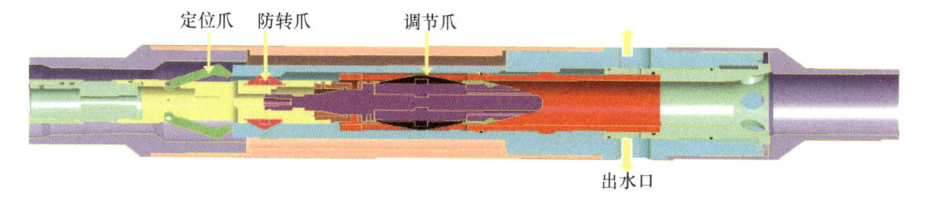

图2-13 测调仪电动调节示意图

针对长庆油田分注井具有"定向井、小水量、井深"等特点,在同心电动井下测调仪设计时考虑了如下几方面:一是仪器自重和仪器长度的矛盾,仪器过长无法适应斜度较大的井,而仪器短则自重较轻,对于井口压力较大的井下井困难;二是仪器长度和流量精度的矛盾,进水测量管短会造成流量测量精度的下降;三是仪器外径大小、长度与定向井通过能力的矛盾,仪器外径过大、长度过长,在定向井的调节能力差;四是同心电动井下测调仪除了和传统测调仪器一样工作于几千米深的井下,需要承受高温高压,抗腐蚀性能良好外,还有其特殊的性能要求,包括与桥式同心配水器的配合,调节力矩,传动机制,动密封,状态检测机制;五是电动机复用机制,高温下的双向通信,高温大功率电动机的选择,高温大功率电动机驱动电路的设计,防转机制的设计,脱扣机制的设计等。

② 工作原理。

测试调配时,电缆携带同心电动井下测调仪下入油管内,磁定位装置探测配水器位置，当测调仪下放到配水器上方时，地面控制系统发射指令，集成控制装置对指令解码后，电动机转动使定位爪打开，定位爪下落与配水器平台对接，防转爪卡到配水器防转槽，防止仪器自身转动。流量计测试分层注水量，当注水量不满足配注要求时，地面控制系统发射调节指令，电动机带动调节爪转动，调节爪卡于配水器同心活动筒调节孔内，带动可调式水嘴上下轴向转动，实现水嘴开度大小调节。

③ 技术特点。

a. 同心电动井下测调仪集流量计和水嘴调节于一体，实现流量测试和水量调节同步，采用电缆供电、传送指令和信号，以地面可视化直读方式实时显示测调效果，大幅提高测调效率。

b. 同心电动井下测调仪动力传递设计为同心连杆机构，动力传动效率高，调节输出扭矩大，调节行程长，与配水器对接成功率高，小水量测调精度高。

c. 定位爪可根据指令要求随时张开或收回，可进行任意层段的测调，一次下井即可完成全井测调任务。

d. 利用磁定位器和定位爪双重作用，可以准确判断配水器和封隔器位置，实现多级小卡距条件下仪器精确定位。

（4）同心分注地面控制仪。

集测调仪供电、控制、数据采集、数据处理于一身（图2-14），包括：系统供电模块、主控制模块和程控电源模块。系统供电模块与数据采集处理系统、主控制模块和程控电源模块分别连接，为其供电；主控制模块分别与同心电动井下测调仪、程控电源模块和数据采集处理系统连接并进行数据通信；程控电源模块连接同心电动井下测调仪，为其供电。采用系统供电模块和程控电源模块相结合，为整个系统供电；由主控制模块对不同指令和数据编解码控制输出和输入，实现地面实时控制井下测调仪和实时井下数据的采集，测调同步操作、实时监测，可实现测调仪一次下井地面操作控制完成所有注水层段测试调配任务，提高测试调配效率和成功率。

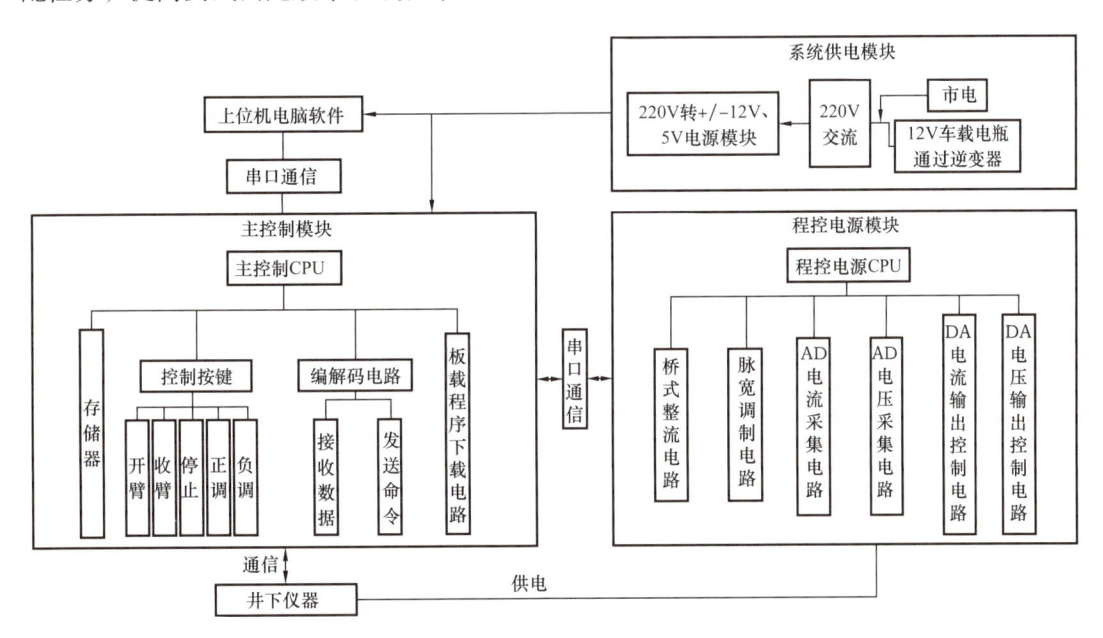

图2-14 地面控制仪原理框图

① 实现地面实时控制井下测调仪器和实时井下数据的采集，测调同步操作、实时监测，具有操作方便、性能稳定的特点。

② 控制测调仪一次下井，地面操作控制完成所有注水层段测试调配任务，大大提高测试调配效率和成功率。

③ 支持与下位机进行实时通信。

④ 具有控制井下仪器张臂和收臂、调节器水嘴大小调节、检测调节臂完全打开或完全收起状态、检测仪器是否对接成功的功能。

⑤ 具有两个 USB 接口，支持与电脑的 USB 通信。

⑥ 具有手动按钮控制和电脑程序控制的功能。

⑦ 体积小，外形美观，携带方便，防尘防沙防震。

三、应用情况

桥式同心分注技术摆脱了传统分注工艺需要精确机械导向、对接、投捞工序，提高一定储层厚度内最多分注级数，提升大斜度井、采出水回注井、多层小卡距井分注适应性。对比常规偏心分注工艺，桥式同心分注具有以下特点。

（1）测调仪磁定位装置可以准确判断配水器和封隔器位置，与配水器平台式对接，无须精确机械导向，缩短了相邻配水器之间的距离，分注级数不受限制，解决层内多级细分工艺技术难题。

（2）调配工作筒和可调水嘴一体化设计，关闭状态下满足坐封要求，省去投捞环节，全程采用电缆作业方式，流量测试与水嘴调节同步进行，地面直读测调结果，可视化操作，大幅度提高测调效率。

（3）配水嘴无级连续可调，水量调节分辨率高；同心电动井下测调仪超声探头处于较大的稳定流动范围内，流量测试精度高。

（4）测试时，不用投捞水嘴：配水工作筒和可调水嘴一体化设计，与桥式偏心分注工艺相比，不再需要水嘴投捞工作，也就不会出现投不进去，捞不出来的现象。

（5）具有较大面积的桥式过流通道，在测试时可以很好地解决"层间干扰"问题。

（6）井下测调仪与配水工作筒的定位对接和水量大小调节对接均为同心对接，与井斜无关，对接可靠，与偏心边测边调技术相比，对接成功率高。

（7）测调仪动力同轴传递，调节扭矩大，结构简单，无万向节，同轴传递扭矩，测调仪输出扭矩大。

（8）实时可视化操作：流量测量和调节水嘴大小同步进行，可在地面控制器上进行可视化实时操作。

（9）配水器可完全关死，关死后可耐压差 40MPa，可大大提高封隔器坐封成功率。

2011—2015 年，在靖安油田、姬塬油田、南梁油田、华庆油田等油田的三叠系 10 多个开发层位的区块开展桥式同心分层注水工艺应用 2500 口井，效果显著。截至 2017 年年底，桥式同心高效测调分层注水工艺在长庆、冀东、大港、华北、辽河、吐哈、新疆等油田应用总井数超过 6000 多口，测调成功率由以往技术的 72% 提升到 90% 以上，单层测调误差由 10%~15% 减小到 5%~10%，平均单井测调时间由 1~2d 缩短到 6h 以内，封隔器电动直读验封技术平均封隔器验封时间由 5h 缩短到 2h 以内，验封成功率由 68% 提高到

95%。解决了油藏纵向开发矛盾，提升分注技术在大斜度井、深井、多层小卡距井以及采出水回注井上的应用范围，改善注水开发效果。

第二节　分层注水全过程监测与自动控制技术

桥式偏心和桥式同心分层注水技术实现了电缆直读测调，测调效率和精度得到了进一步提升，构成了中国石油第三代分层注水技术。经过几十年的发展，国内油田分层注水技术无论从细分程度还是应用规模上都达到了国际领先水平。随着中国石油主力老油田进入高含水和特高含水开发后期，注采关系更加复杂，驱替场动态变化频繁，无效低效循环严重，对配水精度和测调周期要求更高，如何进一步挖掘剩余油仍面临很多挑战，主要表现在：（1）现有技术测调效率低，难以满足日益增长的测调工作的需要，注水合格率下降快，水驱效果差，据统计大庆油田自分层流量合格后算起，6个月注水合格率下降30%，长庆油田6个月注水合格率下降40%；（2）现有技术只有在测调过程才能够实现分层参数的监测，获得的数据是有限的、随机的，无法对分层流量和嘴后压力等重要参数进行长期、实时、持续的监测等，无法为油藏分析和管理提供注水全过程数据，进而实现注水方案的实时优化。针对上述挑战，中国石油发展形成了适应不同油藏开发特点的第四代分层注水技术，旨在实现注水井单井分层压力和注水量的数字化实时监测，实现区块和油藏注水动态监测的网络信息化，实现注水方案设计与优化和井下分层注水实时调整为一体的油藏、工程一体化，有效提高水驱动用程度，控制含水率上升，提高水驱开发效果。第四代分层注水工艺的核心是能够实现分层注水全过程监测和配注量自动（手动）控制，按照施工工艺和数据传输方式的不同分为有缆式和无缆式。有缆式分层注水工艺的特点是完井过程油管外绑缚单芯电缆，通过管外电缆实现井下分层参数的实时监测。而无缆式分层注水工艺的特点是监测全过程数据存储在井下，需要读取数据时下入通信仪器实现数据的读取[16-18]。

一、预置电缆分层注水全过程监测与自动控制工艺

1. 工艺原理

预置电缆分层注水全过程监测与自动控制工艺原理如图2-15所示，主要由一体化配水器、过电缆封隔器、地面主机（含操作界面）、配套的电缆连接器和电缆卡子等组成。完井过程中，油管外电缆随油管柱一起下入，从套管通道连接到地面控制箱。单芯电缆的作用包括：（1）对井下配水器供电，为电路板、电动机和传感器等提供电能；（2）通过载波通信技术实现井下分层流量、嘴前压力、嘴后压力和温度等参数的实时监测；（3）通过载波通信技术实现对井下控制指令的下达。这项技术的主要优势是地面供电，不受电量限制，数据双向通信的实时性好，相当于植入井下的"眼睛"和"手"，可实时获取分层参数，实时调整分层流量。

2. 管柱结构

管柱结构为：油管+过电缆封隔器+油管+预置电缆一体化配水器+过电缆封隔器+油管+预置电缆一体化配水器+丝堵+筛管+水力循环阀+预制工作筒。

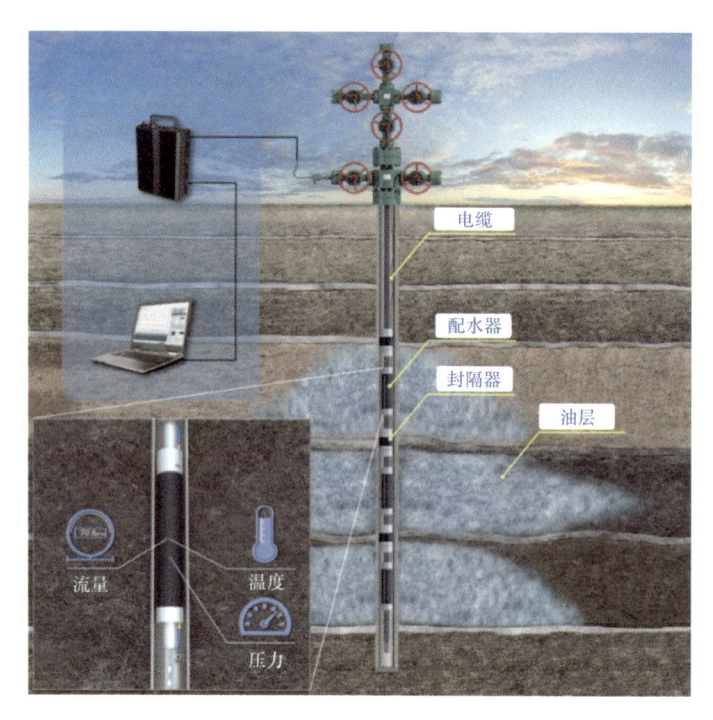

图 2-15　预置电缆分层注水全过程监测与自动控制工艺

3. 关键部件

1）预置电缆一体化配水器

预置电缆一体化配水器是缆控分层注水全过程监测与自动控制工艺的核心，配水器集成流量、嘴前压力、嘴后压力、温度传感器和流量传动控制系统。典型预置电缆一体化配水器如图 2-16 所示，由不同功能柱组成，分别实现流量监测、两路压力监测（嘴前和嘴后）、流量调节和双向载波通信。

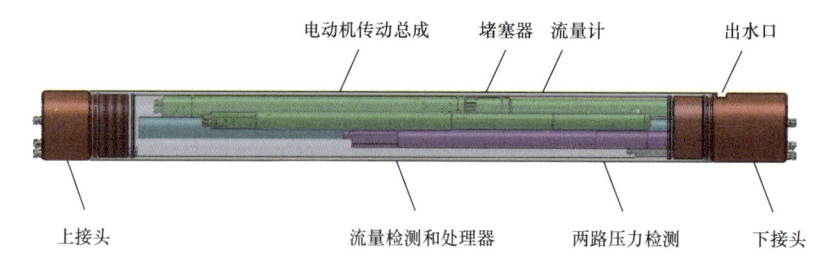

图 2-16　预置电缆一体化配水器示意图

（1）流量传感器。

流量传感器是井下配水器最关键的部件，目前常用流量计有井下涡街流量计、电磁流量计和超声波流量计，每种流量计各有优缺点。图 2-17 为井下涡街流量计原理和结构图，其原理是在所测流体通道内设计漩涡发生体以产生卡曼漩涡，漩涡产生的频率与流量在一定范围内呈线性关系，通过检测卡曼涡街的频率就可以得到对应的流量数据。

（2）高精度陶瓷水嘴。

高精度陶瓷水嘴是井下调节流量的关键部件，目前一般选用高纯度 Al_2O_3 陶瓷为原材料，采用高精度模压技术，制造成定型的水嘴。而对于执行电动机的要求是要求井下减速电动机体积小，还要提供足够大的扭矩，需选用低速高扭矩减速电动机，并设计精密的机械传动系统。典型水嘴和电动机实物如图 2-18 所示。

(a) 原理图　　(b) 结构图

图 2-17　井下涡街流量计原理和结构示意图

(a) 电动机　　(b) 水嘴

图 2-18　井下电动机和水嘴

（3）技术特点。

利用电子、自动控制等新技术和新材料，形成了井下供电及传输系统、自动控制及调节系统和地面远程监控系统相结合的一体化系统，具有以下特点。

① 地面直读与监测。采用单芯铠装电缆供电及通信，地面控制器实时监测、直读、存储并显示井下分层流量、压力、温度数据。

② 地面显示与存储。地面控制器采用触摸屏设计，直观显示分层注水参数，并将各注水层的实时数据存储在 U 盘模块中，方便上位机软件回放各层数据，分析注水结果。

③ 地面控制，井下自动测调。控制软件通过地面控制器与井下有缆数字式配水器进行实时双向通信。地面直读实时分层流量，与预设分层配注量比较，地面控制程序发送控制命令和数据给井下配水器实现井下自动调配。

④ 实时远传与远程控制。地面控制器通过数字化油田网络可与远端中控室双向通信，在中控室可监测和调节各个层位注水量大小，实现了油田的数字化和网络化控制。

⑤ 封隔器实时验封。有缆数字式配水器内安装了管内外压力计，地面控制器采集井下管内外压力值，并执行自动验封程序，对井下封隔器进行实时验封。

⑥ 实现分层压降测试、自动周期注水等功能。地面发送分层压降测试、自动周期注水命令，井下水嘴执行相应程序指令，实时采集井下分层数据、管内外压力值，并执行分层压降测试、自动周期注水程序。

⑦ 实现井下免测调，不需要钢丝或电缆作业，定时自动测调，降低了作业风险，保证分层注水合格率长期保持在较高水平。

2）可洗井过电缆逐级解封封隔器

可洗井过电缆逐级解封封隔器是能够过电缆的封隔器，主要用于配套预置电缆分层注水全过程监测与自动控制工艺，一般要求过电缆封隔器能够不占用主通道，以免影响注水井吸水剖面测试等工艺。典型可洗井过电缆逐级解封封隔器内部结构如图2-19所示，由坐封活塞套、锁环定位环、销钉挂、隔环、注水座、洗井阀座、内衬管、电缆高压连接组件、上接头、上主体、洗井阀套、洗井阀、中心管、边胶筒、中胶筒、衬管、销钉座、坐封活塞、下主体、下接头等部件组成。

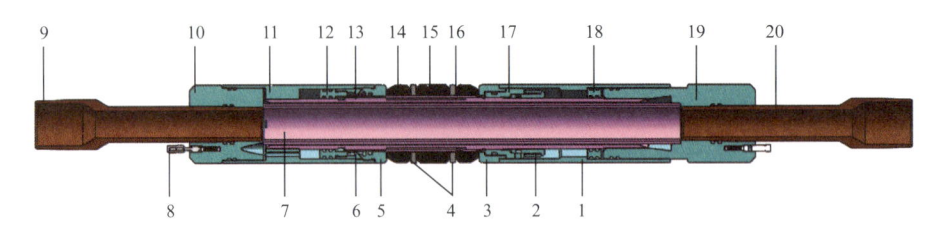

图2-19 可洗井过电缆逐级解封封隔器内部结构
1—坐封活塞套；2—锁环定位环；3—销钉挂；4—隔环；5—注水座；6—洗井阀座；7—内衬管；
8—电缆高压连接组件；9—上接头；10—上主体；11—洗井阀套；12—洗井阀；13—中心管；
14—边胶筒；15—中胶筒；16—衬管；17—销钉座；18—坐封活塞；19—下主体；20—下接头

可洗井过电缆逐级解封封隔器具有如下功能。

坐封：从油管内憋压，液压经连接头的孔眼作用在坐封活塞上，坐封活塞推动坐封活塞套及销钉座，剪断坐封销钉，压缩胶筒，坐封活塞套与锁环完成定位锁定；同时洗井阀在液压作用下下移关闭洗井通道，封隔油套环形空间。卸掉油管压力后，因坐封活塞套与锁环分瓣卡瓦锁在一起，胶筒不能弹回，始终处于封隔油套环形空间的状态。

洗井：从套管内注入不小于0.1MPa压差的带压水流，液压经内衬管孔眼作用在洗井阀上，推动洗井阀上行，洗井阀被打开，水流便经内衬管水槽、内外中心管环形空间及锁套水槽流到封隔器下部的油套环形空间，达到反洗井的目的。

解封：上提管柱，上接头带动内中心管和连接头向上运动，连接头拉动洗井阀套上行，而坐封活塞套、中心管、锁套以及分瓣卡瓦等零件由于胶筒与套管之间有摩擦力保持相对不动，锁套与分瓣卡瓦分离，剪断解封销钉，胶筒即可弹回，恢复原状，完成解封过程。

3）地面控制箱和软件系统

地面控制箱主要用于发送同步测调指令和存储回传数据，并通过电缆为井下配水器提供动力电源。地面控制和储存硬件平台，实现发送控制指令、录取数据和大容量数据存储等功能，地面控制箱实物如图2-20所示。软件系统用于读取注水井工艺数据和数据分析、判断、提示和报警等，形成数据成果表并统计月、年报表等。

预置电缆分层注水全过程监测与自动控制工艺最大的特点是实时性好，不受井下电池影响，对井型适应

图2-20 地面控制箱实物

性强，适用于直井、斜井和定向井，测试、验封、调配等操作都无须动用测试车，综合成本低。

二、无缆式分层注水全过程监测与自动控制工艺

预置电缆分层注水全过程监测与自动控制工艺是一种有缆式分注工艺，具有实时性好的优点，但是也存在施工繁琐的问题。因此，近年来形成了无缆式分层注水全过程监测与自动控制工艺，它的核心功能与预置电缆分注工艺相似，不同之处在于它是电池供电，作业与常规作业一样，管外无电缆，需要读取数据时下入通信短节实现连续数据的读取。

无缆式分层注水全过程监测与自动控制工艺包括：可投捞分层注水全过程监测与自动控制工艺和可充电式分层注水全过程监测与自动控制工艺。

1. 可投捞分层注水全过程监测与自动控制工艺

1）原理

可投捞分层注水全过程监测与自动控制工艺根据各层需求设定配注量，采用井下智能配水器对流量实施自动控制，实时监测并存储井下压力、温度和流量参数等注水动态数据及井下自动验封等功能。地面控制仪和操作软件通过电缆连接井下控制器，在井下与智能配水器实现非接触式通信，实现数据直读和实时控制，其原理具体如下（图2-21）。

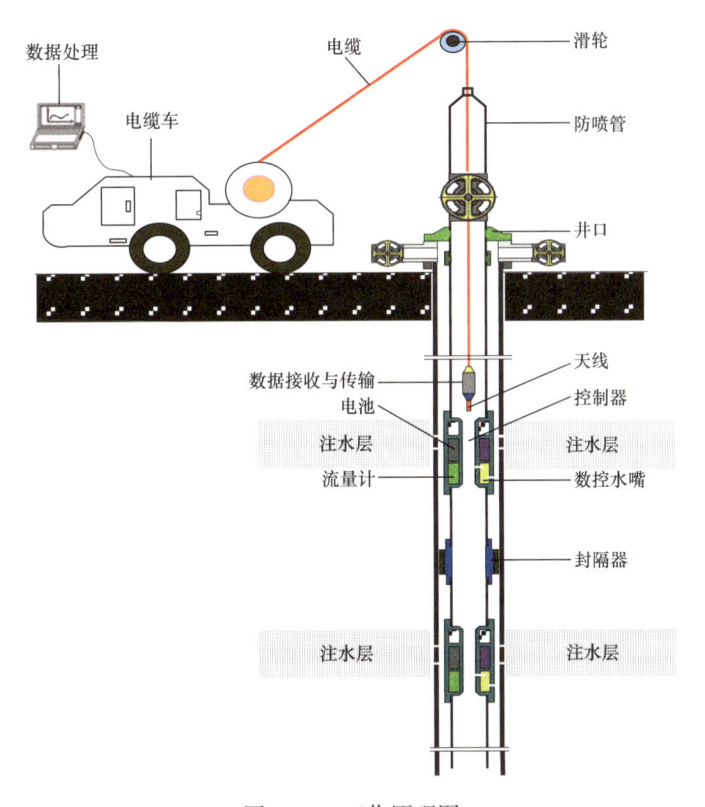

图2-21 工作原理图

（1）在每个注水层位上均装有一个井下智能配水器，层间用封隔器隔开。
（2）智能配水器实时监测每层注水量的大小，由微处理器自动调节阀门开度，将注水

量控制在需要的水平上。

（3）智能配水器长期监测井下流量、温度、注水压力和地层压力，可实现封隔器自动验封。

（4）通过电缆携带井下控制器与地面进行通信，重新配置每层注水量的大小，读取配水器中存储的流量、压力等监测数据。

2）管柱结构

无缆数字式分注管柱由非金属水力锚、封隔器、智能配水器、预制工作筒、水力循环阀、筛管和丝堵等构成（图2-22）。

3）系统组成

无缆数字式分注工艺主要由地面控制系统、电缆操作工具系统、井下测控系统三个部分构成（图2-23）。

（1）地面控制系统。

地面控制系统主要完成操作工具与井下测控系统的数据传输和数据处理等功能。图2-24所示虚线框内为地面控制系统，该系统通过电缆与操作工具连接，通过定位器反馈信号将操作工具准确定位到井下测控系统的位置，地面控制器发送数据读取指令，将井下存储器的测量数据传输到地面控制系统中，地面控制系统可以实时处理接收的数据，绘制注水量变化曲线、注水压力变化曲线等。

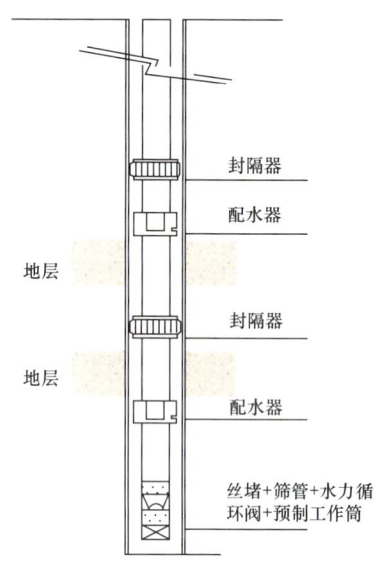

图2-22 管柱结构

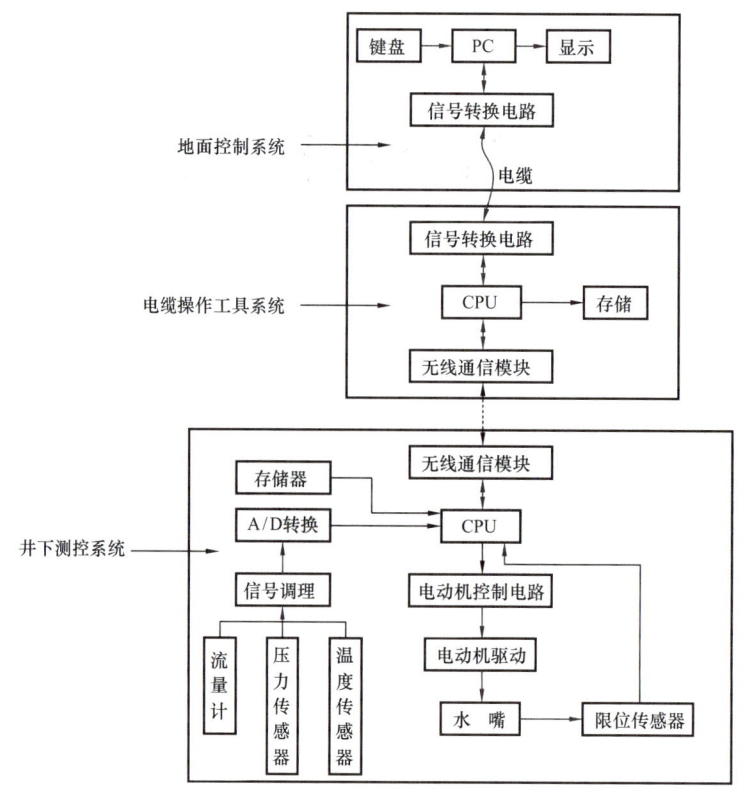

图2-23 分层注水自动调测系统原理图

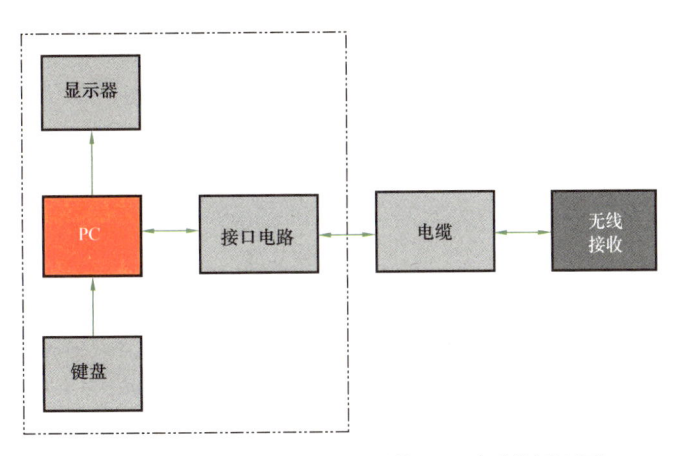

图 2-24　分层注水自动调测系统地面子系统原理图

（2）电缆操作工具系统。

电缆操作工具系统主要包括定位器、无线发射与接收电路等功能组成部分。定位器负责确定操作工具与井下工具的相对位置，并识别注水层位；无线发射与接收电路用来将地面的控制命令传递给井下工具，并负责接收井下采集的温度、压力、流量等数据。

（3）井下测控系统。

井下控制器的原理结构如图 2-25 虚线框内部所示，包括中央处理器（CPU）、A/D 转换模块、信号调理模块、电动机驱动模块、无线通信模块和存储模块。

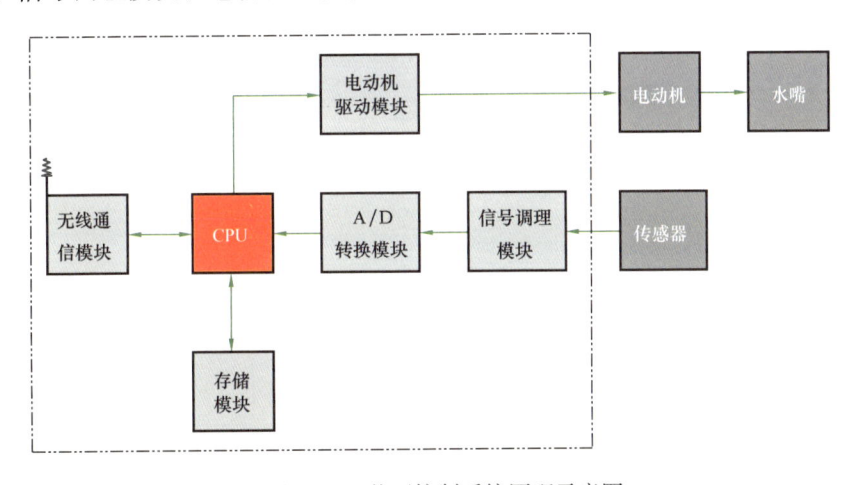

图 2-25　井下控制系统原理示意图

CPU 是井下控制器的核心，主要作用包括：与操作工具进行无线通信，把存储器中的测试数据传输到地面，同时也可以接收地面的控制指令；负责接收和处理测试数据，并将其存储在存储器中；通过传感器测得的流量、压力等信息，通过内置的控制算法，发送控制指令给电动机驱动模块，然后驱动电动机来改变水嘴的开度。

A/D 转换模块将通过信号调理模块输出的信号进行模数转换，进而实现存储；信号调理模块的作用是将各种传感器（流量、压力、温度）的输出信号进行放大、滤波，使其输出能够满足 A/D 的输入要求；电动机驱动模块能够接收 CPU 的指令，按照指令信息驱动电动机，使水嘴达到合适的开度。

无线通信模块负责井下控制器与操作工具的无线通信，该模块不仅可以传输数据，也可以传输控制指令。

4）数字式智能配水器

（1）结构。

数字式智能配水器（图2-26）是数字式智能分层注水工艺的核心工具，用于分层注水井井下分层配水。数字式智能配水器采用一体化结构，将井下小型化流量计、温度和压力传感器、数据处理控制、流量调节、数据存储与传输及供电模块集成在数字式智能配水器中，形成典型的机电一体化系统，从而实现其智能监测与控制。系统具有井下各层位流量自动调配，井下压力、温度和流量参数实时监测、存储与传输，井下自动验封等功能。

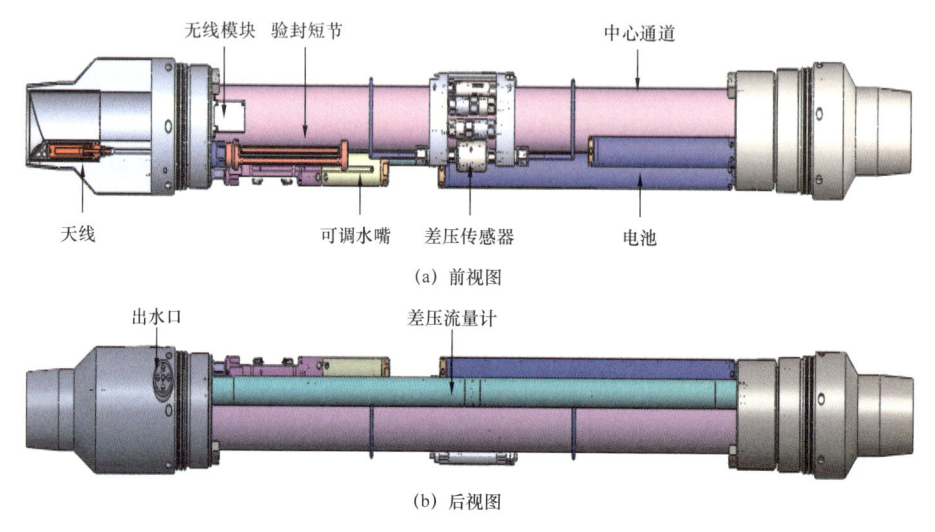

(a) 前视图

(b) 后视图

图2-26 数字式智能配水器结构示意图

（2）工作原理。

数字式智能配水器将一体化可调水嘴集成设计在环形空间内，在连入分层注水管柱之前，在地面通过地面控制软件将水嘴关闭，同时将分层配注量、自动测调周期、采样间隔、自动开启水嘴时间等参数写入智能配水器中，管柱连接下入井筒预定位置后，油管内注水打压，封隔器坐封。

到了自动开启水嘴时间时，两层水嘴自动打开，开始正常注水，注入水流经差压流量计，孔板上下产生压差，通过差压计测量压差计算井下分层流量，实现井下单层注水量实时精确计量。时钟芯片存储预设的自动测调周期，当自动测调周期时间到时，唤醒井下控制芯片进行测调，流量计短节将测量数据传送给井下控制芯片，控制芯片将预测分层配注量与实际测得的流量数据比较，若实际流量误差超过允许误差限度，则控制电动机转动水嘴，调整水嘴开度完成流量实时调节，并将测量到的流量值、管内外压力值、温度值、累计注入量值等数据存储到存储芯片中。

当要改变配注量或录取历史数据时，采用电缆携带井下控制仪进入油管，下放至配水器内部上下提动，井下控制器通过磁控开关唤醒配注器，通过无线通信模块以非接触无线通信方式，完成控制命令和数据的传输。

5）井下控制器

井下控制器包括井下控制器无线通信模块、井下控制器控制芯片、井下编解码电路、井下控制器电源模块、唤醒和定位装置（图2-27）。

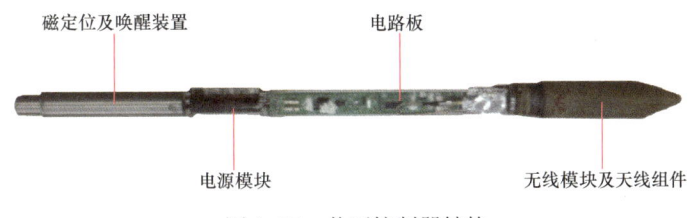

图 2-27　井下控制器结构

井下控制器的主要功能如下。

（1）磁定位功能。实现井下控制器和井下配水器的准确定位，便于井上与井下建立通信；油管和油管之间是通过节箍连接的，并且油管的长度是一定的，所以通过磁定位功能可以准确实现仪器的定位。

节箍的存在造成了油管与油管之间壁厚的变化，所以磁定位的功能是通过井下控制器在下井过程中，感应线圈感应到油管与节箍连接处厚度变化时造成的感应电动势的变化，来确定仪器下井的深度。

（2）通信功能。该功能为井下控制器的主要功能，井下单片机将上位机发送的指令通过无线模块转发给井下智能配注器，然后将配注器的回复命令或是数据上传到井上，由上位机绘图显示。

（3）唤醒功能。唤醒功能包括：井下控制器的通信自检功能，确保井下控制器与地面上位机通信正常；井下控制器唤醒井下配注器并与之建立通信，包括磁簧开关机械唤醒和无线通信模块唤醒两种方式，确保可以将井下配注器由休眠状态唤醒至正常工作状态模式。

6）技术特点

该技术是一种全新的注水调配模式，是将功能组件集成在一起，形成典型的机电一体化系统，从而实现其智能控制效果，其主要功能如下。

（1）直读检测。该技术能够在地面通过电缆连接井下控制器，采用非接触通信方式实时对井下各层的压力、温度、流量数据、流量调配过程和流量变化进行直读和监测，并将各层的数据显示出来。

（2）智能测调。相比现有大多数配水器，该技术包含了独立的流量计，井下配水器可以根据设定配注量自动调配，不需人为控制。

（3）长期监测。井下配水器在规定的时间段进行数据采集，并将数据存储到指定芯片中，当通信时，将数据传送给地面控制仪，通过分析数据即可得到注水井长期的注水状况，为分析储层吸水性提供依据。

（4）调配效率高。由于分注系统采用智能测调，可以将同时测调多个配水器，大大提高测调效率。

（5）自动验封。配水器安装了管内、管外压力计，可对各层进行自动验封。

（6）分层注水量人工调整时，不需要坐层，减小了测调工作量，易实现。

（7）只需一次管柱施工，就可以完成精细分注控制，无须后期人工干预和测量，节约大量人力物力。

（8）不需要投捞水嘴，缩短调配时间，降低劳动强度，在大斜度井和水平井也能够广泛使用。

2. 可充电式分层注水全过程监测与自动控制工艺

1）原理

可充电式分层注水全过程监测与自动控制工艺与可投捞分层注水工艺类似，能够实现注水全过程连续数据的监测和存储，以及配注量的自动测调。当需要下达指令或者读取井下数据时，同样需要施工车辆通过钢管电缆下入通信短节，通信短节与井下各配水器之间进行无线通信，完成可充电一体化配水器数据读取以及控制指令的输入。与可投捞分注不同之处在于井下配水器不可投捞，通过在线充电的方式实现井下能量的供给，可充电式分层注水全过程监测与自动控制工艺原理示意如图2-28所示。

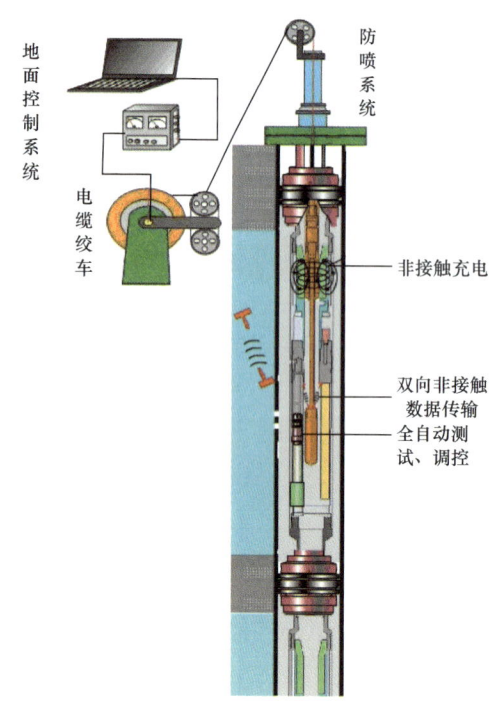

图2-28 可充电式分层注水全过程监测与自动控制工艺示意图

2）可充电一体化配水器

可充电一体化配水器由流量传感器、压力传感器、温度传感器、测控电路板、天线、流量控制阀、电池组、电能转换器接收端组件等组成，实物如图2-29所示。流量传感器、压力传感器、温度传感器、测控电路板构成了工作参数采集组件；测控电路板上的水下无线数据传输模块、天线构成了数据通信组件；流量控制阀采用大扭矩电动机加减速器驱动传动轴总成控制阀芯的开度，组成流量电控调节执行组件；电能转换器次级、测控电路板上的电源管理电路、电池组构成电源管理组件；各组件由测控电路板上的主逻辑处理电路进行统一管理，协调工作。在主逻辑处理电路中一体化测调算法的控制下，工作参数采集组件和流量电控调节执行组件形成闭环反馈系统，实现分层流量的自动测调。测调周期、监控周期、目标配注量、调配精度等信息记录在主逻辑电路的存储器内，数据可通过前端控制器进行修改。当调配周期到达时，配水器主逻辑电路自动唤醒，按预定配注量进行流量调配，调配完成后记录数据并进入休眠状态。当测试仪到达指定配水器后，配水器重新进入到唤配状态并通过无线通信组件接收地面的控制信息，实现流量人工测调、历史记录上传、调配参数修改等功能。

3）井下测试仪

可充电式实时监测分层注水工艺井下测试仪是地面数据与井下数据相互传输的桥梁与纽带，它具有数据读取和充电的双重功能。当需要对井下可充电一体化配水器的工作参数重新调整或需要对历史监测数据进行上传时，电缆携带井下测试仪下入井下，应用磁信号定位原理与井下配水器定位对接，采用电缆通信与无线通信相结合的方式进行数据传输。井下测试仪由电缆头、电能转换发射端组件、电源模块、主测控电路板、电能转换发射端测控电路及电磁定位组件构成（图2-30）。配水器应用电池组为压力计、流量计、流量控制阀等用电设备供电，当配水器内的电池组剩余电能下降需要补充时，下入电源管理仪，利用非接触方式与配水器建立连接。电力通过主机传送到电池管理仪发射端组件，该组件应用电磁感应原理形成交变电磁场向外辐射。在配水器内部的接收端模块上产生偶合交变电磁场并形成感应电流，经滤波、整流及充电电路实现电池组电力补充。

图2-29 可充电一体化配水器

4）地面主机

地面主机是可充电式实时监测分层注水工艺中的一个关键环节，它既是数据通信的中转站，也是计量测试仪供电的核心模块，同时对仪器的工作状态直接进行显示。地面主机电源系统一般要求具有如下性能指标：（1）具有宽电压输入范围，适合AC220V供电系统和AC380V供电系统；（2）对现场电动机或者变频器引起的干扰信号进行隔离，特别是在用逆变器供电的场合能够很好地起到净化电源、稳定系统可靠性的作用；（3）面对复杂的用电环境，电源系统自身具有包括过载保护、防浪涌电路、差模抑制电路、共模抑制电路、过压保护等保护措施；（4）设置了监测仪表，用于监控系统的工作状态，通过读取仪表读数判断测试仪的工作状态；（5）预留了一个备用插座，用于笔记本电脑供电，方便现场使用。

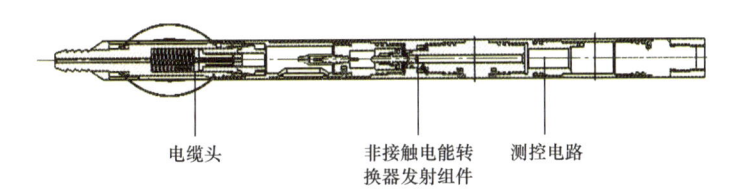

图2-30 可充电式分层注水全过程监测与自动控制工艺井下测试仪

三、应用情况

第四代分层注水技术实现了分层注水全过程监测和自动控制，使现场工作人员的"眼睛"和"手"延伸到各个层段，对各层的认识更加精准，对各层的调控更加快捷。截至2017年10月，中国石油的大庆、长庆、吉林和华北等油田现场应用了150口井。从工艺上看，第四代分层注水技术主要具有以下特点。

（1）实现了注水过程分层压力、分层流量等参数的实时监测，可方便地测试分层注水指示曲线，及时判断各层吸水状态，测试过程无需测试车。此外，还能方便进行在线静压测试和分层压降测试，实现井下关井试井。

（2）可以实现分层流量的定时自动测调，也可以根据注水量变化随时手动调整，便于加密测试，使分层注水动态合格率长期处于合格水平，提高水驱开发效果。

（3）便于层间周期轮注等方案的实施。层间轮注是指每个层轮换注水，初期可以根据吸水情况放大日注水量，但保持整个周期总注水量不变。层间轮注既能满足单层配注要求，又能减少层间调配。吉林新立油田现场试验表明：层间轮注既可以减少测调工作量，又能降低注入压力，有利于防治套损。针对注水比较困难的低渗透油藏，建议扩大层间轮注应用范围。

（4）通过实时监测嘴后压力，严格控制嘴后压力界限，减少套损井比例。套损严重是中国石油天然气股份有限公司各油田的普遍性问题，大量套变井的存在，严重影响了注采井网的完善程度，限制了分层注水的实施。嘴后压力是影响套损的重要参数，第四代分层注水技术能够实时监测嘴后压力，进而严格控制注水压力，降低套损率。

（5）免除了大量的现场测试施工，全生命周期综合成本得到有效控制。应用2～3年后总费用就可以与现有技术持平，连续工作超过3年后，综合成本就能低于现有技术。

下面着重列举现场应用过程中的典型功能曲线。

典型自动测调曲线如图2-31所示。大庆某井第二层，要求配注方案 $60m^3/d$，允许调配误差 $\pm 10\%$ 以内。自动测调周期设置为20d，每20d测调一次，保持注水合格率长期处于合格水平。

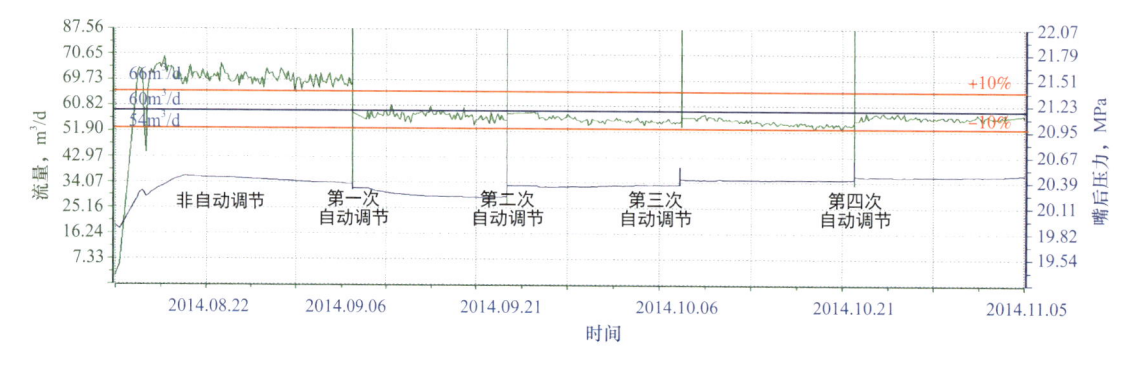

图2-31 典型自动测调曲线

异常点监测曲线如图2-32所示。工艺不仅可以连续监测到投产施工后的压力恢复过程，同时也能监测到配注过程中存在的配水间维修停注等现象。期间①、②停注获得压降曲线，③、④测得生产异常情况，利用该数据便于后续的分析。

可充电配水器在线充电曲线如图2-32所示。下入仪器可以实现对井下配水器的在线充电，单层充电时间为2.5h。

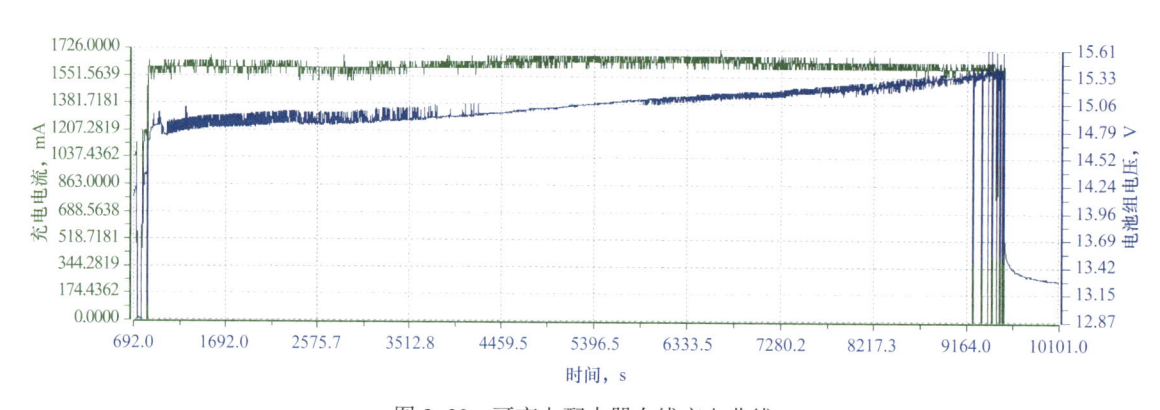

图2-32 可充电配水器在线充电曲线

分层流量、压力实时监测曲线如图 2-33 所示。大庆某井第二层方案配注量为 30m³/d，调整合格后该层段注入量逐步下降，一周后配注量已不合格，不采取任何措施，一个月后该层段配注量下降到了 18m³/d，只有通过实时监测工艺才能够发现。

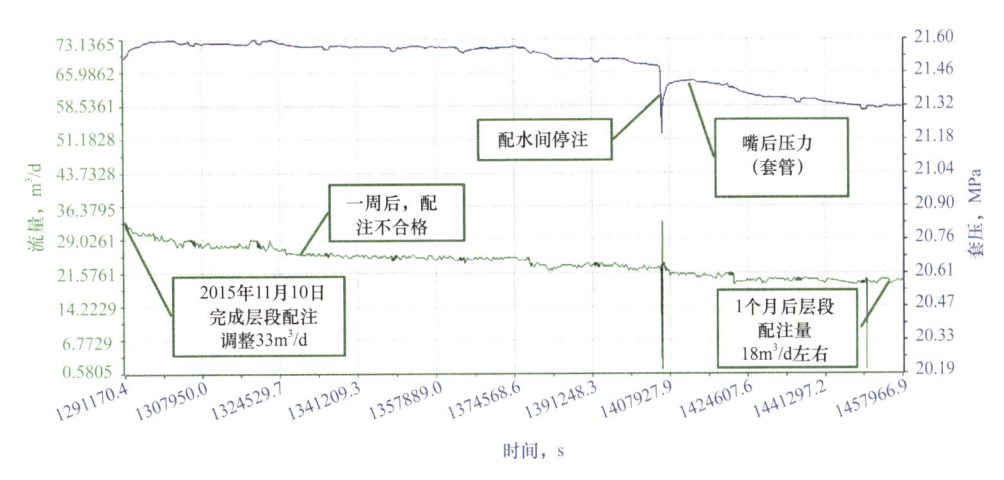

图 2-33　分层流量、压力实时监测

在线指示曲线测试如图 2-34 所示。利用该工艺，实现了注水指示曲线在线测试，无须动用测试车。井口主动产生压力变化台阶，直接观察嘴后压力、嘴前压力的变化，据此绘制出嘴前压力的指示曲线和嘴后压力的指示曲线。

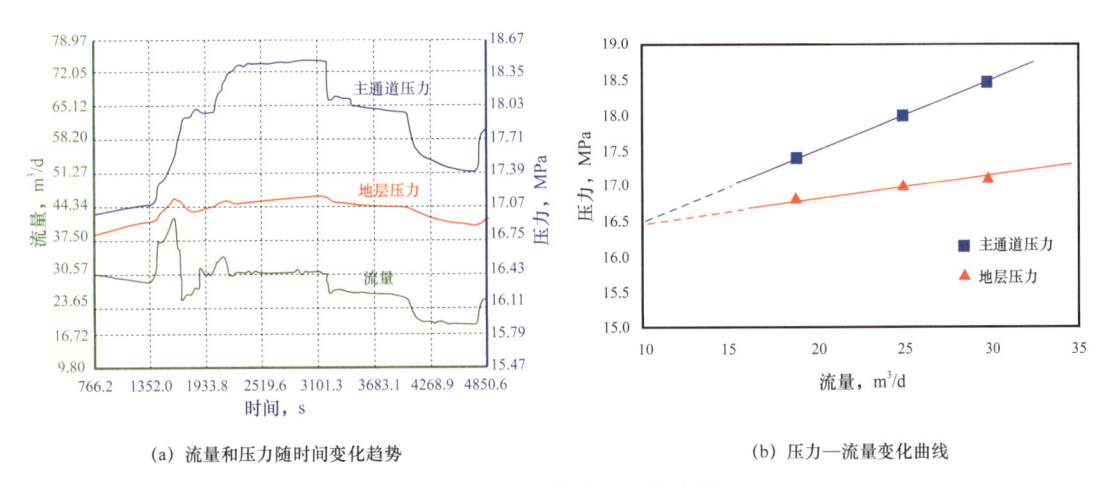

(a) 流量和压力随时间变化趋势　　　　(b) 压力—流量变化曲线

图 2-34　指示曲线的在线绘制

层间干扰测试如图 2-35 所示。主动改变一层配注量（图 2-37 中偏 5 层配注量），同步观察其他层的流量、压力的变化，便于测试层间干扰。

图 2-36 为偏 1 层关闭、偏 2 层开启时验封曲线。从曲线可以看出：偏 2 层嘴后压力随油管压力变化，偏 1 层嘴后压力不变，表明偏 1 和偏 2 层段间封隔器密封良好。无需特殊工艺，验封效率显著提高。

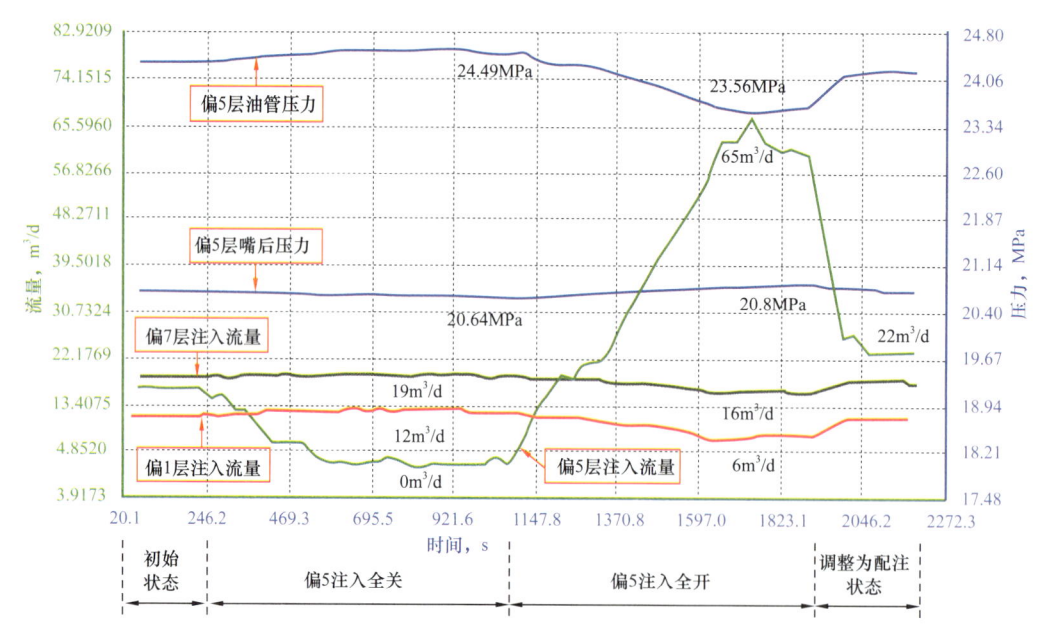

图 2-35 层间干扰测试

从开发效果上看，精细分层注水新技术规模应用后效果也已经凸显。统计大庆油田某采油厂试验区注水井组（10注25采），实施后综合含水率得到有效控制，对应井组日产油量稳定在 14～15t 之间。以井组典型井为例，实施一年后，突进层得到有效控制，动用程度提高，吸水剖面得到改善，4 口连通油井月含水率上升速度由 0.025% 下降到 –0.01%，实现了含水率不升高。

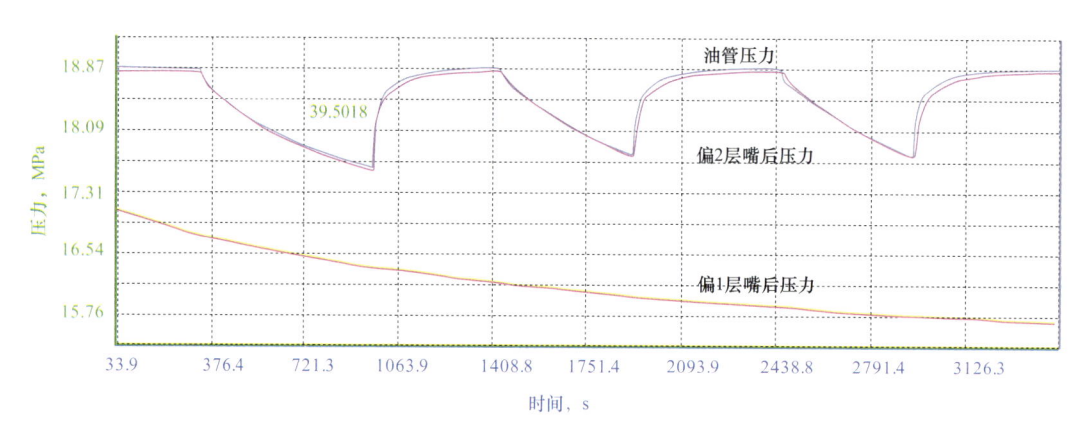

图 2-36 在线验封曲线

参 考 文 献

[1] 范锡彦，于鑫，杨洪源，等. 分层注水井分层流量及验封测试技术[J]. 石油机械，2007，32（10）：64-65.

[2] 肖国华, 宋显民, 王瑶, 等. 南堡油田大斜度井分注工艺技术研究与应用 [J]. 石油机械, 2010, 38 (3): 60-63.

[3] 张玉荣, 闫建文, 杨海英, 等. 国内分层注水技术新进展及发展趋势 [J]. 石油钻采工艺, 2011, 33 (2): 102-106.

[4] 于九政, 巨亚锋, 晏耿成. 长庆油田注水井分层压力测试工具改进与应用 [J]. 石油机械, 2011, 39 (12): 57-59.

[5] 李明, 金文庆, 巨亚锋, 等. 桥式偏心分层注水技术在大斜度井上的应用 [J]. 石油机械, 2010, 38 (12): 70-72.

[6] 李明, 王治国, 朱蕾, 等. 桥式偏心分层注水技术现场试验研究 [J]. 石油矿场机械, 2010, 39 (10): 66-70.

[7] 杨洪源, 于鑫, 齐德山, 等. 桥式偏心配水管柱在分层测试中的应用 [J]. 石油机械, 2009, 37 (3): 59-63.

[8] 于九政, 王子建, 罗必林, 等. 深井多级分注工艺管柱研制与应用 [J]. 石油机械, 2012, 40 (10): 88-90.

[9] 王建华, 孙栋, 李和义, 等. 精细分层注水技术研究与应用 [J]. 油气井测试, 2011, 20 (4): 41-44.

[10] Liu he, Gao yang, Sun fuchao, et al. Overview of Key Zonal Water Injection Technologies in China [C]. IPTC. 2012.

[11] 欧阳勇, 魏亚莉, 王治国, 等. 桥式偏心分注集流测试密封段的改进与完善 [J]. 石油机械, 2011, 39 (4): 84-85.

[12] 宋祖厂, 刘扬, 盖旭波, 等. 桥式偏心分注管柱电动验封技术研究与应用 [J]. 石油钻采工艺, 2014, 36 (1): 74-76.

[13] 王建江, 郭建国, 饶守东, 等. 桥式偏心分层注水工艺及测试技术在注水工艺中的应用 [J]. 新疆石油科技, 2013, 23 (4): 33-36.

[14] 马雪, 陈刚, 石克禄. 新型分层注入与测试工艺 [M]. 北京: 石油工业出版社, 2011.

[15] 王海全, 宋显民, 耿海涛, 等. 同心管分层注水技术在南堡大斜度井的应用 [J]. 石油机械, 2011, 39 (9): 70-72.

[16] 温晓红, 邵龙义, 田立志, 等. 分层注水技术在中亚RN非均质碳酸盐岩油田的应用 [J]. 石油钻采工艺, 2014, 36 (2): 113-115.

[17] 于九政, 郭方元, 巨亚锋. 桥式同心配水器的研制与试验 [J]. 石油机械, 2013, 41 (9): 88-90.

[18] 张峙, 范远洪. 同心集成细分注水工艺在海上油田的应用 [J]. 石油钻采工艺, 2007, 29 (6): 41-44.

第三章 大修作业技术

  油水井随着服役时间的不断延长,地下套管受工程和地质等因素影响,将不可避免地出现套损。套损井出现后,若不及时修复,后期治理难度会越来越大,不仅影响井网的注采关系,而且还会造成成片套损,影响区块的整体生产,给油田正常开发带来严重危害。为维护油田产能建设,必须及时进行套损井修复。大修作业技术,就是采用各种手段对井筒通径进行恢复、对井内落物进行处理打捞、对井筒本身套管进行修复的技术。

  自1980年各油田出现套损井以来,围绕不同时期套损特点及需求,发展了相适应的修井技术系列:维护性修井技术,针对油田出现的井下落物和管柱卡阻状况,在没有可借鉴技术、无成型工具的条件下,自主设计研发专用工具、攻关研究组合式解卡打捞工艺,该工艺目前一次成功率达到98%以上;治理型修井技术,针对油田套管变形井增多、通径大于90mm生产管柱无法下入的实际,以建立有效生产通道为目标,自主研发形成以浅部取套、整形加固工艺为代表的修井技术;综合型修井技术,针对套管开始发生错断、通径50~90mm常规技术无法修复的难题,发展形成了以取换套、侧斜工艺为代表的修井技术,修后指标能够达到新钻井要求,保证了单井、区块的稳定生产。总体上,目前国内各油田形成了适应$5\frac{1}{2}$in套管的系列修井技术和工具,系列化修井技术能够满足油田各类井型的施工需求,通径50mm以上套损井打通道成功率80%以上,加固后通径达到108mm,最大取套深度1100m。

  近年来,东部老油田套损形势更趋严峻,年新增套损井多,且存在逐年增多、程度加剧的态势,ϕ30mm小通径、活性错断无通道、吐砂吐岩块井等疑难井比例高。老区形成了多个套损区,这些井由于没有有效治理方法,导致长期关停,严重影响了区块注采关系完善和区块产能建设。西部油田井深、修井难度大。水平井、气井故障井数量增加。针对上述问题,先后攻关发展了小通道及无通道套损井打通道、膨胀管密封加固、取换套管修井、超短半径侧钻水平井、顶驱修井、水平井及气井修井等一系列新技术,极大地提高了多种井型多种疑难复杂井的治理效果和治理水平[1]。

第一节 小通道及无通道套损井打通道新技术

  国内大庆油田1993年开始对错断井打通道进行探索性试验,逐步形成了比较完善的配套技术,这些技术的综合应用,使错断通径在ϕ50~70mm之间的套损井打通道成功率达70%以上,通径小于ϕ50mm的错断井打通道成功率达50%以上,其中在喇7-30套损区成功治理15口无通道套损井,实现了捞净落物,达到物地质报废的目的。目前,小通径套损井打通道难点在于断口位移量大、活动性强、断口弯曲和断口夹有落物。

  国内其他油田,如胜利和辽河油田近年来陆续进行了小通径错断井打通道技术的研究,但对于无通道套损井的修复技术还没有实质性突破。国外油田,ϕ140mm套管错断井以水泥浆封固报废为主,取换套也只是在表层套管内进行,不进行套铣,对打通道技术报导较少。

一、小通道套损井打通道技术

通过两年32口井试验，总结小通径套损井打通道经验，研究出一套多种形式的活性错断井打通道及封固技术，成功率75%。首先是"找、打、扩"一体化管柱研究。

1. "找、打、扩"一体化管柱研究

1）一次性分级处理通道技术研究

小通道活性错断井指 ϕ140mm 套管错断后最小通径不大于 ϕ70mm，目前大庆油田多为 ϕ140mm 套管，所以此项研究以 ϕ140mm 套管为主。小通径错断已被修井人员所攻克，但小通径活性错断必须在小通径基础上改进工具及管柱结构。小通径活性错断井打通道有以下8种方法。

（1）笔尖刀大力冲胀法。

此种方法简单实用效果好，把废旧钻杆加工成长短适当的笔尖刀，上接头下端面车成导角且本体弯成约150°角，弯曲面与笔尖刀方向相同。笔尖刀在断口处各方向找断口，可根据钻具的深度、夹持力及下放钻具管柱的转动方向判断出笔尖刀是否插入下套管，再下放全钻压，使笔尖刀本体全部进入下套管，但笔尖刀的接箍卡在断口处下不去，这时笔尖刀夹在断口处可能活动的范围内多次大力冲击或加下击器直至笔尖刀接箍强行通过断口，若通过则变成大通径错断，处理方法众所周知。（图3-1）

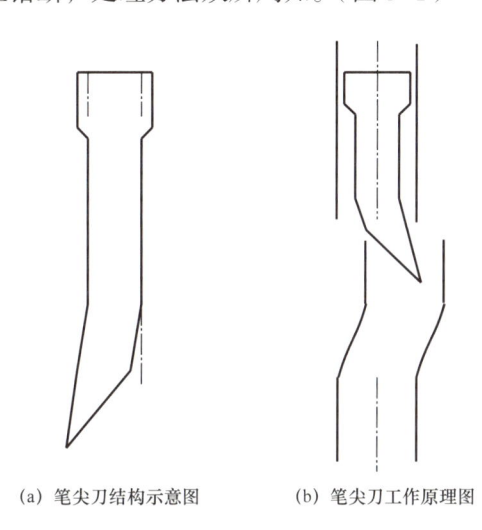

(a) 笔尖刀结构示意图　　(b) 笔尖刀工作原理图

图3-1　笔尖刀结构及工作原理图

（2）笔尖刀冲胀法。

在笔尖刀冲胀过程中由于断口上部套管的限制，断点下部套管阻止笔尖刀接箍通过，可在笔尖刀的外加大及接箍部分镶一刀片，刀片的功能是把断口下套管割开一条口子，让笔尖刀接箍顺利通过变点（图3-2）。

（3）多级冲胀法。

若钻杆笔尖刀本体在断口处能上下活动，接箍通不过断口，则在笔尖刀本体上堆焊硬质合金。例如本体为 ϕ73mm，则在 ϕ73mm 基础上堆焊到 ϕ80mm、ϕ90mm 等，可根据具体情况而定，整形直至 ϕ120mm 顺利通过（图3-3）。

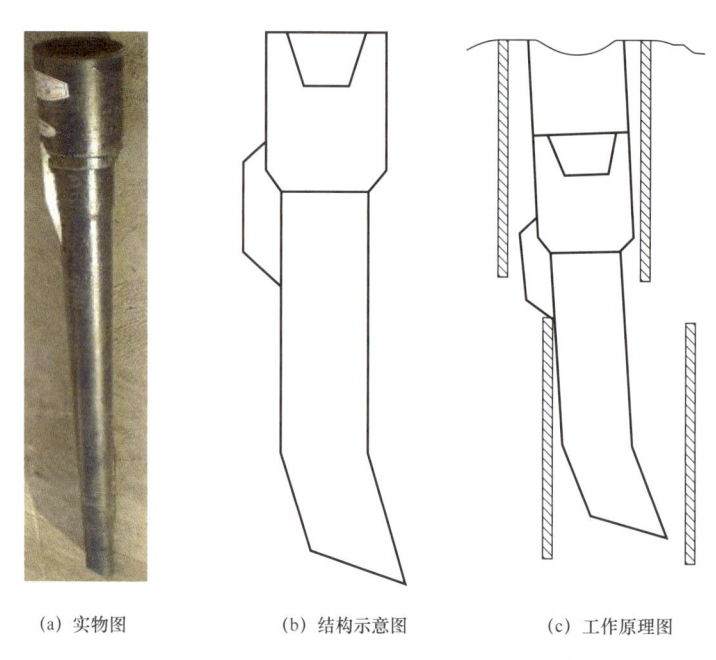

(a) 实物图　　　　(b) 结构示意图　　　　(c) 工作原理图

图 3-2　笔尖刀实物、结构及工作原理图

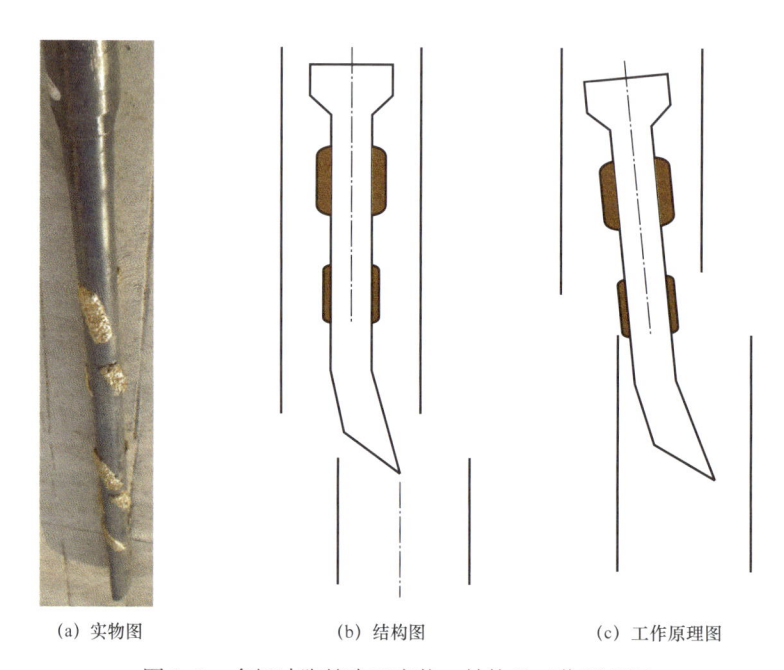

(a) 实物图　　　　(b) 结构图　　　　(c) 工作原理图

图 3-3　多级冲胀笔尖刀实物、结构及工作原理图

（4）笔尖刀铣锥磨铣。

若上述三种方法均没有达到预期效果，但这时由于多次冲胀，钻杆接箍相当于整形器，通径多多少少有所扩大，如果笔尖刀本体在断口行走自如，没有一点夹持力，或夹持力很小，这时可采用笔尖刀铣锥无钻压磨铣法磨铣通过，有钻杆笔尖刀易断入井内。首先，笔尖刀铣锥的硬质合金对断口上部套管的一侧进行磨铣，然后磨铣断口下部套管的对立一侧直至铣锥通过变点（图 3-4）。

(a) 笔尖刀铣锥磨铣上部套管示意图　　(b) 笔尖刀铣锥磨铣下部套管示意图

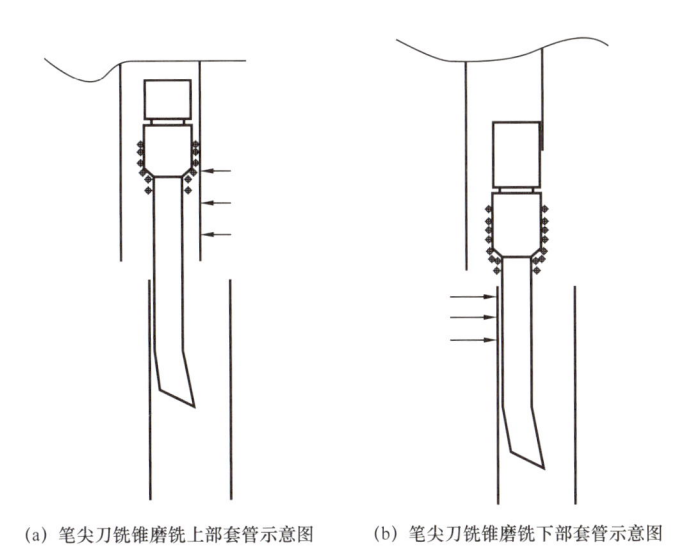

图 3-4　笔尖刀铣锥结构及工作原理图

（5）凹底磨鞋磨铣法。

若弯笔尖刀无法找到下套管，但 ϕ120mm 铅模打印还能打出印迹，通径在 ϕ30mm 和 ϕ50mm 之间，此时下 ϕ120mm 凹底磨鞋，进尺 0.3m 后起钻；下凹底磨鞋的意义是不磨到套管外边去，断口下部套管被开个窗后再下磨铣笔尖刀，从开窗处插入断口下部套管内磨铣开窗通过，侧斜是套管内开窗，此时是从套管外向内开窗（图 3-5）。

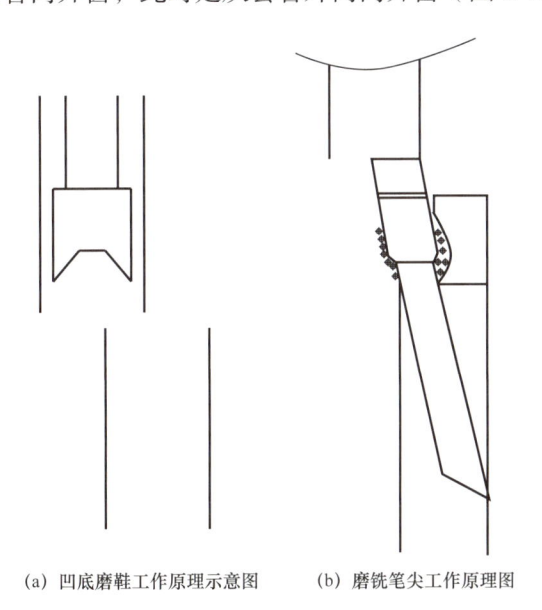

(a) 凹底磨鞋工作原理示意图　　(b) 磨铣笔尖工作原理图

图 3-5　凹底磨鞋结构及工作原理图

（6）锻铣法。

若 ϕ120mm 铅模打印没有打到断口下部套管，说明断口位移量大，这时由于断口上部套管的限制，下工具不容易找到下断口套管，可用锻铣法把上部套管锻铣掉一部分再下笔尖刀铣锥处理变点至顺利通过。锻铣刀管柱投送到位后，通过循环，刀爪外伸，伸出去的刀爪不投球不再收回，有锁定装置，锻铣套管时从下向上锻铣，改变已往从上向下锻铣套管处理不净的问题，起钻时投球，解除锁定即可起出钻具（图3-6）。

锻铣参数：钻压30~80kN、转速60~80r/min、排量0.5~0.8m³/min。

（7）"找、打、扩"一体法。

对于小通径活性错断来说，打通道比非活性错断要复杂得多。它的特点是磨铣过后断口复位，往往再下工具时找不到通道，针对活性断口打通道结合小通径的经验，研制出一种一体化的磨铣工具，工具下端笔尖刀找到通道后经磨铣一趟管柱完成。

它的原理是铣锥下部笔尖刀先找到通道，找到后空心的铣锥顺着笔尖刀旋转下滑，在笔尖刀的引导下向下磨铣进尺，笔尖刀不旋转且能在铣锥内向上滑动，起钻笔尖刀带出（图3-7）。

找磨铣锥工作参数：钻压10~20kN、转速60r/min、排量0.25~0.3m³/min。

图3-6 锻铣刀

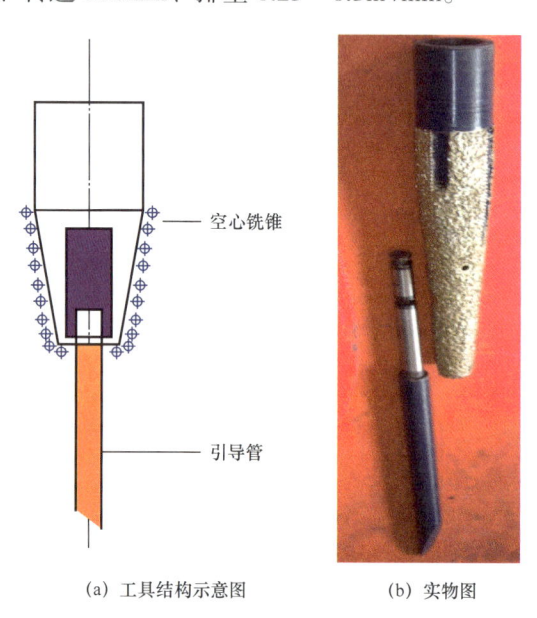

图3-7 找磨铣锥结构及实物图
(a) 工具结构示意图　(b) 实物图

（8）封固后打通道。

经笔尖刀找通道无效，可先封固断口然后再磨铣打通道。如果前期施工判断套管为活性错断，则射孔洗井后，向井内挤入暂堵剂后再挤入封堵剂，使封堵剂预留在断口处，候凝钻塞，到断口差1m时起钻，下ϕ120mm×300mm扶正器3~4个，下接ϕ120mm×900mm凹底铣柱磨铣，磨铣过断口0.3m时起钻，打印证实下套管偏差大小，若错断通径不小于ϕ83mm则可下ϕ116mm的梨形铣锥磨铣，保证铣锥底尖在下套管内（图3-8）。

若打印证实下套管偏差大，也就是说此时套管错断仍很严重，则重复上述磨铣工序直至符合通径不小于ϕ83mm要求。

2）断口预处理技术研究

为更有效地使用一体化工具，防止工具由于套管断口弯曲造成工具断裂，研制出处理断口上套管的凹底铣柱（图3-9），外径ϕ120mm，有效长度0.9m，上接扶正器，处理断口上部套管效果良好。

磨铣参数：钻压40~200kN、转速60~100r/min、排量0.3~0.4m³/min。

(a) 凹底铣柱磨铣（初始）　　(b) 凹底铣柱磨铣（最终）　　(c) 梨形铣锥磨铣

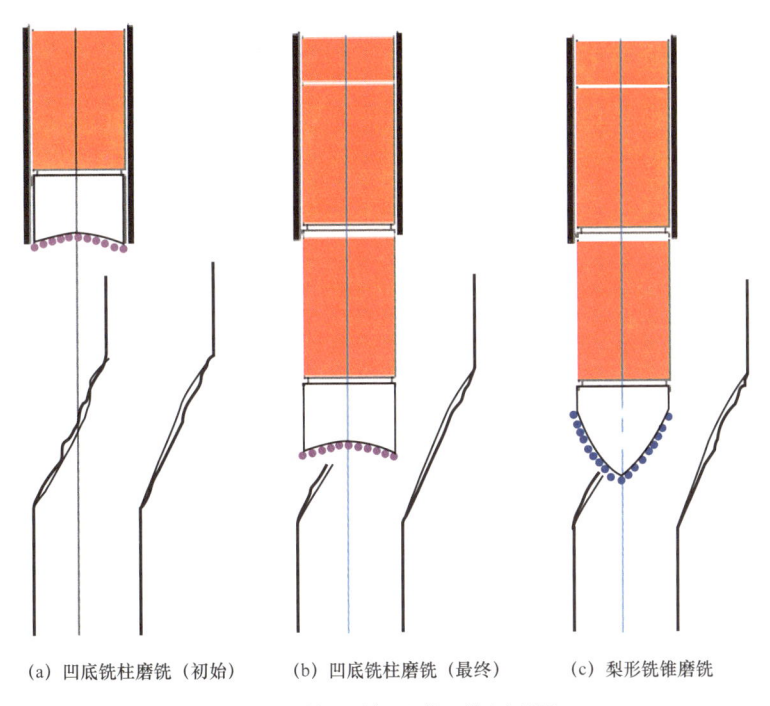

图 3-8　封固后打通道工作原理图

2. 套铣断口附近弯曲段套管技术研究

可采用笔尖刀加铣锥短节强行取直法，第一次可用 $\phi 108mm \times 200mm$ 铣锥短节下接 $\phi 73mm \times 1000mm$ 笔尖刀强行磨铣通过，然后铣锥短节逐渐加长加粗至 $\phi 120mm \times 1500mm$ 直至顺利通过（图 3-10）。

套铣参数：钻压 30～150kN、转速 40～60r/min、排量 0.3m³/min。

(a) 实物图　　(b) 工作原理图

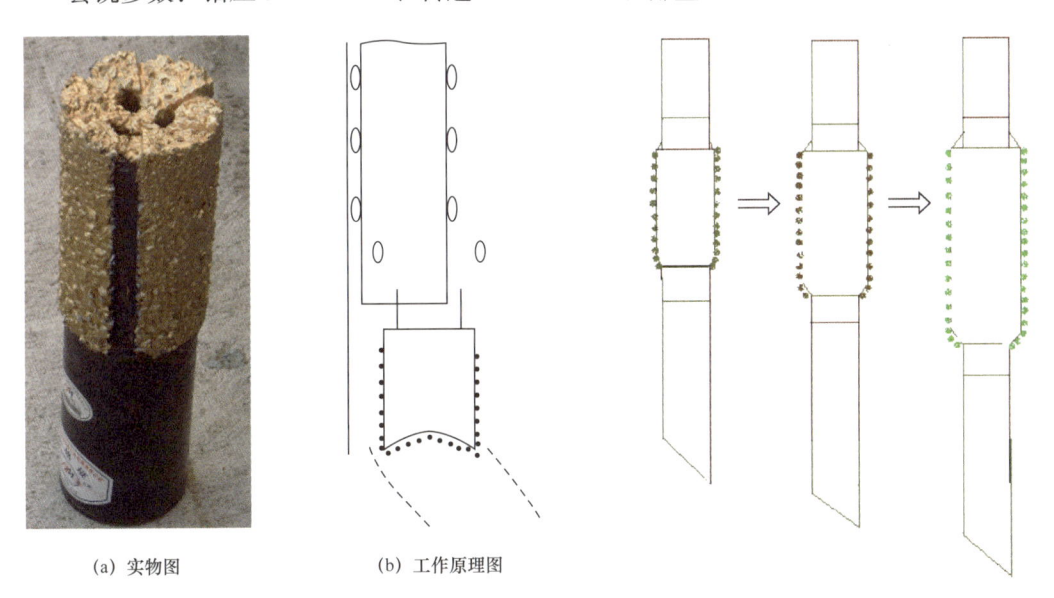

图 3-9　凹底铣柱实物及工作原理图　　图 3-10　笔尖刀加铣锥短节强行取直示意图

二、无通道套损井打通道技术

通过对无通道套损井套损断口的分析认证，采用相应的断口处理技术、落物打捞技术、套损断口修复技术实现无通道套损井的全面修复；对于无法打开通道的套损井，采用有落物报废技术处理。

1. 无通道井套损部位及类型分析

通过套损形态诊断技术的研究，确定不同套损区块的具体套损形态，为打通道工艺方法优选提供依据。不同套损区块其套损形态差异较大，例如南1套损区的套损井，其套损井段相对喇7-30套损区的长，水泥环破损更严重，断口上下套管弯曲段长，且大部分井都存在断口活动的情况。因此在对某一套损区块的无通道井进行治理前，需对该区块的套损形态进行详细的分析认证，为下步的套损断口处理提供有力的技术支持。

1）无通道井套损类型分析。

根据套损机理研究成果，套损产生的主要原因是区块压力变化，使局部地层发生隆起，对套管进行挤压或拉伸，加之页岩层进水滑移对套管进行剪切，导致套管产生形变。对于嫩二段页岩层，以单点套损为主；对于多层段页岩的交互层，以多点套损为主（图3-11）。

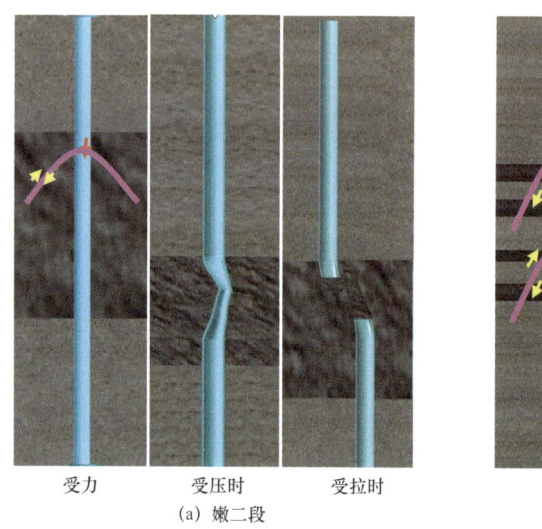

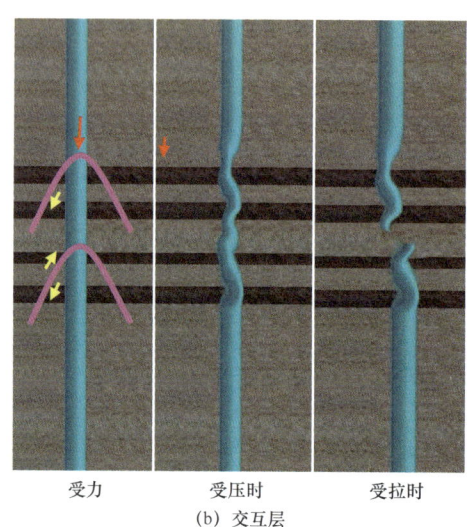

图3-11 套损形式原理图

（1）交互层表现形式。

对于多层段页岩的交互层，页岩层进水滑移对套管进行剪切，套损井套损横向位移大，套管弯曲段距离长，有的甚至套管错断，但大部分套管未断开，套管径向缩径变形严重，主要体现为多点套损（图3-12）。

（2）嫩二段表现形式。

对于嫩二段页岩层，以单点套损为主，软弱夹层一般具有较强的吸水能力，当注入压力达到一定值后，注入水通过裂缝窜到软弱夹层，使它吸水强度降低，导致岩层失稳滑动，从而造成套损（图3-13～图3-16）。

(a) 交互层多点剪切变形无通道　　(b) 交互层多点剪切错断无通道　　(c) 高102-44井测试曲线　　(d) 高102-44井，深度768.84m 最小通径φ62mm

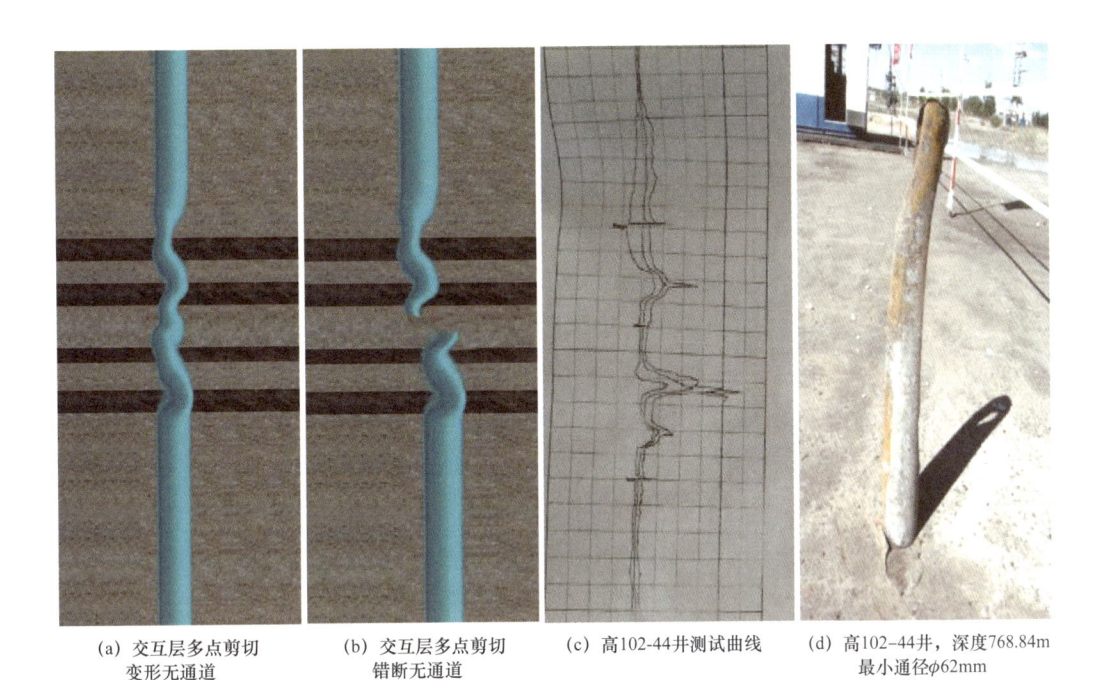

图 3-12　交互层套损形式和实物图

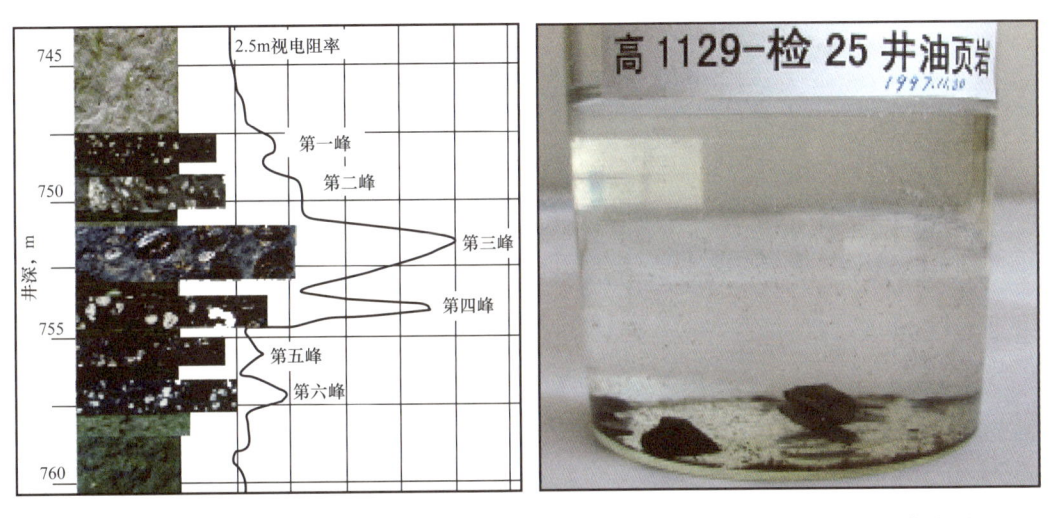

图 3-13　油页岩遇水不膨胀（高 127-检更 282 井）　　图 3-14　油页岩内含化石富集夹层

层间滑动主要表现在油页岩段，主要形式为套管沿垂向短距离发生明显位移，甚至完全错开失去通道。

2）无通道井套损部位分析

根据油田统计结果，套损井主要发生在嫩二段标准层及其上下交互层（页岩、泥岩、砂岩）。近 3 年井下作业分公司施工的 69 口无通道试验井中，嫩二段标准层套损井 25 口，交互层套损井 44 口。

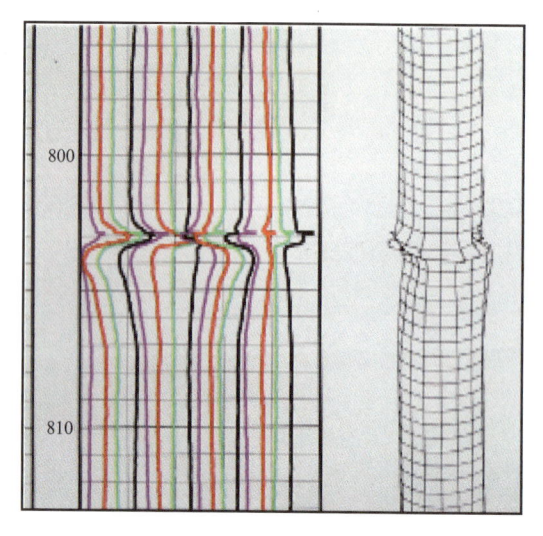

图 3-15 层面滑移多发生在第三峰值

(a) 北1-40-551井，深度692m，最小通径φ80mm　　(b) 高102-44井，深度692m，最小通径φ62mm

图 3-16 嫩二段页岩套损形式实物图

3）套损井断口类型分类

无通道套损井定义的新认识：一是指套管完全断开；二是套管变形扭曲严重；三是套损井段夹有落物无通道。根据套损层位以及套损断口落物情况的差异，无通道套损井可分为3大类8种情况（表3-1）。

表 3-1　无通道套损类型表

序号	类型	形态	特征
一	嫩二段套损类型	嫩二段剪切变形无通道	变形、单向弓形夹扁
		嫩二段剪切错断无通道	错断、断口套管轻微变形
二	交互层套损类型	交互层多点剪切变形无通道	变形、大段缩径夹扁
		交互层多点剪切错断无通道	错断、断口套管大段逐步变形

续表

序号	类型	形态	特征
三	套损井段夹有落物无通道类型	变形套管包裹油管无通道	变点包裹油管，可短距离活动
		变形套管包裹大直径落物无通道	变点包裹大直径工具，不可活动
		错断口夹有油管无通道	断口与落物同步，落物无下行空间
		错断口夹有大直径落物无通道	

（1）第一类嫩二段套损类型。

① 嫩二段剪切错断无通道。

嫩二段页岩层剪切错断，套损断口纵向断距相对较短，上下断口弯曲段小，且上下断口缩径量小。该类型井主要出现在环空有水泥环封固的页岩层，例如大庆油田采油六厂的喇7-30套损区块。

② 嫩二段剪切变形无通道。

嫩二段页岩层剪切变形套损井，套损井段中心距偏移量大，且套损井段相对较长，短工作面打通道管柱通过性相对较好，但套损井段弯曲严重，长工作面打通道管柱通过性极差。

（2）第二类交互层套损类型。

① 交互层多点剪切错断无通道。

交互层多点剪切错断，错断、断口套管大段逐步变形，上下断口弯曲段长，且上下断口缩径量大。该类井主要出现在嫩二段上下的交互层，例如大庆油田采油一厂的南1套损区块。

② 交互层多点剪切变形无通道。

交互层多点剪切变形套损井，大部分为双侧变形且大段缩径夹扁，变形井段中心距偏移量较小，但套损长度相对较长，该类套损井采用铅模进行通道认证时，很难确定其最小通径，因此在打通道过程中对级差的要求较高。

（3）第三类套损井段夹有落物无通道。

① 变形套管包裹油管无通道。

变形套管包裹油管的套损井，在活动原井管柱的过程中，夹扁的油管本体能在一定负荷范围内通过套损井段的最小变形处，但油管接箍无法通过。一旦活动管柱负荷增大，原井管柱极易从变点下部的油管接箍处拔脱。该类井变形井段长短不一，最长的可达10m以上。

② 变形套管包裹大直径落物无通道。

变形井段包裹大直径落物的套损井，在活动原井管柱过程中基本无活动空间，当变点上部管柱采用倒扣等方式捞出后，在未判断出变点具体位置时，捞住包裹的大直径落物往往出现拔不动、倒不开的卡钻现象。大直径落物主要包括封隔器、配水器、螺杆泵以及电泵机组等。

③ 错断口夹有油管无通道。

错断口夹有油管的套损井，其套损断口与落物同步，套损断口横向偏移量大，由于断口出油管无下行空间,打通道过程中下断口及落物处理极其困难,该类套损井主要有以下几种情况:一是原井管柱有油管锚;二是注水井配水管柱顶天立地;三是断口下部管柱砂埋等。

④ 错断口夹有大直径落物无通道。

错断口夹有大直径落物的套损井与错断口夹有油管的无通道井基本类似,由于断口横向位移大,目前的打通道工艺对该类型井无有效措施,打通道成功率极低。

2. 无通道井打通道方法

针对3类8种套损形态,创新研制了4类19种专用工具,确定了不同类型无通道井打通道方法,形成了6类打通道工艺。

1) 逆向锻铣打通道工艺

嫩二段页岩层剪切错断无通道井,断口横向断距较大,但断口径向缩径量相对较小,下断口套管处于"开口"状态。利用锻磨铣工具将错开的上、下断口套管断距拉大,增加上下断口套管的纵向位移量,为弯笔尖刀找下断口创造上提下放和旋转操作的空间,从而达到断口处上下套管连通的目的,该工艺打通道成功率80%以上(图3-17)。

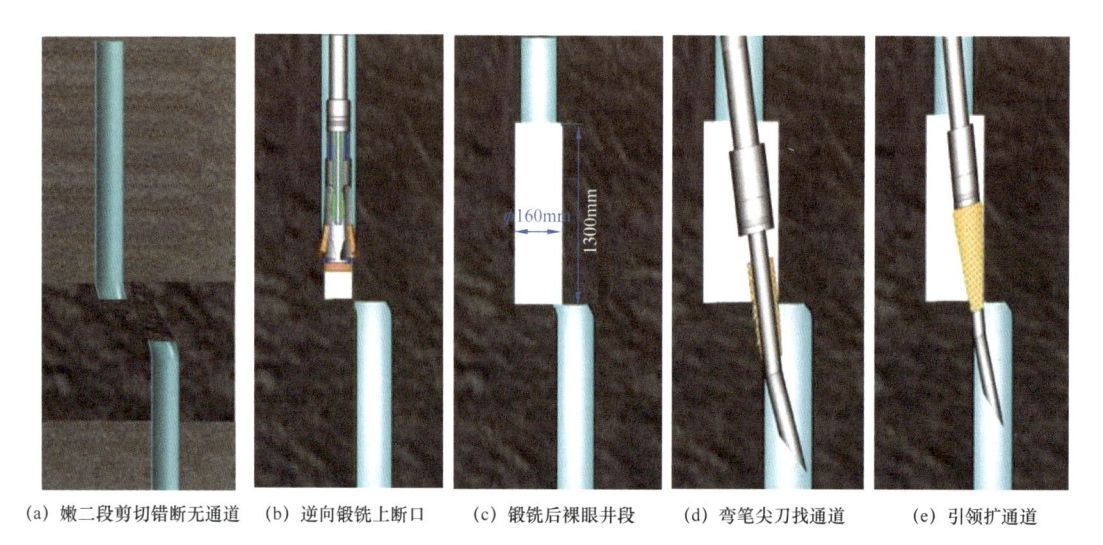

(a) 嫩二段剪切错断无通道　(b) 逆向锻铣上断口　(c) 锻铣后裸眼井段　(d) 弯笔尖刀找通道　(e) 引领扩通道

图3-17　逆向锻铣打通道工艺示意图

2) 上下断口扩径修整打通道工艺

交互层多点剪切错断无通道井,断口横向断距大,上、下断口弯曲段长,且上、下断口缩径量大,上、下断口都处于"闭口"状态。利用大直径扶正磨铣工具对上断口进行处理,并在下断口套管外钻铣出一定长度的空井眼,锻铣掉上断口套管后,对上下断口之间的裸眼井段进行扩径;在裸眼井段利用支撑扩径磨鞋对"闭口"的下断口侧面开窗,为弯笔尖刀进入下断口创造条件,当弯笔尖刀进入下断口后,再逐级引领修整下断口套管,从而达到断口处上下套管连通的目的,该工艺打通道成功率85%以上(图3-18)。

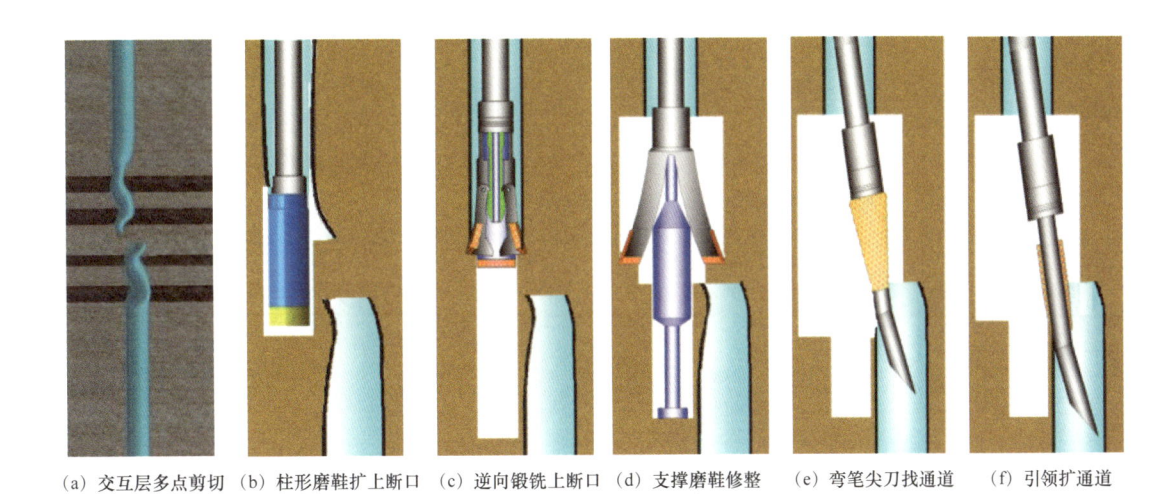

(a) 交互层多点剪切　(b) 柱形磨鞋扩上断口　(c) 逆向锻铣上断口　(d) 支撑磨鞋修整　(e) 弯笔尖刀找通道　(f) 引领扩通道
　　错断无通道　　　　　　　　　　　　　　　　　　　　　　　　　　　下断口

图 3-18　上下断口扩径修整打通道工艺示意图

3）分级分段挫磨铣打通道工艺

交互层多点剪切变形套损井，大部分为双侧变形，针对该类井套损井段长、通径小，但套损井段套管连而未断的特点，研究设计了分级分段挫磨铣打通道系列管柱，其主要目的就是确保在打通道过程中套管不断、通道不丢。分级引领冲胀挫铣为分级引领旋转磨铣创造条件，两项技术交替应用，分段逐级扩通道，实现打通道不丢鱼（图 3-19）。

(b) ϕ65~80 mm冲胀挫铣　(c) ϕ80~110mm冲胀挫铣　(d) ϕ80~110mm旋转磨铣　(e) 上部井段扩径

(a) 交互层多点剪切变形无通道

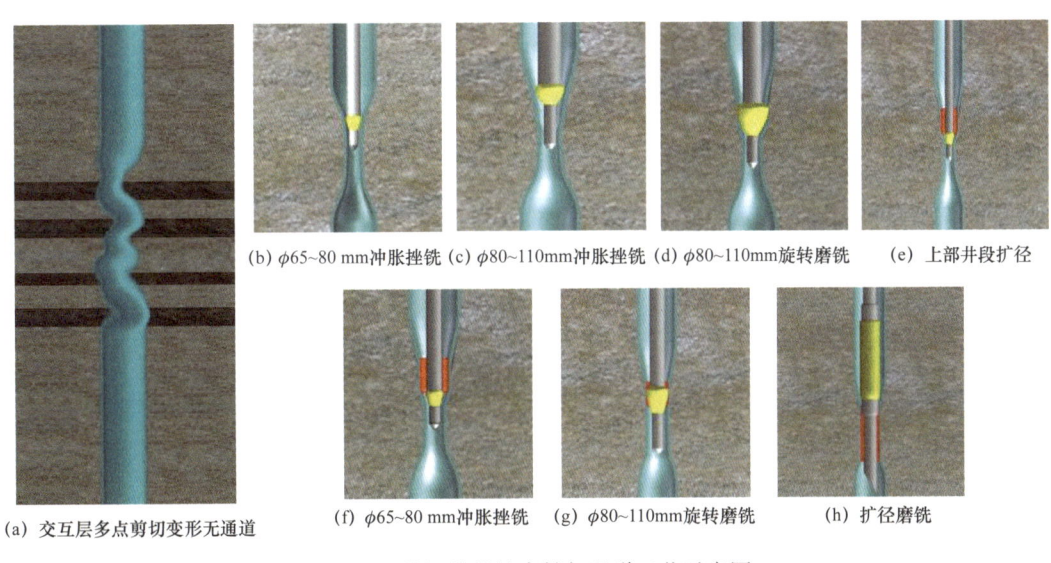

(f) ϕ65~80 mm冲胀挫铣　(g) ϕ80~110mm旋转磨铣　(h) 扩径磨铣

图 3-19　分级分段挫磨铣打通道工艺示意图

4）裁弯取直打通道工艺

嫩二段页岩剪切变形套损井，套损井段中心距偏移量大，且套损井段相对较长，短工作面打通道管柱通过性相对较好，但套损井段弯曲严重，长工作面打通道管柱通过性极差。裁弯取直打通道就是采用平底磨鞋在套损井段开始变径的位置对缩径套管开口，再利用喇叭口套铣筒从开口处继续扶正磨铣弯曲套损井段套管，将弯曲井段的套管磨铣掉，经铅模判定套管轴线趋于重合后，利用弯笔尖刀找打通道（图 3-20）。

-43-

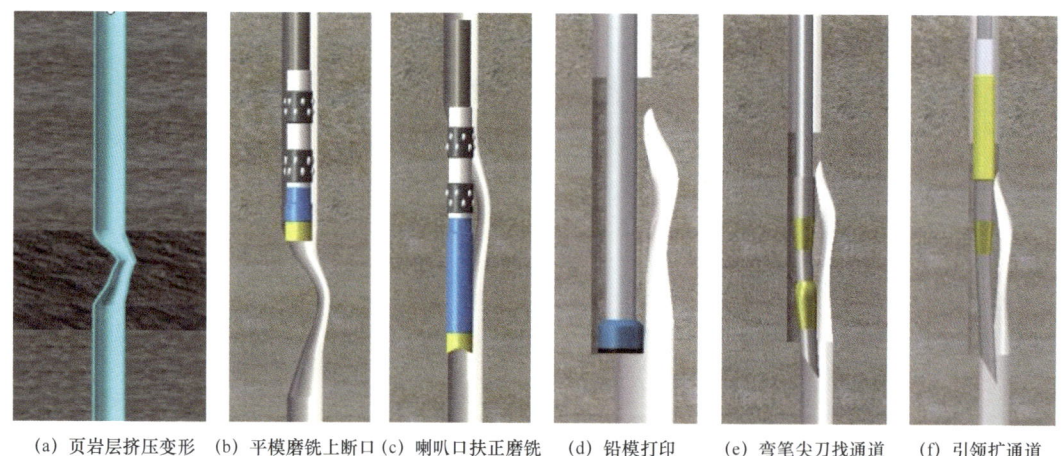

(a) 页岩层挤压变形无通道　(b) 平模磨铣上断口　(c) 喇叭口扶正磨铣　(d) 铅模打印　(e) 弯笔尖刀找通道　(f) 引领扩通道

图 3-20　裁弯取直打通道工艺示意图

5）原井管柱引领冲胀打通道工艺

根据区块的套损情况统计分析，在已知施工井存在套损点的情况下，为防止起出原井管柱后断口丢失，在原井管柱具备活动距离条件下，在油管变点以上适当本体位置切割油管，下入捞矛冲胀管柱冲胀套管变点，扩大套管通径，为后续处理创造条件（图 3-21）。

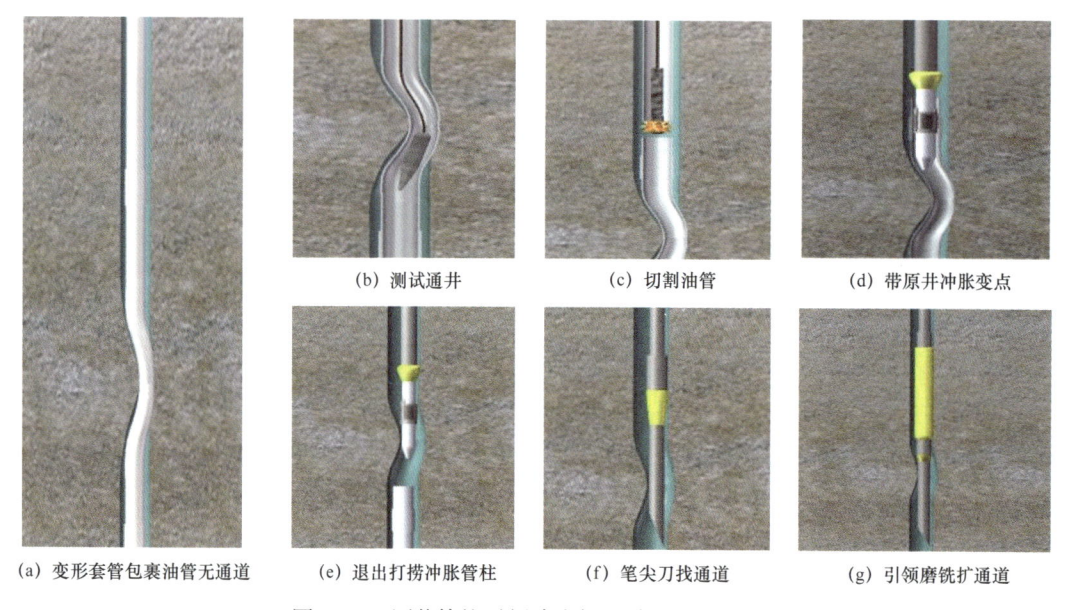

(a) 变形套管包裹油管无通道　(b) 测试通井　(c) 切割油管　(d) 带原井冲胀变点　(e) 退出打捞冲胀管柱　(f) 笔尖刀找通道　(g) 引领磨铣扩通道

图 3-21　原井管柱引领冲胀打通道工艺示意图

6）正向扶正磨铣打通道工艺

针对变形井段包裹大直径落物的无通道套损井，采用正向强制扶正磨铣技术，可保证井内落物不卸扣情况下磨铣同步落物和变点，打通道的同时可避免落物倒扣散开复杂情况发生，提高磨铣效率和成功率（图 3-22）。

7）断口夹有落物错断无通道井打通道工艺

另外，断口夹有落物的错断无通道井，套管严重错开，无法下击到落物或落物无下行空间，磨铣会磨至管外，综合应用现有的打通道技术，成功率极低，现场施工3口井均报废，目前无有效措施（图3-23、图3-24）。

(a) 变形套管包裹大直径落物无通道　(b) 倒扣捞出上部管柱　(c) 正扣钻具磨铣　(d) 落物变点同步磨铣　(e) 下击落物　(f) 引领扩通道

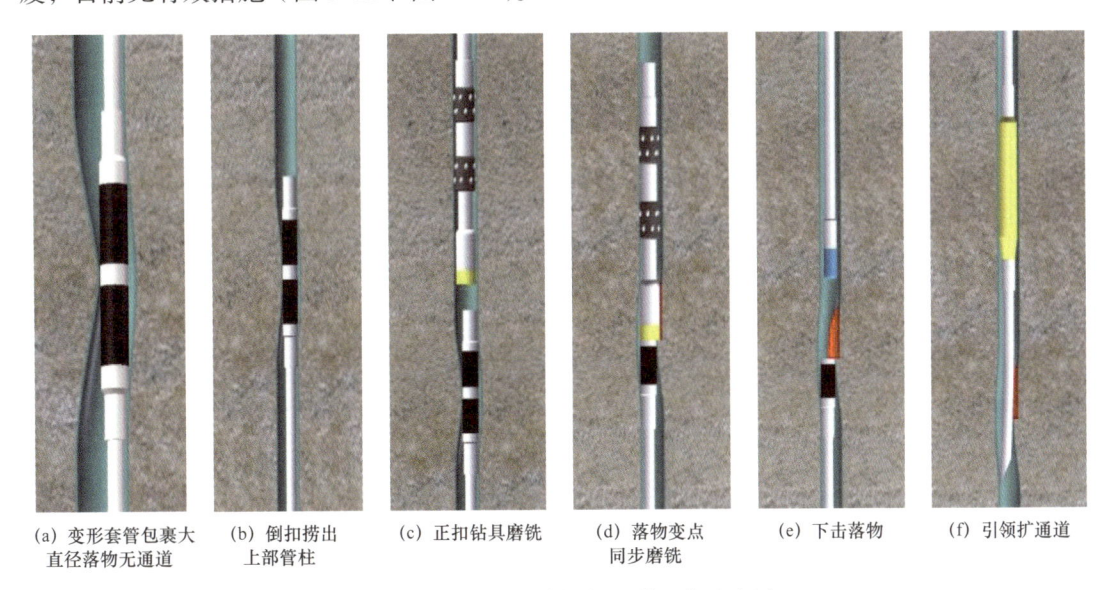

图3-22　正向扶正磨铣打通道工艺示意图

图3-23　错断口夹有油管无通道

图3-24　错断口夹有大直径落物无通道

第二节　膨胀管密封加固新技术

膨胀管套损修复技术是将管柱下到井底，以机械或液压的方法，通过拉力或液压力使管柱发生永久塑性变形（膨胀率可达15%～30%），进行修复套管损坏部位，并尽可能达到原井生产套管内径的目的。对膨胀管实施胀管的工艺过程，改变了膨胀管的金相组织和机械性能，其强度指标得到提高，塑性指标下降。通过选择或调整膨胀管材料、控制膨胀率等技术手段，可在完成胀管过程后获得与特定钢级套管相当的机械性能指标[2-4]。

一、国内外发展现状

国内外套管补贴工艺很多，早期有波纹管补贴、吊管加固、丢手加固，近期有密封加固、燃爆法补贴、实体膨胀管加固技术等。

美国亿万奇公司是目前实体膨胀管加固技术的领跑者，1999年成功地完成第一个实体膨胀尾管试验。到2001年开始商业化服务。2003年中国石油勘探开发研究院和胜利油田应用该项技术获得成功，膨胀管抗内压、抗外挤等机械性能相当于同等规格套管的性能。但由于加固方式的限制，ϕ140mm套管加固通径在ϕ108～112mm之间，达到ϕ118mm是不可能的。

美国HOMCO公司研究的波纹管补贴技术国产化后在各油田得到了广泛的应用，该加固方式能使加固通径达到ϕ118mm。但存在的主要问题是：波纹管壁厚仅3.2mm，补贴后承受内、外压能力差，不适合修补错断和变形井段；补贴管外壁刷涂的环氧树脂与套管内壁粘结不牢固，不易保证密封，上口缩径，工具无法下入。

目前的加固技术向着加固前外径小，容易下入；加固后实现全密封，密封性可靠，锚定力大；内通径大，强度高；施工压力低，与现场使用的设备和工用具配套，加固后通径在ϕ108mm以上的方向发展[5]。

二、膨胀管套损修复关键技术

1. 膨胀管的选材

膨胀管材料具有较高的强度，同时为了适应膨胀管膨胀过程的变形量大的需求，膨胀管材料还必须要具备良好的塑性变形性能。经过室内实验选定材料，经专业机构检测，所选定的特种钢材，其机械性能高于J55（表3-2）。

表3-2 抗内压及抗外挤数据

管材	状态	屈服极限，MPa	抗拉极限，MPa	延伸率，%
膨胀管	膨胀前	315.0	470.00	27
	膨胀后	518.4	598.56	18

2. 膨胀管尺寸的选择

膨胀管尺寸需要针对套损井套管尺寸进行优选，包括钢管外径和壁厚。研究表明，膨胀后管子的径厚比也影响抗挤强度。一般来说，膨胀管径厚比越小，即膨胀管壁厚越大，则其抗挤强度也越大，反之，径厚比越大，膨胀管的抗挤强度越小。因此，考虑膨胀率、套管内径、胀后通径和成本等多种因素，在按国家标准生产的无缝钢管中优选膨胀管。通过多次试验，一般选定外径ϕ114mm，壁厚8mm尺寸的合金钢管，发射腔部位外径ϕ119mm，壁厚5.5mm。加固后经过十六臂井径测井验证，通径在ϕ109～112mm之间。

3. 技术原理

用投送管柱将膨胀管送至套损部位，然后憋压，在液压作用下，胀头胀开膨胀管并上行，使膨胀管挤贴在套管上，达到补贴的目的。

三、配套工具及辅助设备

1. 主要工具

根据现场施工需要，采用用钻底堵钻头、井口吊装工具等，如图 3-25 所示。

(a) 磨铣头　　　　(b) 专用吊卡

图 3-25　专用磨铣头及专用吊卡

2. 70MPa 高压泵组

研制配套的高压泵组由柴油机、三柱塞泵、水箱和底座等组成（图 3-26），主要技术参数见表 3-3。

表 3-3　70MPa 高压泵组指标参数

序号	名称	指标
1	额定输出压力，MPa	70
2	额定输出流量，L/min	54
3	功率，kW	92.4
4	油温，℃	40
5	水温，℃	50
6	转速，r/min	1500
7	油压，MPa	0.4

图 3-26　70MPa 高压泵组

四、技术应用情况

目前，膨胀管启胀最高压力45MPa，膨胀运行最高压力40MPa，胀后通径达到ϕ108mm以上，悬挂力60t以上，密封承压24MPa以上。预胀装置轴向推力94t，卡瓦卡紧力63t，预胀发射腔只需5min，满足了膨胀管生产加工的需要。配套的高压泵组额定工作压力70MPa，体积小，结构简单，机动灵活，满足现场施工的需要。

第三节　取换套管修井新技术

在定向井中，由于和常规直井井眼轨迹不同，造斜段和弯曲段易切割套管，甚至造成鱼头丢失，导致很多定向井（组）造斜井段以下损坏的套管不能进行取换套修复。为适应修井市场的需要，研制定向井取套技术，实现对造斜段以下的弯曲井段的取换套修复。

一、定向井取套技术难点

由于定向井井身结构的特殊性，和常规直井相比，取换套技术存在较大的施工难度和风险，主要表现在：（1）定向井造斜段井眼曲率大，较大刚度的套铣筒在套铣时通过性差，易造成套铣管柱的蹩跳，将套管打断打散；（2）套铣头与套管一侧紧密接触，造成切削套管，将套管切折，甚至造成丢鱼；（3）施工过程中，套铣筒与井壁接触面积大，易造成粘吸卡套铣筒；（4）套铣后倾斜裸眼井段地应力集中，易坍塌砂埋套铣筒，并且环空面积大，返砂困难，易引起井漏或砂卡，造成工程事故；（5）对扣补接难，由于该井段下断口套管不居中，存在偏心距，致使对扣时下断口引入难[6-8]。

考虑以上问题和难点，定向井取套技术在工具和管柱结构设计上，主要采用防切套铣头和内扶正原理对套铣管柱进行重新组合，解决套铣过程中套铣头切削套管和套铣筒蹩跳将套管打散的难题。同时，根据井眼曲率的不同情况，确定出相应的工艺管柱及施工参数，实现对定向井的取换套修复。

二、工具研制及管柱结构设计

1. 滚珠防切套铣头

为防止套铣头对套管的磨损、切削而导致鱼头丢失，采用下部外齿周边带倒角和滚珠的扶正机构。其中，滚珠能够自由滑动，实现在套铣过程中点接触，减小套铣头内刃与套管的接触面积，能够有效地防止套铣头在通过弯曲井段时，发生蹩钻，套铣头切削套管，造成鱼头丢失。工具设计如图3-27、图3-28所示。

结构尺寸为：ϕ290mm×190mm。

2. 滚珠收鱼套铣头

用于处理套损部位，实现下部套管引入。是专为严重套损井套铣引入和防丢鱼设计的配套工具。刀体上镶有滚珠，能自由滑动，减少套铣头和套管的接触面积，减小摩阻，并具有很好的扶正作用，保证在套铣头通过弯曲段时不蹩钻，防止套铣头切削套管，造成鱼头丢失。工具设计及实物图如图 3-29 和图 3-30 所示。

结构尺寸为：$\phi 290 \times 190$mm。

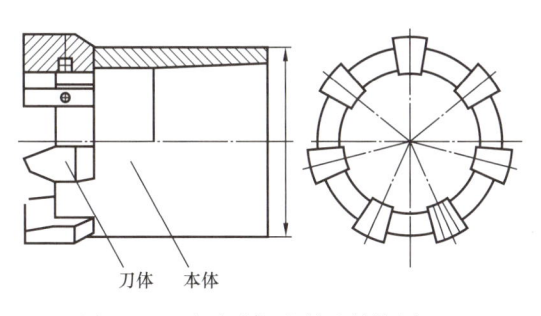

图 3-27　滚珠防切套铣头结构图

图 3-28　滚珠防切套铣头实物图

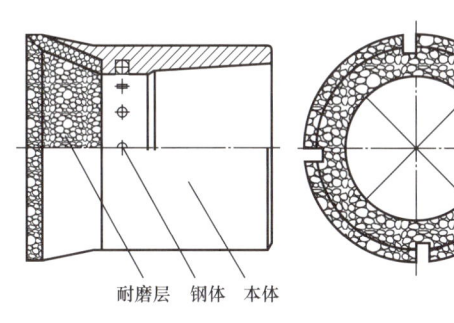

图 3-29　滚珠收鱼套铣头结构图

图 3-30　滚珠收鱼套铣头实物图

3. 轴套防切套铣头

采用内部滑动轴套扶正结构替代滚珠支撑方式，避免滚珠与套管直接接触发生切削套管现象。同时，利用双排刀齿结构提高套铣速度（图 3-31～图 3-33）。

为保证轴套式扶正结构有效提高定向井取套能力，通过理论计算，对内置扶正结构进行设计和分析。具体情况见表 3-4。

图 3-31　轴套防切套铣头实物图

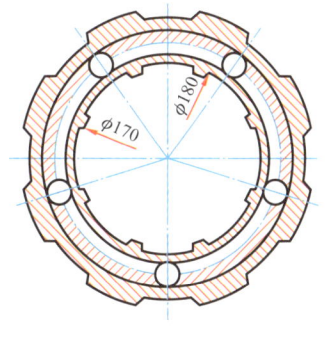

图 3-32　轴套防切套铣头结构示意图

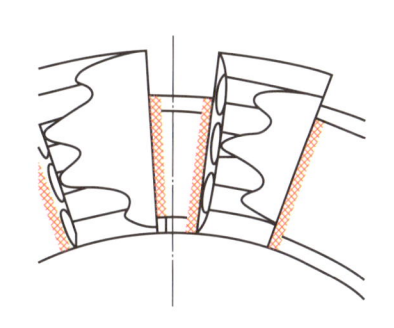

图 3-33　双排齿结构

表 3-4　扶正块个数计算表

扶正块高度，cm	计算的最少扶正块个数，个	最少扶正块个数优化，个	确定的扶正块个数，个
1.50	3.16	4	4
1.25	3.51	4	4
1.00	3.97	4	4
0.75	4.64	5	6
0.50	5.75	6	6
0.25	8.21	9	10

通过理论计算，确认轴套结构中扶正块高度和宽度是影响定向井取套的主要因素，通过调整扶正块高度和宽度，可改变定向井取套能力。

4. 变向短节

利用球面连接结构方式，可使短节下端沿任意方向旋转1.5°，从而实现管柱较短弯曲变形，管柱结构柔性化，进而提高套铣管柱与套管的相容性，达到跟随井眼轨迹套铣的目的（图3-34）。

图 3-34　变向短节实物图

5. 滚珠扶正器

为克服定向井弯曲段管柱通过困难、套管自由状态下过度贴合套管、套铣筒摩擦力过大，从而损伤套管，滚珠扶正器的设计采用在本体四周内部装有滚珠，滚珠个数为8个，每个滚珠直径为16mm，凸起部分为2mm，同时能自由滑动，不但起到扶正作用，而且将摩阻降到最低。扶正器结构示意图如图3-35所示，实物图如图3-36所示。

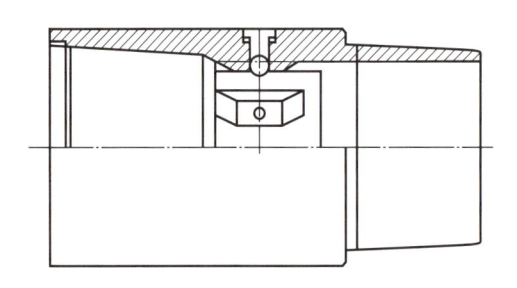

图 3-35　滚珠扶正器结构示意图　　图 3-36　滚珠扶正器实物图

第三章 大修作业技术

6. 轴套扶正器

采用轴套内扶正方式替代滚珠支撑结构，降低摩阻，保护套管。同时加长工具本体，外置螺旋扶正块，目的在于提高套铣管柱与套管和井眼两者间的相容性，克服套铣管柱过分贴合井壁，造成刮磨套管现象（图 3-37）。

(a) 实物图　　(b) 结构示意图

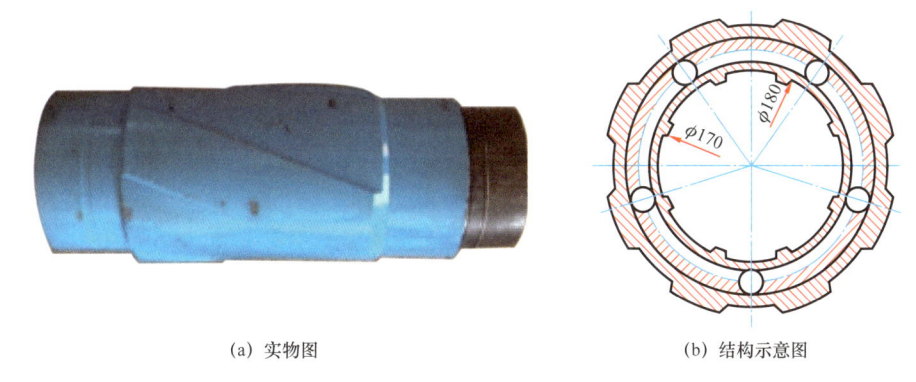

图 3-37　轴套扶正器实物图及结构示意图

7. 套管补接引鞋

该工具用于套管对接。原理：通过工具引鞋找鱼头，利用引鞋内壁控制，使对接管柱与鱼头通过旋转逐渐拧牢，实现新旧套管的对接。工具设计如图 3-38 所示，工具实物图如图 3-39 所示。

结构尺寸为：$\phi 210mm \times 1483mm$。

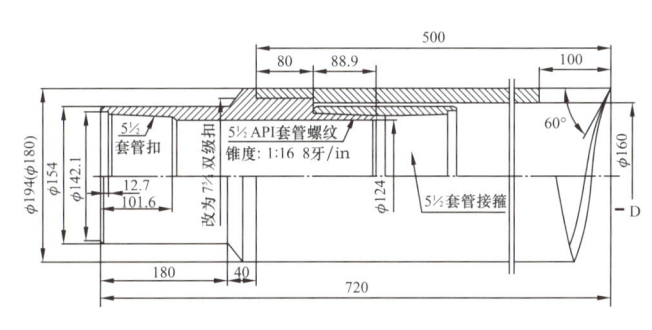

图 3-38　补接引鞋结构图　　图 3-39　补接引鞋实物图

8. 典型管柱结构组配

定向取套管柱结构基本模型包括：套铣头 + 滚珠扶正器 + 套铣筒（图 3-40）。需要按照不同井眼曲率条件，配套套铣筒和扶正器的个数，再结合套铣、收引断口等工况制订相应的取套施工参数。

为提高管柱结构与套管和井眼之间相容性，可采用新型工具，针对不同角度范围，优化了 3 种新型管柱结构，以适应不同角度需求（表 3-5）。

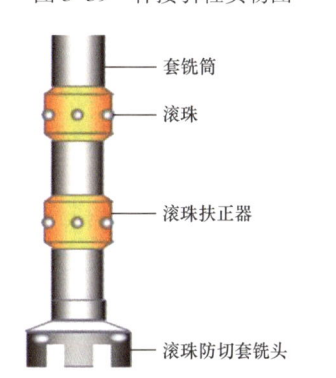

图 3-40　套铣工艺管柱结构示意图

表 3-5 新型滑动轴套双扶正管柱结构

管柱结构	Ⅰ：套铣头 +1 扶正器 +1 变向短节 +1 套铣筒 +1 变向短节 +1 扶正器 +n 套铣筒（扶正器间距 20m）
	Ⅱ：套铣头 +1 扶正器 +1 变向短节 +1 套铣筒 +1 扶正器 +n 套铣筒（扶正器间距 20m）
	Ⅲ：套铣头 +1 套铣筒 +1 扶正器 +1 变向短节 +1 套铣筒 +1 扶正器 +n 套铣筒（扶正器间距 20m）

第四节　超短半径侧钻水平井新技术

一、概述

1. 技术背景

随着油田开发的不断深入和大庆油田 4000 万吨持续稳产形势的需求，需要对部分剩余油进行挖潜，以提高油田的开发效果。目前对剩余油的挖潜，较常用的方法是采取选择性射孔、定位压裂改造、原油层堵水等技术，但这些措施仅是改善油层近井地带的渗流条件，而对远井地带的剩余油则无能为力。常规侧钻水平井虽然可以挖潜到远井地带的剩余油，但由于曲率半径大，因此具有诸多不足。例如，中靶率低，对后期井眼轨迹调整难度大；裸眼井段长，施工周期长、费用高，且施工风险性大，完井之后需射孔压裂求产。

超短半径侧钻水平井与常规侧钻水平井的区别是曲率半径小于 4m、不固井、不压裂，地质上避开了干扰层，在层间压力差异大及复杂裂缝发育地质条件下优势显著，工程上避免了频繁造斜、定向和复杂的井眼轨迹控制，能够保证水平井准确地进入目的层。根据挖潜的需要，可在同一油层或同一口井的不同油层内实现多个分支井眼。该技术具有曲率半径小、施工周期短、中靶率高和不需改变开采方式，开采成本低等优点。因此，超短半径径向侧钻水平井技术相对于常规侧钻水平井具有明显的优势。能够解决常规侧钻水平井及常规的压裂工艺无法解决断层边部、河道砂体边部、孤立型砂体及过渡带等部位剩余油定点、定向挖潜的问题。

2. 国内外现状

超短半径径向侧钻水平井挖潜剩余油技术是指在垂直井眼内钻出呈辐射状分布的一口或多口水平井眼。该技术能在常规水平井及压裂工艺应用受限部位应用，大幅度提高原油采收率，且施工成本低，是油田老井改造、剩余油挖潜和稳产增产的有效手段，尤其适合于垂直裂缝、稠油、低渗透等油藏的开发。

美国的 Bechtel 和 Petrophsics 两家公司在 20 世纪 80 年代联合研制出利用高压水射流钻头通过特制井下转向器进行径向水平钻进的钻井系统。至 1992 年，Bechtel 利用该套系统在北美的未固结砂岩和石灰岩地层钻成的径向井已超过 1000 口，主要用于稠油、低渗透等油藏的薄油层开发，其水平钻进长度为 15～60m，井眼直径在 100mm 左右，并且能够在同一口井的同一深度向四周钻出多个径向水平井眼。目前，在国外研制和生产超短半径钻井系统的公司有美国 Petrophysics 公司、Penetrators 公司；法国的埃尔夫公司、埃索公司；德士古加拿大资源公司等。

中国自"九五"期间起也对该项技术进行了系统的研究，并先后在早期或后期油气井,以及压裂效果不好的探井或近井地带污染、堵塞严重的已开发井中开展了试验,单井产量均取得很大提高,一般提高 2 倍以上,有的甚至高达 5~20 倍。目前,该技术在新疆克拉玛依、胜利、玉门和辽河等油田均开展了试验性质的应用。胜利油田开展了超短半径径向侧钻水平井钻井技术研究,并试验完成了两口井,即高 12-39 侧平 1 井和高 17-16 侧平 1 井,投入生产以来,比改造前产油量分别提高了 2.7t/d 和 6.5t/d,是邻井产油量的 1.71~5.91 倍,产量相对稳定,综合含水率显著下降,效果非常明显。大庆西部稠油油藏具有埋藏浅、砂体规模小、有效厚度薄的特点,利用直井开发经济效益差。为此,大庆油田第九采油厂与辽河盘锦井下服务公司合作,在 37 试验区开展了超短半径径向侧钻水平井技术应用现场试验,优选出江 37-28-14 井和江 37-26-14 井两口井进行了施工,其中江 37-28-14 井初期平均日产液量是试验前的 2.1 倍。试验证明该技术应用后有明显的增油效果,大庆油田现场试验 49 口井,计产 36 口井(其中有 1 口为 2 分支超短半径水平井),油井累计增油 36748.83t,累计增注 $28.7868 \times 10^4 m^3$。

二、超短半径径向侧钻水平井工艺

超短半径径向侧钻水平井挖潜剩余油技术是利用原来老井眼中的油层套管,在油层部位的 $5\frac{1}{2}$in 套管内开窗侧钻,采用柔性钻具、导向筛管等特制井下工具,达到井斜角 90°、曲率半径不大于 4m;完成造斜之后,取出造斜钻头,下入水平钻具,水平钻进可达到 20~50m,采用导向筛管、防砂筛管等适当的完井方式完井来达到开发周围剩余油的目的。根据挖潜的需要,可在同一油层或同一口井的不同油层内实现多个分支井眼。该技术具有曲率半径小、施工周期短、中靶率高和不需改变开采方式、开采成本低等优点。超短半径径向侧钻水平井工艺包括以下几部分内容:大斜度定向开窗工艺;超短半径反循环造斜工艺;超短半径水平钻进工艺;超短半径专用完井技术;CDZ-01 专用工作液体系。

1. 大斜度定向开窗工艺

根据理论计算结果,若要形成稳定的初始造斜工作面,最小初始角度不应小于 6°,为此设计配套了超短半径侧钻水平井专用的 6°斜向器和复式开窗铣锥。复式铣锥在 6°斜向器斜面上开窗钻进平稳、效率高、窗口形成效果好,最终可形成 6°造斜初始角(图 3-41)。

(a) 6°斜向器

(b) 斜向器回收工具

(c) 6°可回收斜向器

(d) 复式铣锥

图 3-41 大斜度定向开窗工具

施工时，首先对计划开窗的部位进行刮削，清除原有井壁上的附着物以保证斜向器锚定稳固。然后下斜向器投送管柱，管柱结构为：方钻杆＋钻杆若干＋定向键短节＋斜向器，管柱下至预定位置后通过陀螺仪测量斜向器斜面所对方向，通过旋转管工具串使斜向器斜面面对水平分支预定轨迹方向，打压锚定斜向器并丢手。下开窗工具，管柱结构为：方钻杆＋钻杆若干＋开窗铣锥，下开窗钻具组合至预定位置，在钻井液循环条件下通过钻磨铣开窗，达到开窗进尺要求后降低钻压、增大转速对窗口部位进行反复磨铣，保证钻具能够顺畅通过后冲洗出全部钻屑完成开窗。

2. 超短半径反循环造斜工艺

专用柔性钻杆串，最大柔度曲率半径达 2m，为达到稳定的造斜效果，在应用时柔性钻杆串外部还设计安装有专用导向筛管形成组合工具串（图 3-42），导向筛管在钻压的作用下具有单向弯曲的特性，从而使组合工具串在钻压作用下形成单向稳定增斜效果。组合工具串造斜率（16°～20°）/m，根据需要造斜段曲率半径可控制在 2.8～4m。

(a) 柔性钻杆　　　(b) 定向造斜工具串　　　(c) 牙轮钻头

图 3-42　大斜度定向造斜工具

现场试验证明，该造斜工具串应用时反循环造斜率是正循环造斜率的 2 倍，为了获得最佳增斜效果，造斜钻进过程采用反循环。造斜钻进完成之后还需对造斜段进行井眼轨迹测井，检查是否合乎设计要求，由于造斜井段井眼曲率较大，应用的测井仪器为微型存储式测井仪，该测井仪长仅 14cm、直径 1.2cm，下井一次最多可采集 2000 个点的姿态参数，配合专用数据处理软件，可方便快捷地绘出井轨迹图。

3. 超短半径水平钻进工艺

超短半径侧钻水平井水平钻现有 2 种不同结构的工具串。第一种结构近于造斜工具串，主体为柔性钻杆、导向筛管内外双层结构［图 3-43（a）］，工具特点为：工具串入井前需焊接组合好，一次下井，组合长度受钻井井架高度限制，主要应用于水平段不大于 20m 的情况下，钻进时工作面稳定，摩阻小，机械钻进效率高。第二种工具串主体为柔性钻具加扶正环的单层结构［图 3-43（b）］，工具串组合方便，不用焊接，端部设计稳斜结构保证水平钻进不降斜，钻进时工作面稳定，但是摩阻较第一种大，机械钻进效率相对较低，目前应用在井段不大于 50m 的情况下。

4. 超短半径专用完井技术

为满足油田不同地质条件下的完井需求，超短半径径向侧钻水平井工艺配套了 4 种完井方案。

(a) 导向筛管结构水平钻进工具串　　　(b) 扶正环结构水平钻进工具串

图 3-43　超短半径专用柔性水平钻进工具串

导向筛管悬挂完井（图 3-44）应用于出砂概率低但是地层井眼稳定性不算优的地层，该完井结构具有很好的井眼防塌功能，斜向器锚定于原井眼，本体间隙较大不影响下部地层的开采，但是无法对下部地层实施其他措施。

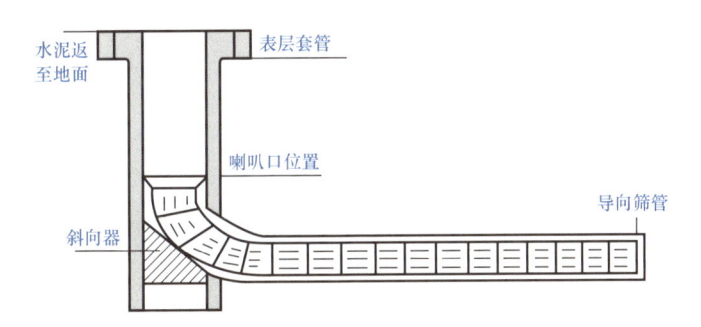

图 3-44　导向筛管悬挂完井

导向筛管加割缝筛管悬挂完井（图 3-45）应用于出砂概率高且地层井眼稳定性不算优的地层，该完井结构具有很好的井眼防塌防出砂功能，割缝筛管悬挂于导向筛管悬挂器之上，以后可应用专用工具捞出更换，斜向器锚定于原井眼，本体间隙较大不影响下部地层的开采，但是无法对下部地层实施其他措施。

加固管封闭完井（图 3-46）应用于出砂概率低但是地层井眼稳定性不算优的地层，该完井结构具有很好的井眼防塌功能，斜向器在施工后捞出恢复原井眼，下固井筛管加固开窗段，强化原井套管的同时不影响分支层的开发，也不影响下部地层的措施实施。

除以上完井方式外，在地层稳定的地质条件下，还可以选择裸眼完井，或单一加固管完井，分支部分不下完井管柱。这样的完井方式工艺简单、成本较低、不影响下部地层开发。

以上完井方式的自由组合应用可满足油田不同地质条件下的完井需要。

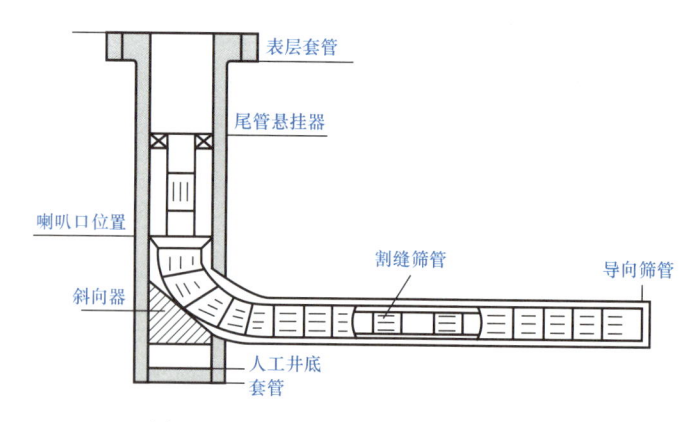

图 3-45　导向筛管加割缝筛管悬挂完井

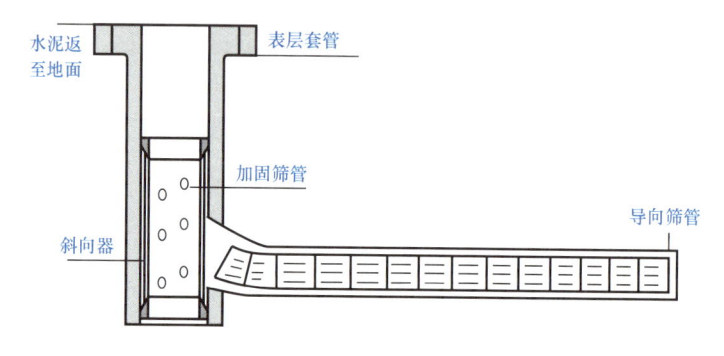

图 3-46　加固管封闭完井

5. CDZ-01 专用工作液体系

由于超短半径小井眼、曲率大、循环排量较低，工作液体系需要解决井眼净化、井壁稳定、防漏、润滑防卡、油层保护等问题，修井液需要具有低摩阻、低失水、固相低、携砂能力强特点。

大庆油田自主研发了适用于本地区地质条件的超短半径侧钻水平井专用工作液 CDZ-01 工作液体系，该体系经过现场多口井应用，无塌卡、井喷及其他事故，修井液携砂性能好、摩阻低，措施后产能上升快、有效期长，表现出了优越的流变性、抑制性和储层保护性（表 3-6）。

表 3-6　CDZ-01 工作液体系性能设计表

参数	数值	参数	数值
漏斗黏度，s	50～70	滤饼黏滞系数	0.15～0.20
API 滤失量，mL	0.8～1.2	塑性黏度，mPa·s	15～25
滤饼厚度，mm	0.8～1	动切力，Pa	7～15
静切力，Pa/Pa	2～5/6～12	动塑比	0.40～0.60
含砂量，%	0.5～0.8	pH 值	8.0～9.5

第五节　水平井修井技术

国内新疆油田、大庆油田水平井发展相对较早，都有关于水平井打捞技术方面的探索。新疆油田利用 ϕ73mm 钻杆和倒扣捞矛时采用边冲砂边倒扣打捞的办法，成功地将 1 口砂卡管柱捞出（经 34 次冲砂、倒扣打捞，捞出 ϕ62mm 油管 1824m）。大庆油田 2006 年开展水平井修井技术研究，近年来主要攻关了解卡打捞、钻磨铣两项修井技术，配套了相关工具。

一、水平井解卡打捞工艺

水平井解卡工艺是针对水平井中弯曲段和水平段中的落物实施的一项解卡技术。由于水平井的特殊性，常规直井的解卡方法（活动管柱法、井口震击法、普通钻磨铣套法等）已不适用，水平井井下受力复杂，无法准确计算卡点位置和确定倒扣的中和点，应根据水平井不同的阻卡类型及落鱼情况采取不同的解卡技术。

水平井解卡打捞工艺主要包括：水平增力解卡打捞工艺、震击解卡打捞工艺（包括倒装钻具震击解卡打捞工艺、倒装钻具+下击器震击解卡打捞工艺、震击倒扣解卡打捞工艺）和套铣倒扣解卡打捞工艺。目前，工艺、管柱和工具已全部实现了配套和系列化[9-12]。

1. 水平增力解卡打捞工艺

1）工艺原理

该工艺与普通直井上提活动管柱的解卡方法不同，由于水平井井斜角大，在井口活动管柱能量传递效果差，不易解卡。可利用井下打捞增力器把大钩的垂直拉力转变成水平拉力并具有增力效果，二力共同作用实现解卡。

2）工艺管柱

打捞工具 +ϕ114mm 安全接头 +ϕ73mm 斜坡钻杆 ×（20～50m）+ϕ116mm 井下打捞增力器 +ϕ73mm 斜坡钻杆 +ϕ73mm 钻杆。

3）适用范围

水平增力解卡打捞工艺主要适用于各种管柱断脱滑落至弯曲或水平段被卡，或生产、压裂、改造等管柱被砂卡在水平段内的情况，工具示意图如图 3-47 所示。

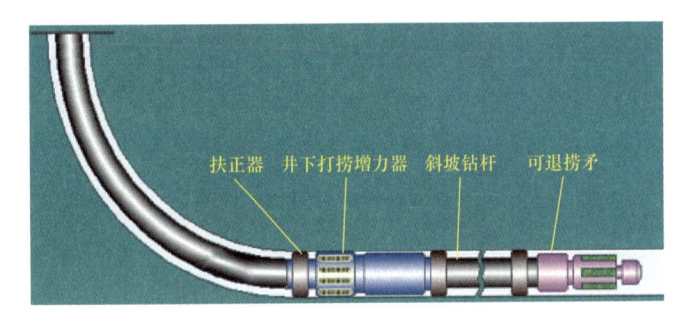

图 3-47　水平增力解卡管柱结构示意图

2. 震击解卡打捞工艺

1）工艺原理

针对水平井钻压传递困难的情况，采用倒装钻具结构或配合下击器共同作用进行震击解卡，或利用连续油管配合连续油管震击器、加速器等管柱进行近卡点震击解卡。该钻具结构较好地克服了常规钻具在水平井的不适应性，能进行轴向钻压和冲击力的有效传递，在配合震击器进行近卡点震击时解卡效果更佳。

2）工艺管柱

（1）倒装震击管柱：打捞工具+ϕ114mm安全接头+ϕ73mm斜坡钻杆+ϕ105mm万向节+ϕ73mm斜坡钻杆+ϕ73mm加重钻杆（或ϕ89mm钻铤）+ϕ73mm钻杆。结构示意图如图3-48所示。

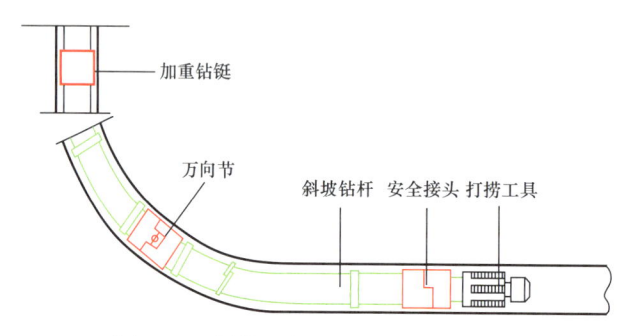

图3-48 倒装震击解卡管柱结构示意图

（2）倒装钻具+下击器震击管柱：打捞工具+ϕ114mm安全接头+ϕ73mm斜坡钻杆×（20～50m）+ϕ100mm下击器+ϕ73mm斜坡钻杆+ϕ105mm万向节+ϕ73mm斜坡钻杆+ϕ73mm加重钻杆（或ϕ89mm钻铤）+ϕ73mm钻杆。结构示意如图3-49所示。

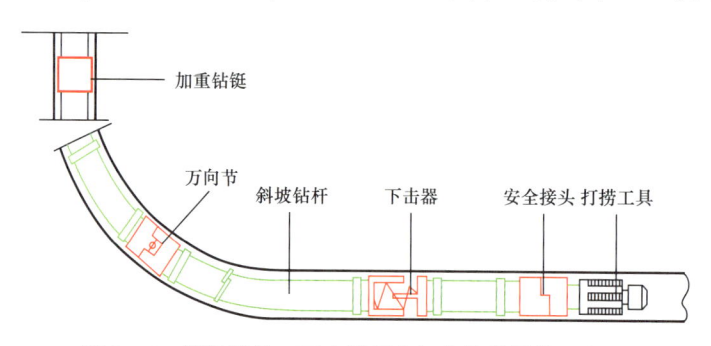

图3-49 倒装钻具+下击器震击解卡管柱结构示意图

（3）对前2种方法无法解卡的，可利用震击配合倒扣进行解卡。管柱结构和震击法管柱结构相似，只是打捞工具采用可倒扣打捞工具，即：倒扣工具+ϕ114mm安全接头+ϕ73mm斜坡钻杆×（20～50m）+ϕ100mm下击器+ϕ73mm斜坡钻杆+ϕ105mm万向节+ϕ73mm斜坡钻杆+ϕ73mm加重钻杆（或ϕ89mm钻铤）+ϕ73mm钻杆。结构示意图如图3-50所示。

3）主要技术参数

下击器最大抗拉载荷900kN、最大工作扭矩9.0kN·m、工作行程120～400mm、最大释放力60～100kN，倒装钻具结构可施加钻压100～300kN、冲击力500～800kN。

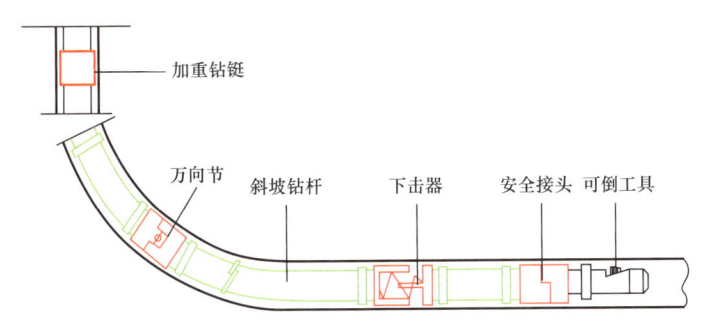

图 3-50 震击倒扣解卡管柱结构示意图

4）适用范围

震击倒扣解卡打捞工艺主要适用于掉井或被卡管柱结构复杂、或被砂埋砂卡，难以一次性震击解卡的复杂管柱阻卡型故障的解卡打捞。

3. 套铣倒扣解卡打捞工艺

1）工艺原理

对管柱环空被小件落物或沉砂填埋而造成的卡管柱，采用套铣筒及配套钻具进行套铣，将被卡管柱环空中的卡阻物去除，以解除阻卡。现场多结合倒扣实施打捞。

2）工艺管柱

ϕ114mm 套铣筒 +ϕ112mm 安全接头 +ϕ73mm 斜坡钻杆 +ϕ73mm 加重钻杆（或ϕ89mm 钻铤）+ϕ73mm 钻杆。结构示意图如图 3-51 所示。

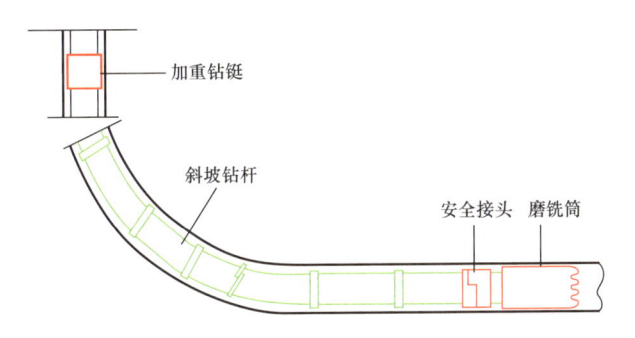

图 3-51 套铣解卡管柱结构示意图

3）适用范围

套铣倒扣解卡打捞工艺适用于砂卡管柱或小件落物等其他外来物体落井后在环空中将管柱卡死的解卡方法。一般在活动、震击等无效的情况下最后实施的有效解卡方法。

4. 水平井解卡打捞工艺应用情况

截至 2015 年年底，该技术对水平井改造中出现的管柱卡阻故障井共应用 123 口井，解卡打捞类型主要包括掉井洗井冲砂管柱、堵水管柱和压裂管柱等，特别对压裂管柱，管柱结构复杂，全部被砂埋卡死，同时伴有套变，施工难度和风险都较大的情况尤为适用。其中，解卡打捞最长被卡管柱达 144.67m，涉及井型包括常规水平井和侧钻水平井等。目前，在技术水平上，能根据井内的复杂程度，综合运用 1 种或多种解卡打捞修复手段进行修复，修复率达 100%，工艺成功率由原来的 81% 提高到目前的 95% 以上。

肇 55 - 平 46 井落物多，弯曲套变与鱼头同步、前期处理难度大，落物被严重砂埋、施工难度大。通过对该井冲砂、整形和解卡打捞，成功地捞出了井内被砂埋卡死的管柱（15 根 $2^{7}/_{8}$in 油管 132.27m、ϕ60 正转油管锚 1 个 0.8m、ϕ56 整筒泵 1 台 8.4m、ϕ88.9 特制防砂筛管 2 根 4m、ϕ62 导锥 1 个 0.2m，井下管柱总长 144.67m），实现了修复。

二、水平井钻磨铣工艺

在水平井改造故障井中，常会出现在弯曲段或水平段掉入一些小件落物，造成堆积卡阻，需要清除。同时，对一些复杂事故井的处理，经常遇到鱼顶破碎、形状复杂、落物卡死或被埋等多种复杂情况，作为下一步处理的过渡工序或直接作为处理工艺，钻磨铣技术在疑难复杂井的修复中起到关键作用。如对套变和鱼头同步的故障井的修复，在无法解卡和整形的情况下，就需要先将套变处的落鱼进行修整，露出套变点后才能实施整形和解卡打捞施工。

水平井钻磨铣工艺主要包括动力钻具驱动和复合驱动两种。目前，在工艺、管柱、工具和修井液上实现了配套及系列化。采用水平井专用钻磨铣工具和相应工艺管柱对被卡落鱼或完井附件及水泥塞等进行钻磨铣处理，如对电缆、钢丝绳、掉井管柱及工具等进行钻磨处理，可直接将落鱼钻磨掉，以清除阻卡处的落鱼，实现修复或为下步施工提供保障。

1. 工艺管柱

ϕ100～120mm 磨（套）铣工具 +ϕ114mm 安全接头 +ϕ105～120mm 滚珠扶正器 +ϕ95mm 直螺杆 +ϕ73mm 斜坡钻杆 +ϕ73mm 加重钻杆（或 ϕ89mm 钻铤）+ϕ73mm 钻杆。结构示意图如图 3-52 所示。

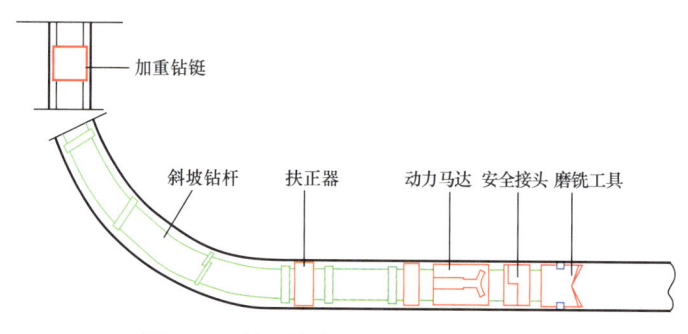

图 3-52 钻磨铣套解卡管柱结构示意图

2. 施工参数

钻压 10～20kN，泵压 8～12MPa，排量 4.0～5.0L/s，若采用复合驱，则转速为 15～25r/min。

3. 现场施工

利用动力马达进行钻磨铣工艺，管柱整体采用倒装钻具结构，便于施加钻压和减少整个管柱的摩阻力。在钻磨铣时，既可采用动力钻具驱动技术，又可采用复合驱动技术。采用动力钻具驱动技术，利于保护套管，安全性高；采用复合驱动技术，既减少管柱对套管的摩擦，具有一定保护套管的作用，又可提高钻磨铣套的工作效率，二者适用于不同的井况。

针对水平井钻磨铣过程中因弯曲和水平段长、钻屑返出困难、易形成多次沉积阻卡管柱的问题，可应用水平井钻磨铣专用修井液体系（暂堵聚合物体系），其具有携砂和流变性能好等特点，并具有保护油层的作用，满足了水平井钻磨铣施工需求，现场应用取得了较好的效果。

截至2015年年底，对水平井改造作业施工中出现的故障井共应用钻磨铣技术修复16口井，钻磨铣最长井段达137.0m，钻磨铣落物包括油管、小件落物、油管锚、刚性完井附件（碰压球座、浮箍、盲板）、水泥塞等，井型包括侧钻水平井、深层水平气井、常规水平井等，成功率达100%。

4. 南扶273–平253井钻磨铣应用实例

南扶273–平253井是一口新钻水平井，完井后需要钻开1864.09m处浮箍、1864.51～1876.10m之间水泥塞及1876.10m处盲板，并模拟通井至井底。该井完钻垂深1821.39m，斜深2548.34m，水平位移845.29m。

主要技术难度：由于该水平井需钻磨的附件多、水泥塞长，且在钻井中采用油层全过程欠平衡钻井（要求修井液必须使用水包油修井液，密度必须控制在1.0g/cm³以下），并一直伴有溢流，因此，该井除具有常规水平井的施工难度外，在钻开盲板后还可能发生井涌、井喷，施工风险较大。

在技术措施上应首先考虑施工安全和油层保护问题；然后，考虑到水平井近水平段磨铣施工时安全起下和保护套管问题；最后，根据具体情况，采用合理的钻磨铣施工管柱、专用工具和参数。主要做到以下几点。

一是井控设备采用35MPa液动封井器，保证施工安全；二是修井液采用原钻井时使用的相对密度为0.95的水包油修井液，以保护油层；三是使用螺杆驱动，避免钻盘驱动对套管的磨损伤害；四是在施工管柱上安装2个滚珠扶正器，既保证磨铣工具居中磨铣，又在起下和磨铣时有效地保护套管；五是磨铣工具为多功能滚珠扶正式专用高效磨铣工具，在低钻压下即可实现快速钻磨，并实现水泥塞和多个刚性附件均由一个工具钻磨；六是施工参数确定为钻压：8～20kN，排量0.4～0.5m³/min，泵压8～10MPa。

该井搬家就位后，安装35MPa防喷器、试压及工用具准备等，下磨铣管柱及研制的专用工具，于1864.2m遇阻。用密度为0.95g/cm³的水包油修井液循环，将上部沉砂清洗干净。然后开始钻磨，经过3.5h钻磨至1876.3m，将盲板钻穿。下放管柱，于1876m处遇阻，磨20min后进尺加快，但仍放不下去，必须开泵钻磨才行，下推15根后正常，加深至人工井底。起下钻换ϕ116mm通井规，通井至人工井底，无显示。起打单根，完井。

第六节 气井修井技术

一、气井解卡打捞技术

气井油套压力高，解卡打捞作业需要高度重视安全问题。气井内的杆管类落物易腐蚀脱落，强度受到较大程度的损坏，给打捞造成极大的困难。气井打捞作业中用的压井液既要能够压住井又不能污染油气层，影响产能。

气井工艺管柱的断脱与卡阻主要有以下3种类型：(1)射孔试气联作管柱在射孔时由于射孔枪的严重变形而断脱与卡阻；(2)气井压裂时由于替挤量不够、气层返砂、工具损坏失效、掉小件落物而断脱与卡阻；(3)由于产出气体中一般含有CO_2、H_2S等腐蚀性气体，严重腐蚀生产管柱，造成管柱断脱卡阻。

气井解卡打捞作业特点和要求：(1)气层易受污染，需要使用气井专用压井液进行压井，在压井方式选择上，首选循环压井，尽量避免采用挤注压井；(2)气井易井喷，要求能随时进行压井，同时需要安装井口控制装置，在作业过程中，各项操作要严格遵守安全防喷规定；(3)气井内腐蚀断脱的油管强度低，常规的打捞工具不适应，需要使用专用打捞工具。

1. 气井解卡打捞管柱结构和特点

气井解卡打捞管柱组合结构为：井底抓捞(或倒扣、套铣、切割等)工具+循环阀+安全接头+上击器+钻杆+方钻杆。其中的循环阀由上接头、循环孔、筒体、滑套、球座、密封圈、销钉组成。结构如图3-53所示。

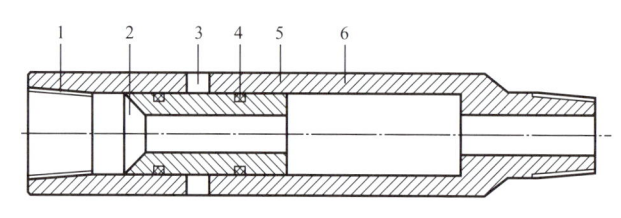

图3-53 循环阀结构图

1—上接头；2—球座；3—循环孔；4—密封圈；5—滑套；6—筒体

气井解卡打捞管柱的特点是，在打捞工具的上面安装了循环阀。此阀平时关闭，使打捞管柱在打捞前和打捞过程中可进行套铣、冲洗和循环压井作业。在打捞工具抓获落物后，主循环通道堵塞而又出现井喷预兆时，可投球憋压剪断销钉，滑套下移，露出循环孔进行循环压井，保证了施工作业安全，减少了气层污染，提高了打捞成功率。

2. 气井解卡打捞操作方法

由于气井易漏失压井液，为防止气层严重污染，气井压井为动平衡压井，压力附加系数很低，在起下钻过程中下钻过快易使井底压差增大，使压井液进入气层产生污染，而起钻过快易产生活塞抽汲作用，降低井底压差，诱发井喷。因此，起下钻时进行限速，一般2m/min。起钻时要及时灌注压井液，防止井喷。

3. 专用解卡打捞工具

1) 套铣母锥

(1)应用范围：用于油管腐蚀严重、打捞空间堵塞的井况。

(2)结构：套铣母锥由套铣头、母锥体、接头组成。套铣头用YG硬质合金和铜焊条铺焊。母锥体较长，约为1m左右，打捞尺寸分为$\phi62mm$和$\phi76mm$两种。结构如图3-54所示。

(3)原理：套铣头冲洗套铣，清理环空腐蚀油管体、沉积的铁锈和修井液并使落物进入母锥体内，母锥体堆集的油管碎体块被压实，当继续套铣时，或者把下部管柱倒开，或者把下部腐蚀的油管扭断，把母锥体内的落物捞出。

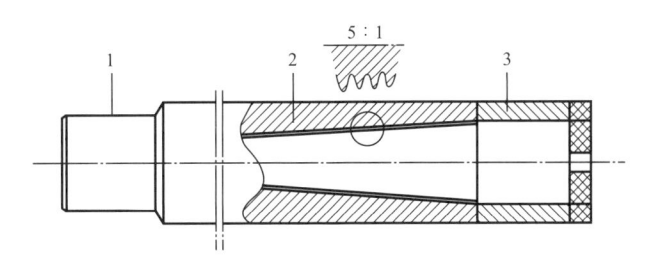

图 3-54 套铣母锥

1—上接头；2—母锥；3—套铣头

2）套铣闭窗捞筒

（1）应用范围：用于油管腐蚀严重、断脱后段数较多、打捞空间堵塞井的打捞。

（2）结构：套铣闭窗捞筒由套铣头、闭窗筒体、接头组成。套铣头用YG硬质合金和铜焊条铺焊。闭窗筒体内有壁钩，打捞尺寸分为ϕ62mm和ϕ76mm两种。结构如图3-55所示。

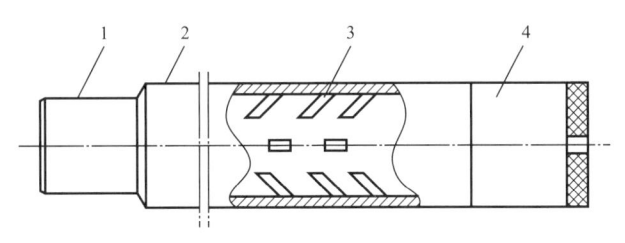

图 3-55 套铣闭窗捞筒

1—上接头；2—工作筒体；3—内钩；4—套铣头

（3）原理：套铣头冲洗套铣，清理环空腐蚀油管体、沉积的铁锈和钻井液并使落物进入闭窗筒体内，当筒体内的油管碎体块满足打捞尺寸时，将被壁钩夹住，上起将这段落物捞出。

4. 芳深9气井解卡打捞腐蚀油管应用实例

芳深9井是一口气井，完钻深度3901m，井口装置为KQ70/65型采气树，井内为射孔试气联作管柱。1999年试气时日产气量50938m³，日产水3.0m³，气体相对密度1.4655，无阻流量76988m³。套压19.2MPa，3610m地层压力38.763MPa，地层温度142.2℃。

前期作业施工压井后，上提管柱负荷136kN，之后下加深管柱探桥塞，下第一根油管时遇阻（下入2.89m），拉力表悬重下降40kN，正转油管数圈下入，共下入ϕ73mm油管7根，未在3669.05m处探到桥塞（每根油管下入2.89m时拉力表显示悬重都下降）。起出井内油管137根（包括加深7根），上提1.49m时拉力表悬重增至200kN，正转数圈后起出（起出62根时悬重增加现象消失），原井油管第167根上外螺纹断脱，211根加厚油管、定位短节、筛管、起爆器、YD-102射孔枪、电缆桥塞断脱在井内，深度不详。下铅模至1115.35m遇阻，最小通径为ϕ70mm。

1）情况分析

（1）根据在3669.05m未探到桥塞和原井第167根油管上外螺纹断脱的情况，分析认为油管串在施工前已经腐蚀断脱，211根加厚油管、定位短节、筛管、起爆器、YD-102

射孔枪断脱在井内，深度不详，电缆桥塞在断脱管柱自由下落冲击下是否移动情况不明。

（2）根据起下油管时悬重的变化及铅模印痕、深度分析，可判断出套管已经腐蚀断脱，纵向位移44.63m，横向位移54mm。

（3）套管断脱后，油层套管和技术套管之间的环形空间内，一定已经充满了气体。由于没有放气阀，压井时气体排不出来，将会在井口形成高压区。施工时首先要采取措施将气体排出以保证施工的安全。

（4）如果断脱的管柱腐蚀严重，在自由下落的过程中，极有可能断为许多碎段，堆积在下部或形成S状弯曲，埋在沉淀物内。解卡打捞作业将会非常困难。

（5）气井井内压力较高，在施工过程中应采取相应的井控措施保证生产的安全。

（6）压井液应以既可达到压井的目的又能减小对气层的损害为原则。

2）采取的措施

（1）采用无固相低伤害压井液反循环压井。

因为水基钻井液压井易气侵，并且钻井液中固相颗粒侵入地层堵塞气流通道，可对气层造成无法弥补的损害；而油基钻井液可使气层润湿反转，降低地层渗透率。二者都不适合用作气井压井液。为满足该井压井的需要，特研配了无固相低伤害钻井液。无固相低伤害钻井液由主剂、降滤失剂、密度调节剂、小阳离子、防腐剂、消泡剂、盐结晶抑制剂等组成。主剂是一种特殊的聚合物，能够很好的抑制黏土的水化膨胀，密度调节剂为各种无机盐，防腐剂、消泡剂对套管具有保护作用，盐结晶抑制剂对无机盐中的金属离子具有络合作用，使压井液密度可调幅度大幅度提高。解决了固相堵塞气层通道和气层润湿反转的问题，并且密度可调幅度大，在1.0~2.5g/cm^{3}之间，适合于高中低压气井。

该井选用反循环方式压井，因为反循环压井时，修井液流向是从截面积大、流速低的套管环形空间流向截面积小、流速高的油管。根据水力学原理，在排量一定的条件下，当压井液从油套管环形空间泵入时，压井液的下行流速低，沿程摩阻损失小，压降也小，而对井底产生的回压相对较大。可见，反循环压井从一开始就产生较大的回压。所以，对于高压力、产量大的井，采用反循环压井法不仅易成功，而且压井后即使气层有轻微损害，也可借助投产时井本身高压、大产量来解除。

施工中用183m^{3}钻井液压井，取得了良好的效果。

（2）环空放气。

该井为解决井口高压问题采用了环空放气的措施。具体做法是用内割刀把油层套管分段割开，让环空中的气体释放到套管内，随压井液安全排出。施工中分别在901.8m、709.7m、507.6m、305m、149.45m、49.61m、5m处将套管割成7段，每次切割后都有大量气体随压井液涌出。最后无明显井涌现象时，切割环铁，井口无任何不良反应。

（3）制作井口防喷装置。

由于没有套管串控制器和变径法兰，不能装封井器，取换套施工中需要采取有效的井控措施。为此设计研制了井口防喷装置，具体情况是在技术套管上焊0.5m长的8$\frac{5}{8}$in套铣筒短节，留出循环口。在2$\frac{7}{8}$in短节上部接炮弹阀门，下部套焊5$\frac{1}{2}$in套管短节和8$\frac{5}{8}$in套铣筒短节，留出3种扣型的外螺纹，间隔的距离可同时上扣，一旦井下出现井喷预兆，可立即进行对接，控制环空和管内，也可进行正反循环压井。

（4）打捞。

下入捞矛、捞筒等常规打捞工具根本抓不住落物。这说明油管腐蚀严重，不能承受扭矩和钻压，已没有固定的形状。脱落在井底的油管已不是一段，很有可能是几段、十几段甚至是几十段。断脱的油管堆积在一起，塞满套管空间，被铁锈和沉淀物掩埋卡死，捞矛等常规的打捞工具根本无法打捞。要想实现打捞作业，打捞工具必须满足两个条件。一是能套铣，可以清理环空中腐蚀的油管体、铁锈以及其他沉淀物。二是工具应该具有收集筒，能够使落物进入收集筒，而且收集筒能堆积捞获腐蚀的油管皮子。根据以上两点现场设计加工了套铣母锥和套铣闭窗捞筒。

套铣母锥由套铣头、母锥体、接头组成。套铣头用YG硬质合金铺焊而成。母锥体长1m，打捞范围为ϕ62～76mm。工作原理是套铣头套铣清理环空腐蚀的油管体、铁锈及沉淀物并使落物进入母锥体内，当母锥体堆积的油管碎片满足打捞尺寸时，开始造扣抓获。继续套铣时，或者把下部管柱倒开，或者把下部腐蚀的管柱扭断，把母锥体内的落物捞出。

套铣闭窗捞筒由套铣头、闭窗筒体、接头组成。套铣头用YG硬质合金铺焊而成。闭窗筒体内有壁钩，打捞尺寸为ϕ62mm和ϕ76mm两种。工作原理是套铣头套铣清理环空腐蚀的油管体、铁锈及沉淀物并使落物进入闭窗筒体内，当筒体内油管碎片满足打捞尺寸时，将被壁钩夹住，起钻将这段落物捞获。

考虑到气井易喷，打捞管柱必须能够随时进行正循环压井，故在组配打捞管柱时选用了压井循环阀。压井循环阀由上接头、循环孔、筒体、滑套、球座、密封圈、销钉组成。打捞过程中可通过压井循环阀循环压井。捞获落物，主循环通道堵塞时可投球憋压剪断销钉，滑套下移，露出循环孔进行循环压井。

施工中下入套铣母锥（套铣闭窗捞筒）+ 循环阀 + 反扣钻杆管柱进行套铣、倒扣15次，成功捞出ϕ73mm加厚油管211根、ϕ102mm射孔枪1个。捞出的油管腐蚀严重，管内充满铁锈和死钻井液，散发出难闻的臭味。

（5）完井下入ϕ73mm外加厚油管1根 + 挡球短节 +ϕ73mm外加厚油管，完井深度3636m，卸防喷器，装KQ70/65采气树，试压35MPa合格。用液氮气举，压力40MPa，排量1.2m³/min，气举深度3623.02m，出口见气体。

3）结果

通过实施以上措施，该井成功地完成了预期目标。无固相低伤害压井液反循环压井既达到了压井的目的，又减小了对气层的伤害。完井气举，出口见气体。环空放气及自制防喷器保证了施工的安全。研制的打捞工具非常适用于井下严重腐蚀、落鱼呈碎片的复杂情况，为以后该情况的处理提供了有效的措施。

二、气井套管漏失治理技术

套管断脱、腐蚀穿孔等，导致套管漏气、技套带压、地面窜气，影响气井安全生产，容易造成井喷、火灾等事故。

1. 深层气井验漏管柱

在验漏技术上，对于浅层部位验漏，设计的验漏管柱结构为：丝堵 + 尾管 +K344–114封隔器 + 喷砂器 +K344–114封隔器 + 油管（图3-56）。油水井验漏管柱中的K344–114封隔器的工作温度为55℃，坐封压力为5~7MPa。当气井深部漏失时，由于气藏埋藏较深，气井较深（2000~4000m），温度较高（120℃左右），液柱的压力也较高。K344-114封隔器在较高液柱压力及高温作用下不解封或解封后胶筒不能恢复原形，易造成封隔器卡钻事故，不适用于气井深部验漏。深层部位验漏管柱结构为：管鞋+CYY211-116封隔器+水力锚+循环阀+油管（图3-57）。CYY211-116封隔器为单卡瓦封隔器，靠上提下放管柱进行坐封和解封，坐封悬重160kN，承压差50MPa，耐温1500℃，适应井深5000m，适应介质为油、水、钻井液、酸、H_2S。该封隔器操作简单，适应性强。

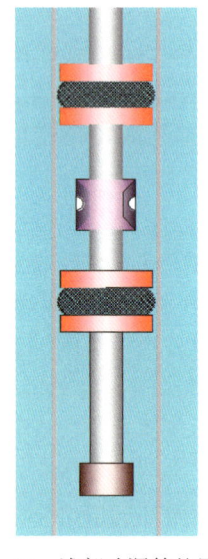

图3-56 浅部验漏管柱图　　图3-57 深部验漏管柱图

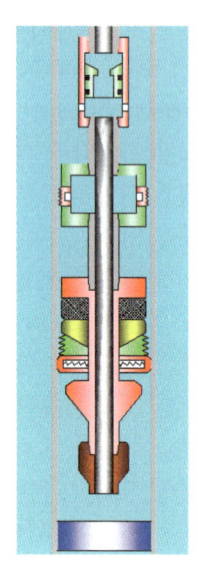

2. 套管漏失治理技术

气井中含有CO_2并同时渗出地层水，不仅腐蚀井下工艺管柱，也腐蚀井下套管，造成套管穿孔或断脱漏气，大大缩短了气井的生产周期和修井间隔周期。套管腐蚀穿孔或断脱漏气的故障井如不及时修复，不仅会污染周边环境，而且存在严重的火灾隐患，威胁气井、地面设备和人员的安全。根据气井的特点和要求，设计的气井套管腐蚀穿孔及断脱修复方法为两种：当井下技术状况具备取换套条件时，采取取换套的方法修复；当井下技术状况不具备取换套条件时，采用丢手插入式密封完井管柱修复。

3. 丢手插入式密封完井管柱修复漏失工艺

丢手插入式密封完井管柱分为丢手管柱和插入管柱。丢手管柱结构为（自下而上）：ϕ73mm油管+ϕ73mm密封管+CYY453-112封隔器+伸缩加力器+ϕ73mm油管，如图3-58所示。插入管柱结构为（自下而上）：ϕ58mm密封体+ϕ114mm扶正器+ϕ93mm常开阀+ϕ93mm常闭阀+ϕ73mm油管，如图3-59所示。

CYY453-112插管封隔器是一种双向卡瓦支撑、工具坐封、钻磨解封的永久完井封隔器，承压差50MPa，耐温150℃，抗H_2S，耐油、酸等，适用井深6000m。

管柱中的封隔器和密封总成能密封油套环空，使气体不能进入环空，只在油管内生产，封堵了漏失点，而且能防止套管再次腐蚀，减少修井次数，延长气井寿命。常开阀能保证替喷和气举的顺利进行，替喷后可投球关闭，进行正常生产。在油套环空灌入防腐液，使生产管柱具有一定的围压，平衡管柱内压，防止生产管柱内外压差过大被破坏；且保护套管内壁和生产管柱外壁不被腐蚀。常闭阀在下次修井作业时可投球打开，进行循环压井，保证施工作业的安全，减少气层的污染。

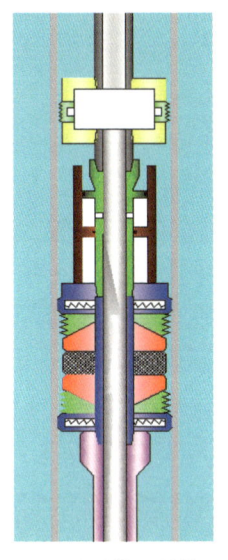

图 3-58　丢手管柱结构图　　图 3-59　密封插入管柱结构图

4. 现场应用情况

截止到 2016 年 6 月，共完成气井修井施工 176 井次，包括升深 2 井、徐深 5 井等高难度施工井。其中共完成高危气井治理施工 22 口井，升深平 1 井修井作业施工，在保证施工安全和有效保护气层的同时，顺利钻开 21.56m 水泥塞和碰压座、盲板，验证了水平井磨铣管柱、工具和工艺的适应性，提高了水平井磨铣施工水平。

升深平 1 井完钻垂深 2969.88m，斜深 3700m，水平位移 921.18m。施工目的是钻开 3026m 处碰压球座、套管内水泥、浮箍及旋流套管内水泥塞和 3048m 处盲板，下入完井管柱并气举诱喷。

由于该井为水平气井，需钻磨的附件多、水泥塞长，且经过前期钻井队在同一地方长达 29h 的钻磨处理，井况复杂。因此，该井除具有常规水平井的施工难度外，还综合了深井、气井的施工问题，施工难度和风险都非常大，主要表现在如下几个方面。

（1）该井为水平气井，产层压力大，在钻井过程中曾发生过井喷事故，钻开碰压球座、浮箍、水泥塞和盲板后，如果控制不当或压井液相对密度不合适，就可能发生井喷，施工风险大。

（2）该井完井采用筛管顶部封固完井方式，筛管以上的碰压球座、浮箍、盲板和 2 段共 21.56m 水泥塞需要钻掉。要钻的完井附件和水泥塞都在水平段，且附件较多，钻磨施工难度大。

（3）钻井队为钻掉碰压球座，在碰压球座位置钻进 29h 无进尺，怕出现复杂情况而终止，该处可能已被破坏，形成台阶或开窗，为下步顺利施工带来困难。

（4）该井为深井施工，且环空小（ϕ139.7mm 套管，壁厚 9.17mm，通径为 121.36mm；钻磨螺杆为 ϕ100mm，扶正器为 ϕ112mm，磨鞋为 ϕ114mm），若排量大，则由于井深，循环阻力大，泵压高；若排量小，则螺杆无法正常工作，且铁屑、水泥屑返出困难，易造成卡钻柱。因此，施工参数选择难。

(5) 管柱摩阻力和柔性都较大，对正确施加钻压和准确判断井下状况带来较大难度。同时，对螺杆是否正常工作，在地面也无法通过反扭矩进行判断。因此，施工难度大。

该井既是气井，又是水平井。在制订施工设计和现场施工中，既考虑到了气井施工安全和气层保护问题，又考虑到水平井近水平段磨铣施工时安全起下和保护套管问题，主要做到以下几点：一是按照气井施工进行施工准备工作；二是使用无固相低伤害压井液作为磨铣工作液；三是使用螺杆驱动，避免钻盘驱动对套管的磨损伤害；四是在施工管柱上安装2个滚珠扶正器，既保证磨铣工具居中磨铣，又在起下和磨铣时有效保护套管；五是磨铣工具为滚珠扶正式高效磨铣工具，在低钻压下即可快速磨铣，在结构设计上，铣齿外缘倒角，避免铣齿接触套管，该井实际磨铣井段为3026～3048m，其中包括碰压球座、21.56m水泥塞、0.58m浮箍和0.05m盲板；六是施工参数确定为，钻压5～10kN，排量0.33～0.38m³/min，泵压5～7MPa。实际磨铣时间为14h，磨铣速度达到了1.57m/h。

该井严格按照气井安全施工措施组织施工，确保了施工安全。水平井钻磨铣管柱结构设计合理，达到了保护套管、减小管柱阻力的目的，保证了正常加压和施工。设计的磨铣工具强度高，结构设计合理，不但快速高效，而且使用寿命长，单只磨鞋完成全部钻磨施工后，工具磨损量小，预计还可以完成4～5口同类井施工。在小钻压（5kN）下磨铣时，钻速随钻压调整变化明显，说明滚珠扶正器不但能够保护套管，而且能够有效减小近钻头管柱阻力，保证了磨铣顺利施工。在现场使用两台泵车仍无法保证排量的情况下，合理调整施工参数，保证了钻磨施工的顺利进行。

第七节 顶驱修井新技术

随着油田开发的不断深入，井下技术状况日趋复杂，大修工作量逐年攀升，相应的位于商业区、居民区、公路旁等环境敏感区的待大修井也越来越多。但受井场狭小、设备受限等因素制约，导致这部分井无法及时处理，被迫维持生产或长期关停。据统计截至2015年年底，大庆油田因井场受限不具备施工条件的井共有870口，平均躺井时间520d，其中油井503口，影响日产油331t，累计产量损失$17.2×10^4$t；水井367口，影响日注水18462m³，累计影响注入量$960×10^4$m³。由于长期积压，该类井也极易发生层间窜通，形成区域套损，安全环保隐患大，风险高，严重影响油田注采平衡和开发效果。如果这类井能得以有效治理，对老油田整体开发调整具有重大意义。

一、修井顶驱结构原理及优势

修井顶驱主要由提升短节、壳体、输入系统、平衡扭矩系统、变速装置、输出系统、水龙头鹅颈管及密封装置组成（图3-60）。修井顶驱采用电动机驱动液压马达，带动齿轮组啮合传动，输出旋转动力，驱动钻具旋转作业。

目前具备顶部旋转功能设备的有钻井顶驱、动力水龙头、修井顶驱（图3-61）。但钻井顶驱需安装导轨释放扭矩，无法与小修修井机匹配；动力水龙头自身无抗反扭矩功能，无法独立完成旋转作业。

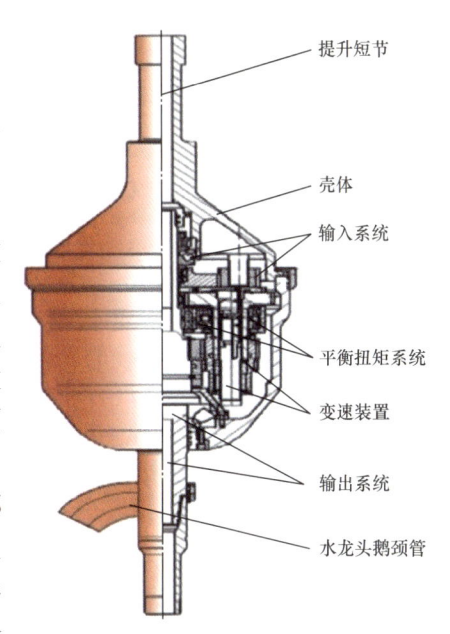

修井顶驱具有软启动、零输出、抗反扭矩等功能，可按负载扭矩变化，自动调整转速，安全系数高。一是软启动功能，通过恒定的调整机构在额定功率范围内，根据负载大小自动调整转速，避免扭矩过大时造成设备损坏；二是零输出功能，通过过载保护机构，当顶驱内部超过额定扭矩上限时，顶驱有输入，主轴无输出，防止卡钻带来的安全隐患；三是抗反扭矩功能，通过顶驱内部平衡装置、外部平衡杆装置，实现100%消除反转扭矩；四是独立循环功能，循环系统与冷却系统各自独立，互不影响，不受循环介质限制，延长使用寿命，方便维修（表3-7）。

图3-60　修井顶驱结构示意图

(a) 钻井顶驱　　(b) 动力水龙头　　(c) 修井顶驱

图3-61　顶部旋转功能设备

表3-7　顶驱设备性能对比表

项目	钻井顶驱	动力水龙头	修井顶驱
用途	钻井	钻桥塞、磨水泥塞	套铣、磨铣修井
驱动方式	柴油机—液压	柴油机—液压	电动—液压
载荷，t	最小135	76.5、108、135、180	35、50、70、110
工作扭矩，kN·m	最小26	8.1、10.8、16.2、21.0	6、8、12、26
供电，V	600（自发电）	柴油发动机	380（电网电）
电动机额定功率，kW	最小250	151、168、186、242	30、37、55
质量，t	最小6.5	最小0.91	0.5、0.8、1.5

续表

项目	钻井顶驱	动力水龙头	修井顶驱
平衡方式	井架导轨	绷绳	自动
价格，万元/台	最小 800	120～260	78～200
本体高度，m	最低 4.0	2.2，2.4，2.4，2.7	1.2，1.4，1.8

修井顶驱与大修设备相比具有以下优势：一是占地面积小，修井顶驱配套无绷绳修井机，可满足大部分受限井的施工要求，井场面积达到 15m×15m 即可施工；二是一次投资及后续维护费用低，在现有小修队伍装备基础上，增配一台修井顶驱，即可开展大修施工；三是机动灵活性强，修井顶驱体积小重量轻，便于安装和转运，可随时开展大修施工，实现一台顶驱保障多支队伍，具备大修能力；四是节能环保，修井顶驱采取电力驱动，可与井场用电匹配，节约能源，清洁环保。

二、顶驱修井设备优选配套

（1）修井顶驱配套的修井机选型。井场面积 50m×50m 应用大修修井机；井场面积 30m×30m 应用小修修井机；井场面积 15m×15m 应用无绷绳修井机（图 3-62）。

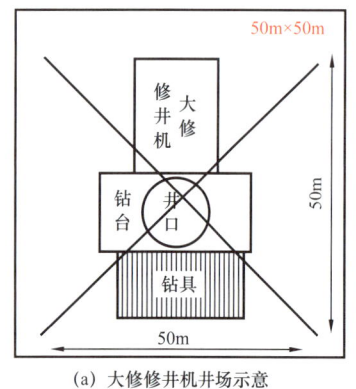

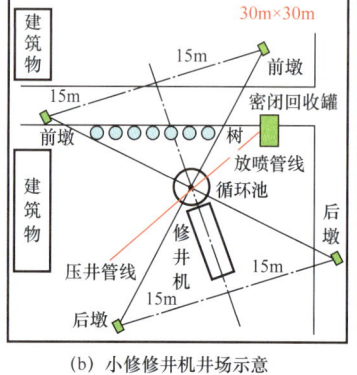

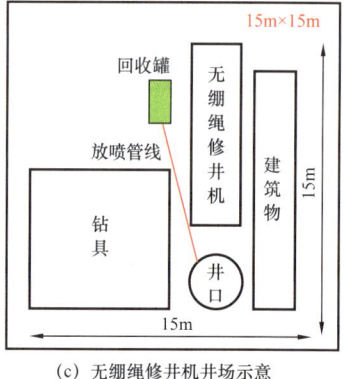

图 3-62 不同修井机井场示意图

（2）修井顶驱的选型。修井顶驱目前有 4 种型号，通过两年的实践摸索，综合考虑顶驱载荷、扭矩、转速等因素，确定其适合的施工井类型（表 3-8）。

表 3-8 修井顶驱主要技术参数

型号	ZBDQ35	ZBDQ50	ZBDQ70	ZBDQ110
最大静载荷，kN	360	500	700	1100
最大扭矩，N·m	6000	8000	12000	26000
最大转数，r/min	150	150	150	300
液压泵工作压力，MPa	14～21	14～21	14～21	21～32
主要用途	套管内磨桥塞、水泥塞等		套管整形、磨铣等	

（3）修井顶驱的钻具串选配。综合考虑修井顶驱的类型、修井机提升载荷、钻具强度等参数，确定合理的钻具串（表3-9）。

表3-9 修井顶驱钻具串匹配表

修井顶驱型号	配套钻具串	适用范围
ZBDQ35	N80N 油管	修复鱼顶、钻水泥塞
ZBDQ50	N80E 油管	修复鱼顶及 ϕ106mm 以上套损修复
ZBDQ70	ϕ60mm 钻杆	修复鱼顶及 ϕ90～106mm 之间套损修复
ZBDQ110	ϕ73mm 钻杆	修复鱼顶及 ϕ90mm 以下套损修复

三、修井顶驱工艺

1. 修井顶驱磨铣套铣工艺

根据修井顶驱扭矩小、转速低的特点，总结配套技术经验，并研制限位式打捞套铣筒、短锥面小级差铣锥等系列工具，发挥修井顶驱产生次生伤害小的优势，减少对套管及鱼顶破坏，提高修井成功率。

针对鱼顶破损需修复打捞的井，应用修井顶驱配合平底磨鞋及套铣筒对落鱼的上部、外径进行修复，使其达到打捞工具的有效打捞范围内再进行打捞；针对活动落物打捞的情况，采取套铣筒配合顶驱套铣，将堆积在鱼顶的小件活动落物磨碎至鱼腔及油套环形空间内，使鱼顶明确清晰后，使用常规打捞工具捞出落物。

针对套损修复的井，先使用108笔尖铣锥找通道，再使用108～118小级差系列铣锥组进行缓慢逐级整形，恢复其内通径的95%以上，然后根据实际情况对套管整形部位采取机械或燃爆的方法进行密封加固。

针对修井顶驱扭矩、转速较低的特点，研制了小级差铣锥、短锥面铣锥、加长铣锥、限位套铣筒、高效磨鞋等系列磨套铣工具，应用198井次，成功率达到93.9%。

2. 修井顶驱倒扣解卡工艺

修井施工中常伴随着各类管柱遇卡的现象，改变单一的上提拔负荷的解卡方式，研制顶驱配套专用倒扣器及倒扣打捞工具，使用顶驱相配合，顶驱输出上部扭矩力，通过倒扣器换向后，将下部遇卡管柱分段倒扣起出，从而实现安全、高效解卡。

3. 修井顶驱切割解卡工艺

在能清楚判断井内套变位置时，大直径工具处于套变位置下部无法解卡起出，采取在油管内下入小直径油管，连接油管内割刀，通过顶驱配合旋转，使工具固定牙块及刀头伸出，割断井内大直径工具上部油管，使套损点露出，修复后再打捞下部工具。针对修井顶驱及修井机性能，配套专用倒扣、切割、解卡工具，完成80井次低负荷、低扭矩解卡打捞，成功率94.2%。

4. 修井顶驱配套井控工艺

修井顶驱采取旋转的运行方式，常规的井控技术措施无法与其相匹配，通过两年的试验应用，形成了一套成型的井控技术。井口控制技术主要针对油套环形空间研制被动式旋转防喷器（图3-63），通过液压恒定机构实现磨套铣过程中井口的密封；针对油管控制研制回压单向旋塞阀，实现磨套铣循环过程中油管的应急控制。地面控制技术主要通过配套油管举升装置及井口集液平台，实现了井口外溢油水的有效回收；使用地面过滤器配合三位一体多功能环保装置将油水过滤后作为循环介质再次利用，实现了磨套铣过程中的全过程控制。

(a) FX28-7/14旋转防喷器　　　　(b) 旋转防喷器动力站

图3-63　旋转防喷器及辅助设备

四、修井顶驱应用成效

截至2016年6月，大庆油田共应用修井顶驱施工451口井，平均单井施工时间8.1d。其中施工井场受限井270口井，减少平均躺井时间90d，恢复日产油227t，恢复日注水6480m³；灵活调配应用顶驱施工井130口，减少平均躺井时间80d，累计减少产量损失8736t，增注$24.9 \times 10^4 m^3$；应用修井顶驱开展大修井施工与应用大修修井机相比，可节省施工费用，同时减少因井场受限造成的拆迁和改造井场等费用。

参 考 文 献

［1］艾池，史晓东．油水井取套过程中套铣筒摩擦阻力分析计算［J］．力学与实践，2010，32（2）：68-71．

［2］南国峰．吉林油田气井修井腐蚀油管打捞技术的研究［D］．大庆：东北石油大学，2012：15-23．

［3］张春贵．河南油田取套换套施工技术［J］．油气田地面工程，2011，30（2）：107-108．

［4］张应安．水平井多封隔器压裂管柱通过性力学关键问题研究［D］．大庆：东北石油大学，2011：12-22．

［5］刘清友，何玉发．深井注入管柱力学行为及应用［M］．北京：科学出版社，2013：50-60．

［6］李庆明．大位移井钻柱屈曲分析与极限延伸预测［D］．大庆：东北石油大学，2012：11-26．

［7］夏辉．基于屈曲理论的定向井管柱［D］．西安：西安石油大学，2013：18-41．

[8] 张洪伟.连续油管力学分析[D].青岛：中国石油大学（华东），2010：15-35.

[9] 房军，王宴滨，高德利.应用纵横弯曲梁理论分析隔水管受力变形[J].石油矿场机械，2014,43(10)：21-24.

[10] Zhongguo Xu, Ryosuke Okuno.Numerical Simulation of Three-Hydrocarbon-Phase Flow with Robust Phase Identification[C].SPE173202-MS，2015：1-9.

[11] 甘庆明，杨承宗，黄伟，等.大斜度井井下工具通过能力分析[J].石油矿场机械，2008,37(7)：59-61.

[12] 赵旭亮.刚性井下工具通过能力分析[J].石油机械，2011,39(10)：66-68.

第四章　带压作业技术

带压作业是在井口有压力的情况下，利用专用设备进行起下管柱、井筒修理及增产措施的施工作业，与常规作业相比，具有保护油气层、节能环保、缩短停产周期、降低综合作业成本等优势。20世纪60年代国内已开始研制带压作业机，由于特定历史条件，发展比较缓慢。2001年辽河油田自主研发出了7MPa以下的水井带压作业机，带压作业技术得以逐步推广，尤其是近十年来各油田大力发展带压作业。经过研究、探索和应用，国内带压作业技术不断取得进步。研制了辅助式、独立式等多种类型带压作业机，初步形成了水力式、钢丝、电缆、油管投捞堵塞器等适应不同管柱结构的油管封堵工艺。但现有技术仍存在着施工效率低、应用范围窄、油管堵塞技术不完善等问题，各个油田结合其自身条件和井况，对现有设备进行升级改造，研发了新型作业机和油管堵塞工具，提升带压作业施工能力，推动了带压作业技术的规模化高效应用。

第一节　新型带压作业机

国内带压作业机以橇装辅助式动密封短冲程作业设备为主。这种设备主要由动力系统、井控系统、提升和下压系统、控制系统等部件组成。作业过程中需要带压作业机和修井机两台设备共同完成，两台设备分别由一台柴油机进行驱动，带压作业装置要用单独的车辆运输，现场安装时要有吊车配合，主要用于注水井修井作业。

近几年，研发形成了集成式带压作业机、紧凑型带压作业机等设备。

一、集成式带压作业机

为了解决辅助式带压作业机燃油消耗大、拆装工作量大、购置成本高、占地面积大、安装不方便等问题，结合国内油田生产作业现场需求，研制出集成式带压作业机[1]（图4-1）。

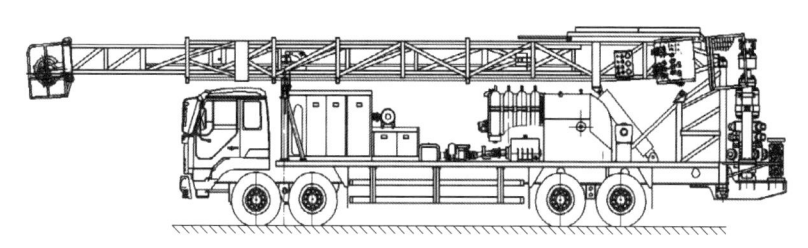

图4-1　集成式带压作业机示意图

1. 关键技术

1）井口密封防喷技术

集成式带压作业机的井口密封防喷和辅助式带压作业装置基本相同，如图4-2所示，主要通过三闸板防喷器、环形防喷器和单闸板防喷器等多组防喷器的组合实现，以控制和密封井筒环空之间的压力，防止井喷。三闸板防喷器包括全封闸板防喷器、半封闸板防喷器和安全卡瓦，全封闸板防喷器用于空井筒状态下的封井，半封闸板防喷器和安全卡瓦用于作业间隙封井及带压作业时卡封井内管柱，防止管柱在井内压力作用下窜出井筒；环形防喷器和单闸板防喷器用于起下油管时作为工作防喷器密封油套环空[2-4]。

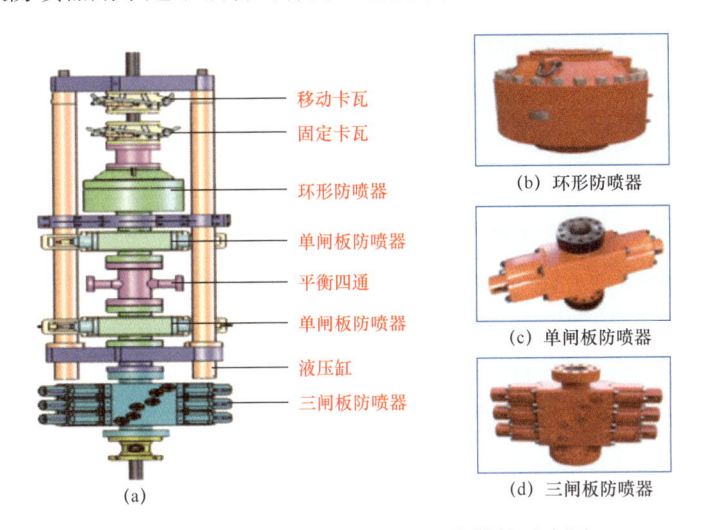

图 4-2　带压作业机井口密封系统结构示意图

2）高性能集成液压控制技术

集成式带压作业机通过整机结构、动力、操作一体化集成设计，完成带压作业装置和修井机的整体配套。整机采用一部发动机驱动、一个液压工作站、一套操作控制系统，实现两套装置一体化运输、独立搬安，从而大幅度降低燃油消耗，提高作业效率和带压作业的安全性，带压作业单井施工周期平均缩短 1～2d。集成工作的核心是液压系统的集成研究，利用带压作业装置的液压系统和修井机的液压系统从不同时工作这一先决条件，将二者的液压系统有机结合，利用修井机液力变速箱上的取力口作为动力源，驱动液压泵为液压系统提供动力[5-8]。

辅助式带压作业机的液压系统中（图 4-3），修井机的液压系统主要为起升缸、伸缩缸、液压支腿、液压小绞车、液压大钳等提供动力。带压作业装置的液压系统主要为举升油缸、防喷器组、游动卡瓦、固定卡瓦等提供动力。作业机工作过程中，当使用修井机游车大钩进行起下时，带压作业装置的举升油缸不参与起下，由变速箱取出的液压动力仅提供给带压作业装置的动力卡瓦、防喷器组、平衡阀、泄压阀使用；由于带压作业装置和修井机不会在同一时间满负荷工作，而使用带压作业装置的举升油缸起下油管时，修井机游车大钩不参加起下，仅随井下管柱的起升、下放运动。因此带压作业装置的液压系统和修井机的液压系统从不同时工作。

集成式带压作业机的修井机和带压作业装置共用修井机的液压油箱（图 4-4）。修井机仍然采用液力机械传动，发动机通过液力传动箱驱动绞车运转，带动游车大钩进行油管起下。带压作业装置采用液压传动，在液力传动箱上安装取力器和液压泵为带压作业装置的举升油缸、防喷器组、游动卡瓦、固定卡瓦的液压执行元件提供液压动力，修井机和带压作业装置液压动力不采用分动箱，而是在液力变速箱的两个取力口取出，一方面可以针对不同的液压操作控制动力输出；另一方面可以通过液压泵并联，为带压作业装置提供足够的动力[9,10]。

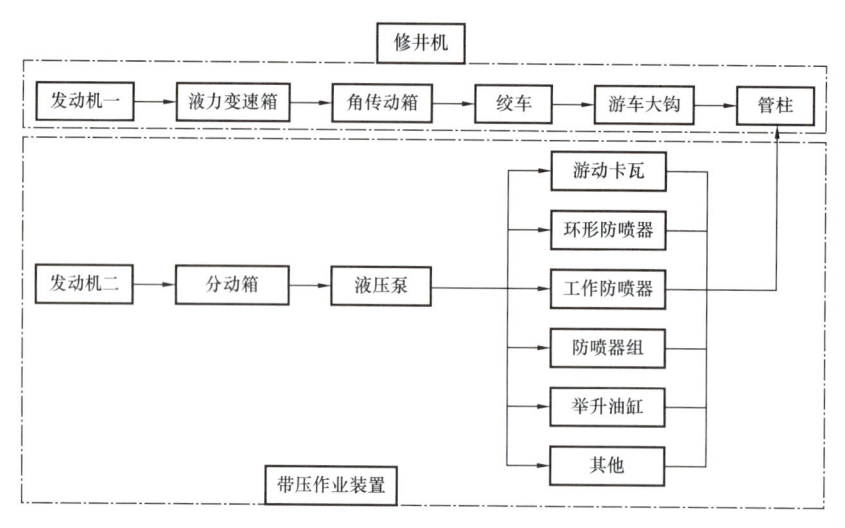

图 4-3 辅助式带压作业机动力传动框图

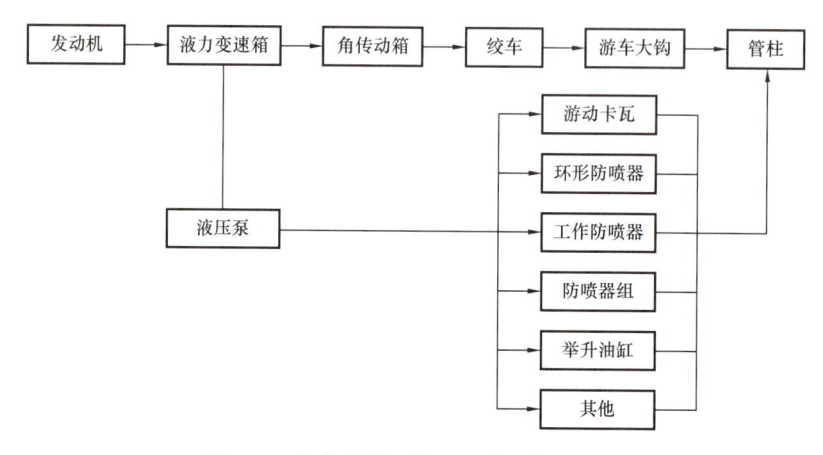

图 4-4 集成式带压作业机动力传动框图

3）卡瓦互锁技术

卡瓦是带压作业机的核心部件之一，带压作业机在作业过程中，管柱起下装置只有通过卡瓦卡紧管柱才能给管柱力施加起升力或者下压力的作用，实现管柱的起下作业和当管柱经过"中和点"后对管柱起下速度的控制，以防止管柱掉入井内或从井口喷出。

管柱重量等于井下高压上顶力的深度就是所谓的"中和点"。当油管重力不足以克服井内压力造成的上顶力时，这种现象称为"管轻"，这时卡瓦组下端卡瓦夹住油管，阻止油管被顶出井外。反之，当油管重力大于上顶力时，这种现象称为"管重"，这时卡瓦组上端卡瓦夹住油管，阻止油管落入井内。

卡瓦互锁主要通过结构上设计锥形卡瓦和控制系统上设计互锁装置两方面来实现[11]。

带压作业机的卡瓦结构如图 4-5 所示，由 4 块卡瓦牙模和卡瓦体组成一组卡瓦实现对管、杆柱的卡紧。上下两组卡瓦组件对称安装，采用液压缸做动力，通过提升杆提放卡瓦体，液压缸固定在卡瓦座上。当液压缸带动提升杆上行时，同时也带动卡瓦体上行，从而使卡瓦体张开，使得油管从卡瓦中心自由通过（同一卡瓦的下部方向相反才能实现）。当液压缸带动提升杆下行时，卡瓦体推动油管居中（结构对称，自动对中），随之使卡瓦体沿卡瓦座内锥面燕尾槽下行收拢夹住油管。卡瓦体的锥面与卡瓦座上的锥面相互配合，通过液压缸驱动提升杆，使两卡瓦体沿斜面上升卡住油管，在井压的作用下向上运动，带动卡瓦体在壳体的锥面上上升，使卡瓦牙越抱越紧，井压越大卡得越紧，有效解决管柱在压力较高、上顶力较大时容易打滑的现象。

一个卡瓦组有上、下端卡瓦，管柱起下装置只有通过卡瓦卡住管柱，才能给管柱施加起升力或下压力完成对管柱的起下作业。卡瓦组的上端卡瓦座开口向上，其上的卡瓦牙模齿前端面也向上，等到卡瓦吃入管柱后，管柱的轴向载荷全部由牙模前齿面来承担，后齿面是几乎不承担轴向力的，并且卡瓦牙模齿前端面与卡瓦座开口方向一致。所以卡瓦组上端卡瓦适用于"管重"情形，这样才能施加起升力或控制下放速度；同理，为了施加下压力或控制起升速度，卡瓦组下端卡瓦适用于"管轻"的状况。

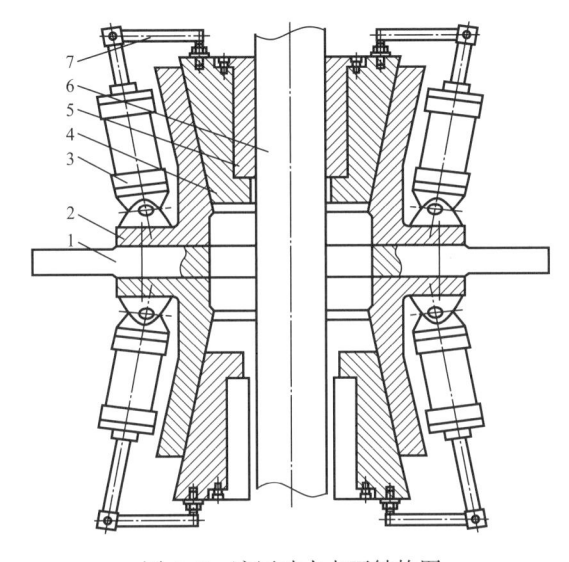

图 4-5 液压动力卡瓦结构图
1—瓦架；2—卡瓦座；3—液压缸；4—卡瓦体；5—卡瓦压模；6—管柱；7—提升杆

卡瓦控制系统的卡瓦互锁装置是在起、下油管修井作业过程中，根据管柱所处状态的判断对卡瓦进行相应地控制的设备，由上、下游动卡瓦的互锁程序来保证两个卡瓦不能同时张开。其原理是通过对电磁阀左、右端电磁铁得电情况控制实现对卡瓦液控回路的控制。判断依据如下：压力变送器可以把井下压力传输给数据转换模块，把压力变送器传来的模拟数据转化为数字数据，再根据比较模块的输出可以判断此时管柱是处于"管轻"还是处于"管重"状态。然后就可根据事先编制好的程序，自动完成各项工作。

在起、下作业过程中，起下液缸活塞杆触发行程开关，行程开关反馈给控制程序后，上、下游动卡瓦轮流进行卡紧油管的作业。在起升油管作业时，是两级液缸各自的上行程开关被触发后，卡瓦交替工作；在下放管柱作业时，是两级液缸各自的下行程开关被触发后，卡瓦交替工作。究竟是卡瓦组的上端卡瓦夹持管柱，还是它的下端卡瓦在进行夹持作业，与管柱的起升还是下放作业无关，只与"管轻""管重"状态有关。"管轻"时是卡瓦组下端卡瓦在夹持管柱，"管重"时是卡瓦组上端卡瓦在进行工作。在起下油管作业的过程中，除了上、下游动卡瓦要根据行程开关的反馈信号轮流工作外，每个卡瓦组上、下卡瓦也要根据"管重""管轻"的状态进行调整。可以根据模块输出的变化，来控制卡瓦组上、下卡瓦提升杆四缸同步回路中三位四通电磁换向阀，完成两个游动卡瓦组上、下端面的切换。

4）接箍探测技术

环形防喷器是带压作业中隔离井内高温高压的关键部件。在提升或下入管柱的过程中，环形防喷器的胶芯处于闭合状态。当有管箍通过时，为了避免损坏胶芯，环形防喷器的胶芯要张开。当其中的一个环形防喷器的胶芯张开，另一个环形防喷器或单闸板的胶芯应闭合，两个胶芯的张开和闭合通过程序进行控制。在提升或下入管柱的过程中，总有一个胶芯处于闭合状态，从而实现了带压作业。要想实现对防喷器胶芯张开、闭合的控制，就要求对油管接箍进行检测，因此油管接箍探测技术的研究对于实现带压作业十分重要[12-14]。

油管接箍探测技术主要有两种，一种是接触探测式，另一种是电磁感应式。

接触探测油管接箍探测技术是通过探头与油管或接箍的接触发生应力变化，被传感器感应到后将感应信号传到信号处理器中，得出探测结果。接触式油管接箍探测装置的结构原理如图4-6所示。将管柱接箍探测装置安装在两个防喷器之间。连接好传感器信号线路，调节好探测位移量。探测柱塞在流体压力平衡状态下，由于压缩弹簧的预压力，使与探测柱塞相连的探测滚轮向探测器中心方向移动达到极限位置；使接箍探测器的两个对称安装的探测滚轮之间的最小距离比油管的外径尺寸大3~5mm。开始带压起升或下放管柱作业时，油管均匀段通过时，不会碰到探测滚轮，探测柱塞没有位移，因此没有信号输出；当油管接箍到达接箍探测器位置时，由于接箍的外径大于两个对称安装的探测滚轮之间的最近距离10mm以上，这个距离只是滚轮半径的二分之一，因此，接箍会在上下运动的同时，驱动探测滚轮带动探测柱塞沿径向移动，通过位移传递杆、位移传递导向块和接近位移传感器输出探测信号，实现声光报警，从而为防喷器在压力平衡控制条件下打开密封副，让油管接箍顺利通过，提供一个控制信号。

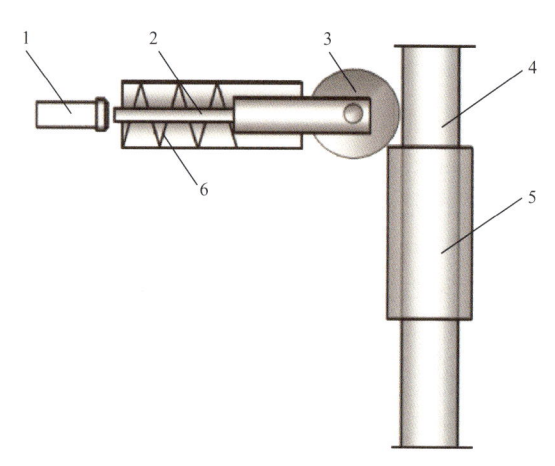

图4-6 接触式油管接箍探测器原理图

1—传感器；2—感应杆；3—滚轮；4—油管；5—接箍；6—弹簧

另外一种油管接箍探测技术是基于电磁感应原理，采用一个激励线圈激磁和两个检测线圈采用差动连接的方法进行接箍检测。电磁式油管接箍检测系统的结构原理如图 4-7 所示。由一个位于中间的激磁线圈（初级线圈）、两个位于边缘的检测线圈（次级线圈 1、2，反向串接）和插入线圈中央的被测油管组成。

当激磁线圈中通入正弦交变电流时，线圈周围将产生正弦交变磁场。当被测油管通过时，在油管内部会产生感应电流，该感应电流又产生新的交变磁场。新的交变磁场会作用于检测线圈，使检测线圈产生感应电流，形成感应电动势。当被测油管通过时，必然会使两个检测线圈的互感系数相等（$M_1=M_2$）。根据电磁感应原理，则产生的两感应电动势也必将相等（$E_{2a}=E_{2b}$）。由于两个检测线圈反向串接，差动连接后输出的电压为 0（$U_0=E_{2a}-E_{2b}$）。

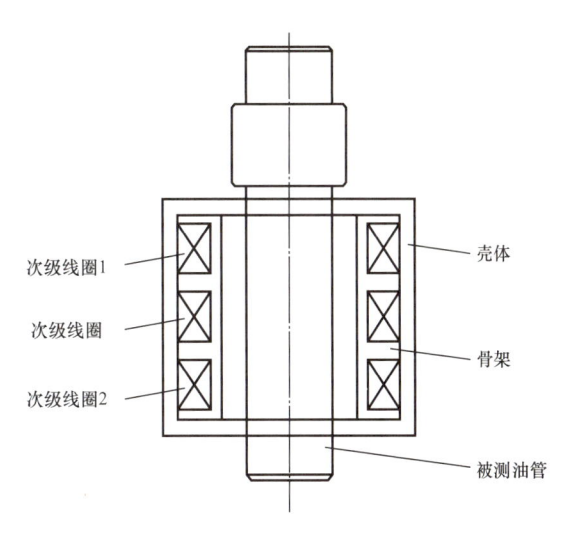

图 4-7 电磁式油管接箍检测系统原理图

当管箍通过时，由于磁阻的影响，上部检测线圈中的磁通将大于下部检测线圈中的磁通，即 M_1 大于 M_2，使 E_{2a} 增加。同理当管箍到达下部检测线圈时，下部检测线圈中的磁通将大于上部检测线圈中的磁通，即 M_1 小于 M_2，使 E_{2b} 增加。这样检测线圈差动连接输出的电压 U_0 也将发生变化。

接触式油管接箍探测器存在着精度不高、与管柱和接箍存在应力接触、所产生的摩擦力会对管柱造成磨损等问题，而电磁感应式油管接箍检测系统容易受外部工频电源的瞬时不稳定性以及工作现场的油污和金属材质等因素的影响，探测误差也较大，可靠性较低，并且此类油管接箍探测装置在使用中还需十分注意防爆的安全问题。因此目前的油管接箍探测技术的推广应用存在一定的局限性。

5）井口保温技术

在白天修井施工中，起下油管等工作能保证地下水与地面装置中的水充分循环，不会造成井口设备冰冻。晚上停止施工后，地面装置散热损失大，使三闸板等设备中的水冻结，导致第二天继续施工困难。排除冰冻故障一般采用明火烘烤的方式，需要几个小时才能进行正常施工，既影响工作进度又存在安全隐患。为了不影响施工进度，并为作业工人创造适宜的工作环境，集成式带压作业机设计了加热保温装置，保证带压作业装置内的水维持液体状态[15]。

三闸板是井口装置中主要的散热部件，其形状复杂、体积大，是带压作业装置中散射量最大、最容易冻结的部件，同时也是保温结构设计的难点，如图 4-8 所示。

保温加热装置的基本原理是选用合适的发电机组，设计降压变压控制柜组件，把柴油发电机供给的 220V 直流电电压变为 36V，用安全电压带动加热管对设备进行加热，保证运行安全。保温壳体内侧铺设加热管，加热管与设备通过辐射方式传递热能，加热管另一侧与高温绝热材料紧密接触，尽量减少加热管向外部环境散热。

三闸板保温加热装置分左右两部分，如图4-9所示。保温加热装置分别安装后利用卡扣连接，对扣用螺栓互相固定，共布置10kW加热功率，左右两部分各布置5kW，分别由两台发电机提供。

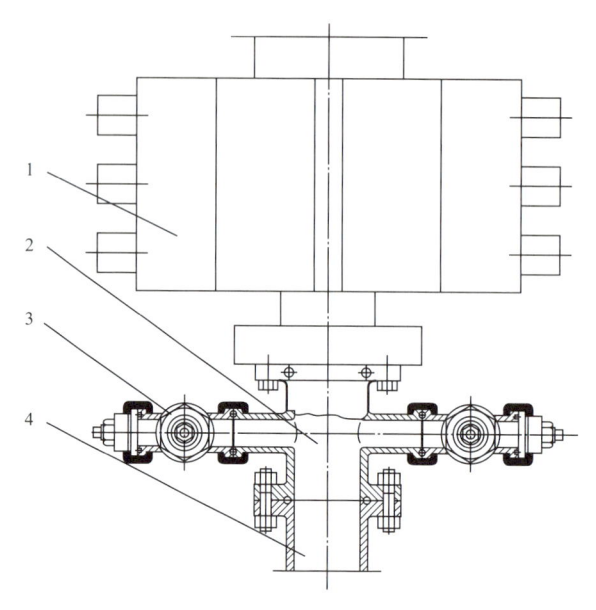

图4-8　修井井口装置示意图

1—三闸板；2—井口四通；3—防盗阀；4—地面套管

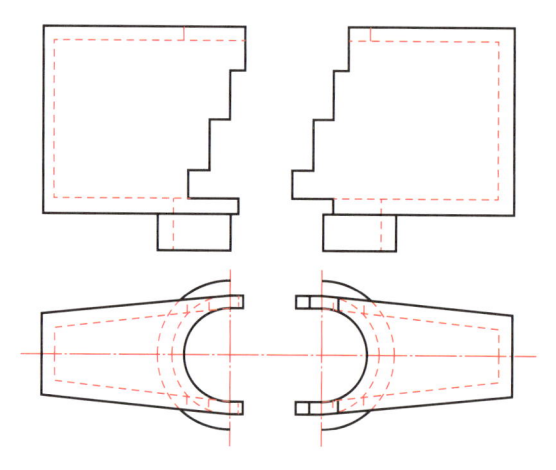

图4-9　三闸板保温加热装置简图

2. 集成式带压作业机性能参数

注水井带压作业起升油管作业时，用环形封井器封住井内压力，全封闸板防喷器和单闸板防喷器作为备用。当油管自重大于井压对油管的上顶力时，不使用卡瓦和升降液缸，直接使用通井机绞车起升管柱。随着井下管柱越来越少，重量越来越轻，井内上顶力与油管自重逐渐接近，即当指重表的读数接近零时，开始使用卡瓦卡住油管，用升降液缸和卡瓦的相互配合进行起升油管作业。在作业间隙，若井筒内有油管，用半封闸板防喷器封住井压；若井筒内无油管，则用全封闸板防喷器封堵井压。下放油管时的工艺过程与起升油管过程相反。

因此，需要对管柱中和点、液压缸下推力、油管抗挤压载荷、油管无支撑长度等关键参数进行设计计算[16]。

1）关键参数计算

（1）管柱中和点计算。

带压作业时，作用在井下管柱上的力包括：井内压力作用在管柱最大密封横截面上的上顶力，管柱在井内流体中的重力，油管通过密封防喷器时所受的摩擦力，带压起下作业装置所施加管柱的力，管柱在井筒内运动时套管对管柱产生的摩擦力。其中，防喷器和套管产生的摩擦力与管柱运动方向相反，套管对管柱产生的摩擦力在工程计算中忽略不计，如图 4–10 所示。

① 管柱截面力计算。

管柱截面力计算公式如下：

$$F_{wp} = \frac{\pi \times d^2 \times p}{4000} \quad (4-1)$$

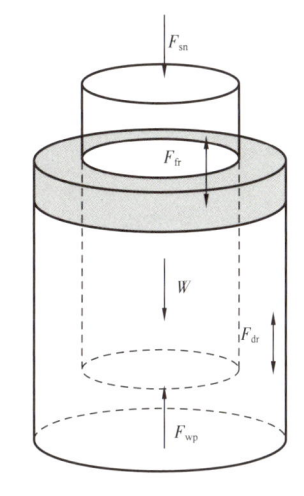

图 4–10 管柱受力分析图
F_{sn}—带压作业需要的力；F_{fr}—管柱通过防喷器时的摩擦力，与管柱运动方向相反；W—管柱重力；F_{dr}—套管阻力，与管柱运动方向相反；F_{wp}—作用在管柱截面的压力，当接箍在防喷器中时，受力最大

式中 F_{wp}——管柱的截面力，kN；
       π——圆周率，取 3.14；
       d——防喷器密封油管的外径，mm；
       p——井口压力，MPa。

② 防喷器对管柱的摩擦力。

油管通过密封防喷器时所受的摩擦力大小与防喷器类型和井口压力油管有关，通常取管柱上顶力的 20%。

③ 管柱中和点计算。

管柱轴向力 = 油管浮重 – 管柱的截面力。当管柱轴向力为零时的管柱长度称为管柱的中和点。即：油管浮重 = 管柱的截面力。故有，管柱中和点 = 管柱的截面力/单位长度油管浮重。其中：管柱中和点单位为米；管柱的截面力单位为千牛；油管浮重单位为千牛；单位长度油管浮重的单位为千牛每米。

因此注水井带压作业装置在管柱中和点以下的管柱可使用大钩起下，中和点以上的管柱必须使用液压缸起下。

对于 ϕ73mm，J–55 油管，安全系数取 1.5：当井口压力 7MPa 时，中和点 454.2m；当井口压力 14MPa 时，中和点 908.5m；当井口压力 21MPa 时，中和点 1362.7m。

（2）液压缸下推力计算。

$$F_{sn} = F_{wp} - W - F_{fr} - F_{dr} \quad (4-2)$$

式中　F_{sn}——液压缸的下推力，kN；
　　　F_{wp}——管柱的截面力，kN；
　　　W——管柱在流体中的重力，kN；
　　　F_{fr}——防喷器对管柱产生的摩擦力，kN；
　　　F_{dr}——井筒对管柱的摩擦力，kN。

因此，液压缸的最大下推力等于井内压力作用在管柱最大密封横截面上的上顶力。以 ϕ73mm，J-55 油管为例，计算了在不同压力下液压缸最大下推力，如图 4-11 所示。

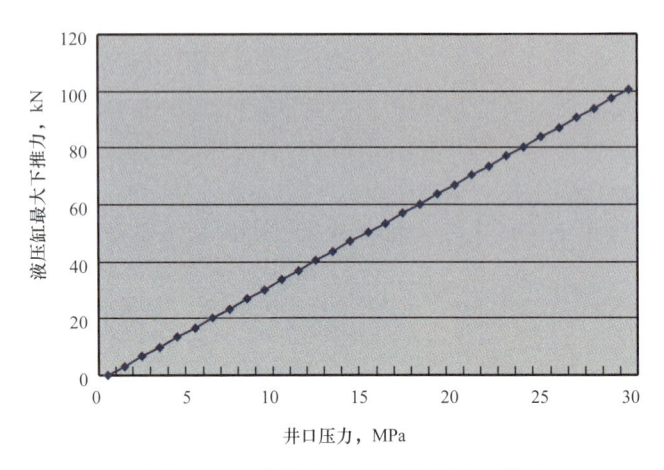

图 4-11　不同压力下液压缸最大下推力

（3）油管抗挤压载荷计算。

① 无轴向应力。

无轴向应力时油管挤毁压力计算公式为：

$$p_{yp} = 2Y_p \left[\frac{(D/t)-1}{(D/t)^2} \right] \tag{4-3}$$

式中　p_{yp}——管柱无轴向应力时的油管挤毁压力，MPa；
　　　Y_p——油管屈服应力，MPa；
　　　D——油管外径，mm；
　　　t——油管壁厚，mm。

对于 J-55 油管，Y_p=379MPa；对于 N-80 油管，Y_p=551MPa。

② 轴向拉伸应力作用。

轴向拉伸应力作用下，油管的挤毁压力计算公式为：

$$p_{pa} = \left[\sqrt{1-0.75\left(\frac{S_a}{Y_p}\right)^2} - 0.5\frac{S_a}{Y_p} \right] p_{yp} \tag{4-4}$$

式中　p_{pa}——管柱在轴向应力下，油管挤毁压力，MPa；
　　　S_a——管柱轴向应力，MPa。

③ 油管本体屈服强度。

油管本体屈服强度计算公式为：

$$P_y = 0.7854(D^2 - d^2)Y_p \quad (4-5)$$

式中　P_y——油管本体屈服强度，N。

④ 油管内部屈服压力。

油管内部屈服压力计算公式为：

$$p = 0.875\left[\frac{2Y_p t}{D}\right] \quad (4-6)$$

式中　p——油管最小内屈服压力，MPa。

由式（4-1）～式（4-6）的计算结果，绘制出了不同规格和材质油管的允许载荷与挤毁压力关系曲线。在曲线上可确定带压作业油管的允许载荷。其中钢级 N-80 油管（油管外径 73.0mm，油管重量 9.67kg/m，连接 EUE）允许载荷与抗挤毁压力曲线如图 4-12 所示，钢级 J-55 油管（油管外径 73.0mm，油管重量 9.67kg/m，连接 EUE）允许载荷与抗挤毁压力曲线如图 4-13 所示。

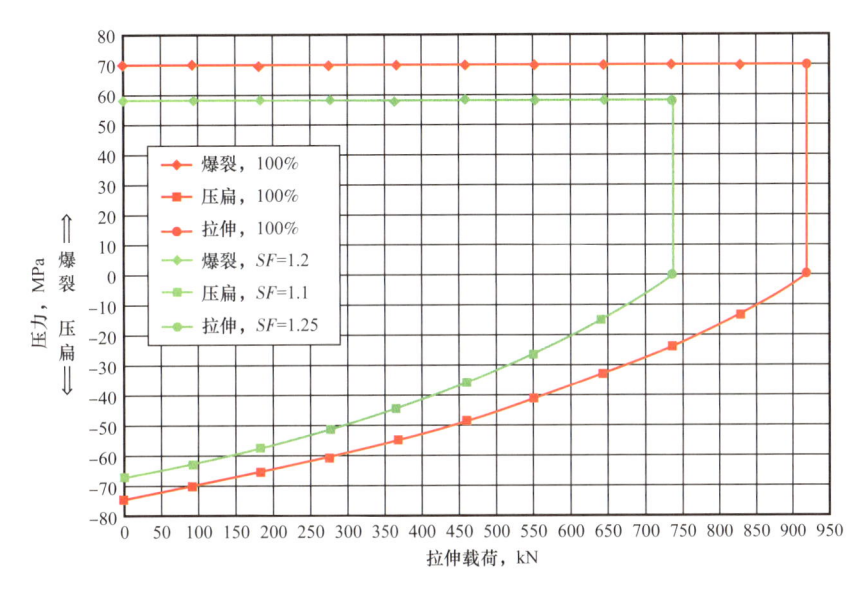

图 4-12　油管允许载荷与抗挤毁压力曲线（N-80）

（4）油管无支撑长度的计算。

油管无支撑长度是指游动卡瓦距最上密封防喷器之间的距离。

① 油管压弯时。

当油管压弯时，油管无支撑长度计算方式如下。

当无支撑油管的柔度 λ 不小于油管临界柔度 λ_c 时，按欧拉公式计算无支撑油管的临界应力：

$$\sigma_{cr} = \frac{\pi^2 E}{\lambda^2} \quad (4-7)$$

式中 σ_{cr}——无支撑油管的临界应力，如无支撑油管受到的应力大于临界应力，油管就会发生弯曲，MPa；

  E——油管的杨氏模量，MPa；

  λ——无支撑油管的柔度，反映了无支撑油管长度和尺寸相关的量。

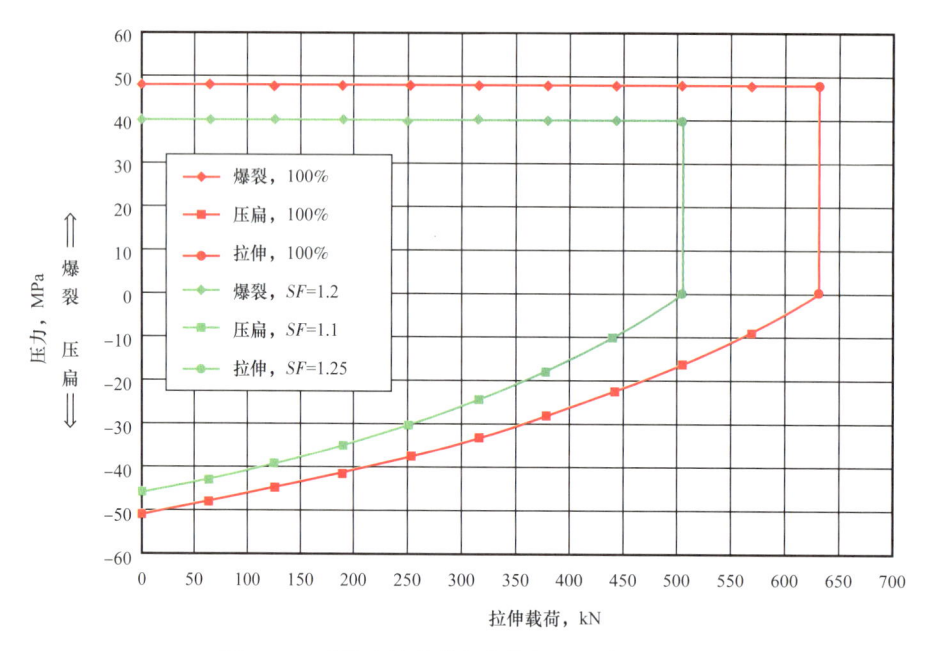

图4-13 油管允许载荷与抗挤毁压力曲线（J-55）

② 油管压堆时。

当油管压堆时，油管无支撑长度计算方式如下。

当无支撑油管的柔度 λ 小于油管临界柔度 λ_c 时，按经验公式计算无支撑油管的临界应力：

$$\sigma_{cr} = \sigma_s \left[1 - \alpha \left(\frac{\lambda}{\lambda_c} \right)^2 \right] \qquad (4-8)$$

式中 α，λ_c——与油管材质有关的常量；

  σ_s——油管的屈服强度，MPa。

③ 无支撑长度与压曲力关系曲线。

按两种油管柔度条件的公式，绘制出了不同规格和材质油管的对应无支撑长度与压曲力关系曲线。通过曲线可查出一种油管的一定下压力下的无支撑长度。

其中油管外径73.0mm，钢级J-55，连接EUE的油管的压曲力与无支撑长度关系曲线如图4-14所示，油管外径88.9mm，钢级J-55，连接EUE的油管的压曲力与无支撑长度关系曲线如图4-15所示。

2）带压作业机关键参数确定

集成式带压作业机性能参数见表4-1。

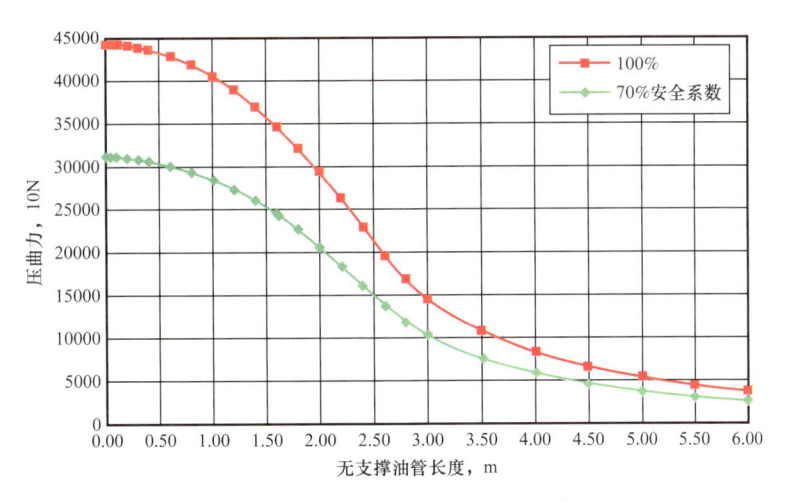

图 4-14 压曲力与无支撑长度关系曲线（油管外径 73.0mm）

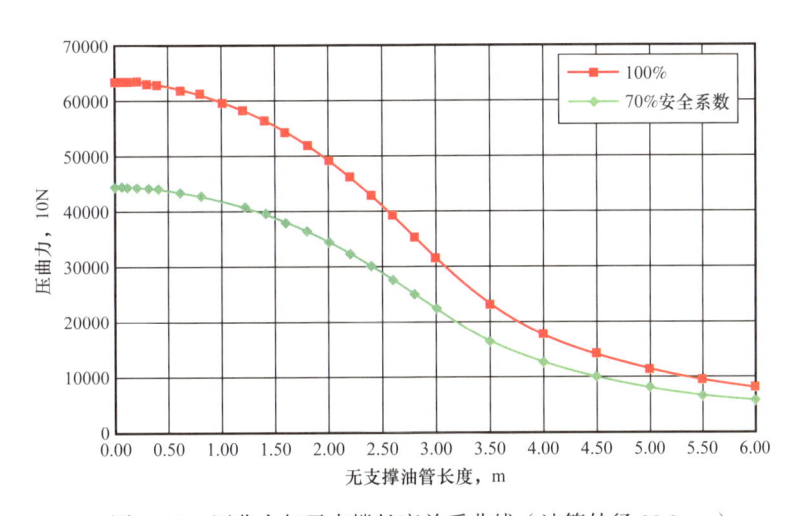

图 4-15 压曲力与无支撑长度关系曲线（油管外径 88.9mm）

表 4-1 集成式带压作业机性能参数

项目	参数	项目	参数	项目	参数
驱动形式	10×8	最大通径	186mm	修井深度	4000m（2$\frac{7}{8}$in 外加厚油管）
行车发动机	西康 440	静密封压力	21MPa	最大钩载	900kN
发动机功率	292kW	动密封压力	14MPa	额定钩载	600kN
作业发动机	CAT C11	额定上顶力	600kN	井架高度	24m
作业功率	287kW	额定下压力	400kN	最高限制车速	60km/h
整机承载	53t	导出工具长度	1.5m	液缸行程	2.4m 或 2.8m

3.现场试验及应用

集成式带压作业机在大港油田进行了十余次的试验，顺利实施了带压防砂、检串、钻塞、检泵、补层、下泵、补层重分注等多种作业工艺，最大解卡载荷达到500kN，最高试压压力21MPa，最高施工压力6MPa，平均单井作业周期8～12d。

以××井为例，该井为注水井，井深1268m，施工前油压4MPa，套压0.5MPa。2012年2月应用集成式带压作业进行带压检串作业。施工中油压、套压稳定在1.5～2MPa，套管接放压管线到储液槽，测得溢流量为18m³/h。作业过程中，共带压起下油管1117次，最大作业井深1264m，最大钩载40t，作业周期12d。先后完成了投堵、带压起下油管挂、起下油管、封隔器、换工具、带压洗井、通井、防砂等作业，通过该井次施工，验证了集成式带压作业修井机在带压、大溢流工况下，完成油管挂、油管、多种井下工具起下的功能，带压作业装置防喷器组、筒形防喷器、防顶卡瓦、举升油缸等部件工作可靠性得到了证明。尤其是集成动力、集成搬安、集中操作的技术优势在作业过程得到充分的发挥。

二、紧凑型带压作业机

紧凑型带压作业机是华北油田根据本油田实际情况在集成式带压作业机的基础上完善而成的，主要在以下方面进行了改进。

（1）双发动机配置，作业动力和行车动力分开。

（2）增加1个承载桥，整机承载能力强，可以携带较重的带压作业装置。

（3）井口组件中环形防喷器下部加装1台单闸板半封防喷器（图4-16）。

（4）井口装置底部连接法兰适用于350井口，并配备异形钢圈。

（5）更换2个锥形卡瓦为万能卡瓦。一台固定万能卡瓦，一台游动万能卡瓦，能够完成承重和防顶双向卡紧功能，游动、固定卡瓦配备互锁装置。

（6）安全防喷器组的远程控制采用外置或遥控控制，远程与司钻的功能切换采用先导方式。全封闸板操作阀设置防误操作装置。

图4-16 紧凑型带压作业机防喷器组示意图

（7）配备液压油管输送机接口。

紧凑型带压作业机的性能参数见表4-2。

表4-2 紧凑型带压作业机性能参数

项目	参数	项目	参数	项目	参数
驱动形式	10×8	最大通径	186mm	修井深度	4000m（$2^7/_8$in 外加厚油管）
行车发动机	东康37540	静密封压力	21MPa	最大钩载	900kN
发动机功率	275kW	动密封压力	14MPa	额定钩载	600kN

续表

项目	参数	项目	参数	项目	参数
变速箱	4500/BY502	额定上顶力	400kN	井架高度	24m
整机承载	45t	额定下压力	200kN	最高限制车速	45km/h
		导出工具长度	1.5m	液缸行程	2.4m或2.8m

第二节　油水井带压作业新技术

带压作业技术已在国内油田注水井上规模化应用，主要用于检串起下管柱作业。首先用堵塞器密封油管内的压力，然后将带压作业装置安装于井口，防喷器组密封油套环空，通过液压提升系统、井口密封系统相互配合起管串。后来逐渐拓展到低压油井、热采井和电泵井的不压井作业。

一、可控不压井技术

可控不压井作业技术是在带压作业技术的基础上，经过简化、改进和完善，形成的适合于低压漏失井和高压低渗透油藏井小修作业的作业技术。

1. 工艺原理

可控不压井以"井口零压力、作业机起下钻、井口控制为主、井下控制为辅"为原则，采用"井口、地面、井下"三级控制的作业原理。井口控制依靠可控不压井装置实现，地面控制采用套管放喷，井下控制通过封泵器和油管堵塞器防喷。

2. 带压作业装置、工艺管柱及关键工具

1）可控不压井装置

可控不压井作业装置（图4-17）由双闸板防喷器、筒式环形防喷器、固定式井口封井器等组成。在作业时，用固定式井口封井器屏蔽抽油杆和油管环空的部分液体，油管内流体通过地面四通进入工程罐，实现起下抽油杆作业；用封泵器或油管堵塞器堵塞油管内孔，用筒式防喷器密封油管和套管环空，套管内流体通过井口采油树进入工程罐，实现起下油管作业；用双闸板防喷器处理空井筒和出现异常情况时封井。

2）可控不压井作业完井工艺管柱

（1）杆式泵不压井完井工艺管柱。

杆式泵不压井管柱结构自下而上为：丝堵+尾管+气锚+封泵器+杆式泵泵座+油管。杆柱结构自下而上为：捅杆+杆式泵+加重杆+抽油杆。

上次上修时，通过压井或在抽油杆防喷控制器和油管堵塞器及可控不压井作业装置配合控制下起出杆管，完井时下入封泵器和气锚等井下控制工具，下泵捅开活门投产，下次上修直接上提杆柱就能实现油管空间的关闭。

（2）射孔—完井一体化不压井完井工艺管柱。

射孔—完井一体化不压井管柱结构自下而上为：引鞋+射孔枪+起爆器+气锚+多功能堵塞器+杆式泵泵座+定位校深短节+井口封井器。杆柱结构自下而上为：捅杆+杆式泵+加重杆+抽油杆+光杆。

在地面及井口不压井装置控制下完成射孔前所有工序，投棒射孔，能喷则自喷投产，不喷则安装防喷管，下电缆打捞出芯筒，起下管柱至完井深度，下泵及捅杆捅开活门投产。

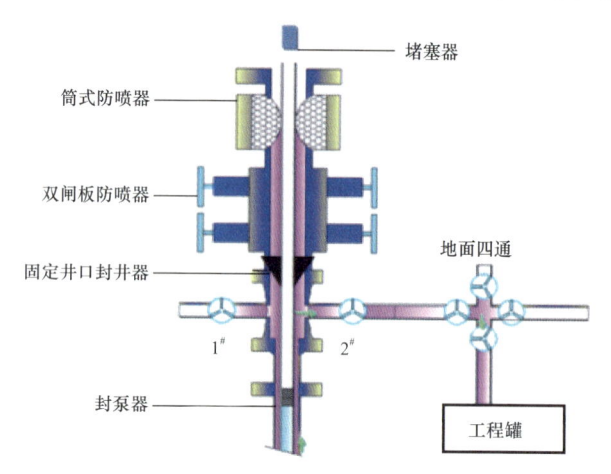

图 4-17　可控不压井装置组成

3）关键工具

（1）固定井口封井器。

固定井口封井器（图 4-18）在内挂和外挂之间采用软金属密封，胶筒采用特制橡胶并内嵌钢丝骨架和圆弧性结构，起密封油套环空和悬挂油管的作用。

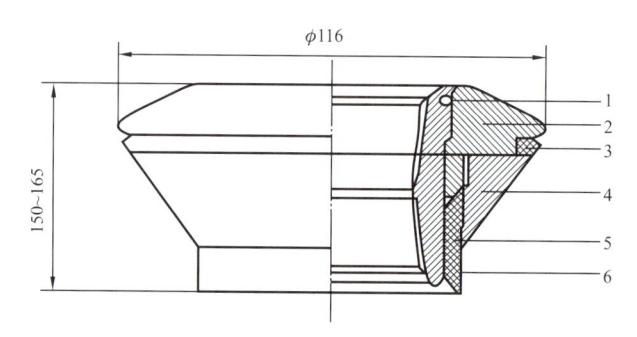

图 4-18　GDF 型固定型井口封井器结构示意图

1，3—"O"形圈；2—上壳体；4—下壳体；5—悬挂体；6—胶筒

（2）封泵器。

封泵器（图 4-19）采用活门结构，锥面铜垫圈密封，活门弹簧进行特殊抗腐蚀处理以提高活门的回缩性能。

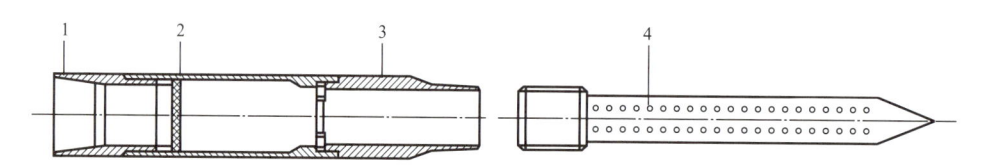

图 4-19　封泵器结构示意图

1—上接头；2—活门；3—下接头；4—捅杆

（3）多功能堵塞器。

多功能堵塞器（图4-20）实现了投棒射孔、自喷投产和油管控制的多重功能，该工具的关键是芯筒与泵座和射孔棒打捞通径的配套。

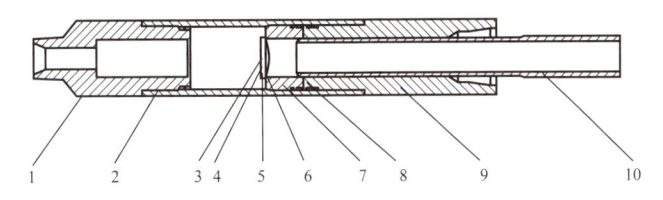

图4-20 多功能堵塞器结构示意图

1—下接头；2—工作筒；3—活门；4—弹簧；5—销轴；6—密封套；
7—活门座；8—密封圈；9—上接头；10—捅杆

3. 现场试验

目前在辽河、大港、吐哈、新疆油田已应用百余井次。以××井为例，该井为一口高产井，2010年2月完钻，主力油层渗透率为623D，属于低压高流度比油藏，日产油8.6t。2010年7月检泵作业，清水30m³压井漏失20m³，作业后日产油下降至4.0t，3个月后恢复至6.6t，恢复率仅为75%。该井于2012年3月进行可控不压井作业，当天就恢复产量，日产油达8.0t，恢复率达121%。通过该井两次检泵作业后产量分析对比，利用可控不压井作业缩短恢复期90d，累计增油360t。

二、热采井带压作业技术

稠油油藏普遍采用注蒸汽的开采方式，进行压井作业时压井液容易进入地层，吸收地层热量，降低开采效果，热采井带压作业技术能够解决这个问题。

1. 工艺原理

该技术主要由热采井带压作业装置、井下封控技术和循环降温配套技术组成。采用井下和地面相结合的控制方案，即井下通过封控技术实现井内注汽、循环降温和油层保护功能；地面通过带压作业装置控制隔热管起下，提高热采井不压井作业施工的安全性。

2. 带压作业装置、工艺管柱及关键工具

1）带压作业装置

由防喷器组、过渡管、强行起下装置、编程传感记录系统、电（液）动力控制系统、冷却系统、作业平台、液压装运橇组成，作业时与修井机配合使用。防喷器组由球形万能防喷器和双闸板防喷器组成，球封、自封胶芯及防喷器闸板胶件、密封圈等在内的各类密封元件均采用耐高温、耐油、耐腐蚀的氟橡胶。

技术指标：工作压力7或14MPa，最高工作温度200℃，井口油管温度低于60℃。

2）热采井工艺管柱

热采不压井作业工艺管柱结构自下而上为：防砂管柱+高温高压井下开关+注汽丢手封隔器+插入密封装置+井下补偿器+隔热油管，如图4-21所示。

高温高压井下开关与注汽丢手封隔器等其他配套工具连接，在下井注汽和采油时，井下开关的通道一直处于开启状态；当油井作业时，上提管柱，井下开关换向后，在弹簧力的作用下自动关闭；油井需要再次注汽时，下入注汽管柱，井下开关在捅杆的作用下换向、开启。如此反复启、闭，可以避免压井作业，减少作业过程中洗井、压井等工序对地层造成的冷伤害，并保护油层和套管。

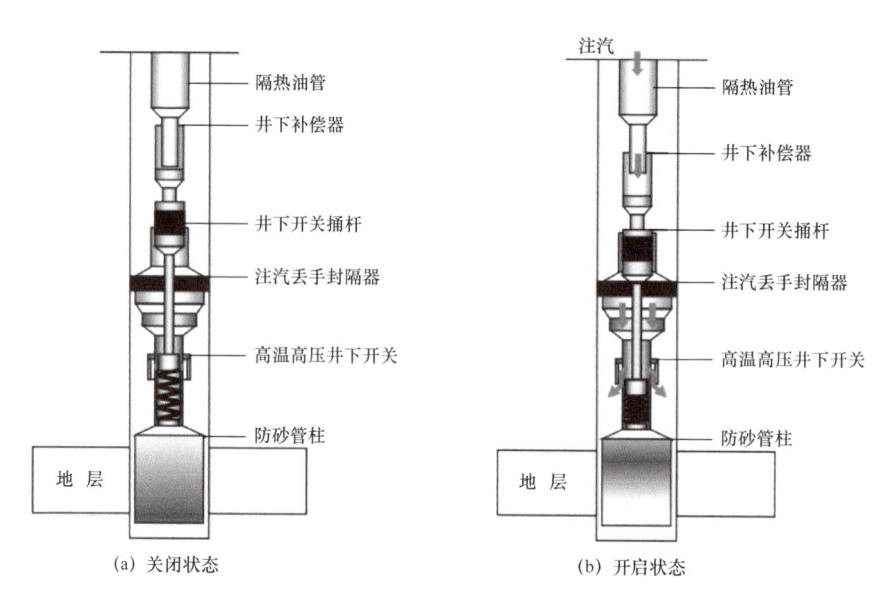

图 4-21 热采不压井作业工艺管柱

3）关键工具

（1）井下开关。

高温高压井下开关由上接头、外管、压帽、密封总成、密封套、护罩、轨道管、轨道销钉、弹簧和下接头等组成，如图 4-22 所示。

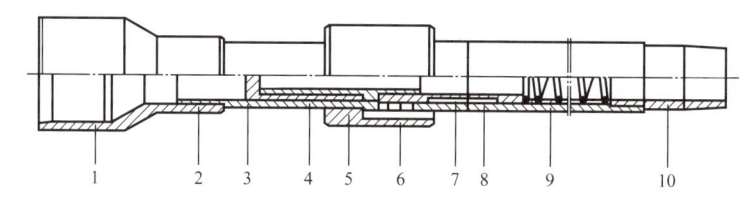

图 4-22 高温高压井下开关结构

1—上接头；2—外管；3—压帽；4—密封总成；5—密封套；6—护罩；7—轨道管；
8—轨道销钉；9—弹簧；10—下接头

（2）井下开关捅杆由上接头、密封总成接头、内管、密封总成、下接头和导向头组成，如图 4-23 所示。

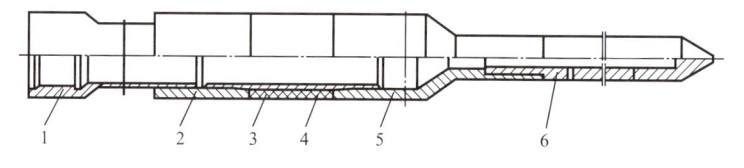

图 4-23 高温高压井下开关捅杆结构

1—上接头；2—密封总成接头；3—内管；4—密封总成；5—下接头；6—导向头

高温高压井下开关采用机械式启闭，通过捅杆推动井下开关内部弹簧的伸缩以及轨道销钉在轨道管内的滑动来实现，如图4-24所示。

油井注汽时，井下开关处于开启状态，蒸汽可以通过外管上的通道进入封隔器以下的油套环空内，弹簧处于压缩状态，轨道销钉位于轨道管短轨道的下死点。当油井作业需要关闭井下开关通道时，将井下开关捅杆与注汽管柱连接下入井内，捅杆推动井下开关的压帽，带动轨道管下行，轨道销钉在轨道管内滑动，弹簧进一步压缩，直到轨道销钉通过换向轨道由轨道管的短轨道换到长轨道，轨道管、密封套和压帽等在弹簧力作用下上行至长轨道的下死点，外管上的通道被轨道管密封，井下开关处于关闭状态。打开开关时，采取同样的办法，用捅杆推动压帽，使轨道销钉通过换向轨道由轨道管的长轨道换到短轨道，从而开启注汽通道。通过捅杆推动井下开关内部弹簧的伸缩以及轨道销钉在轨道管内的滑动，实现井下开关的反复启闭。

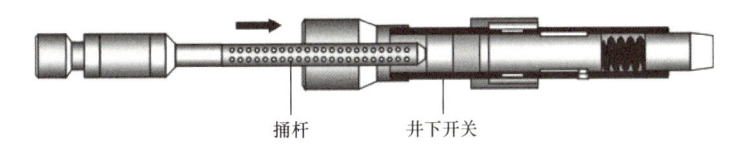

图4-24　通过捅杆控制井下开关启闭示意图

（3）Y341油管桥塞。

Y341油管桥塞可满足常规外接箍油管堵塞，采用连续油管将工具带入井下，打压坐封，具有防顶作用。该桥塞耐压达7MPa，耐温达200℃，如图4-25所示。

图4-25　Y341油管桥塞实物图

3. 现场试验及应用

热采井不压井作业技术在辽河、新疆油田开展了10余井次的试验及应用。施工中井下封控工具将注入蒸汽封闭于油层内，地面热采井不压井作业装置安全起出隔热管柱。平均缩短注汽焖井转抽时间10d，减少注汽损失10%，减少了进入地层的洗井液，最大限度地保护了油气层。

三、电泵井带压作业技术

电泵井带压作业是指在电泵井内存在压力的状况下，不放喷、不压井起下带电缆管柱的一种施工方法。由于带电缆管柱密封难度大，起下管柱过程中需要解开或绑定电缆卡子，常规带压作业装置和技术无法适应。大庆油田研发了电泵带压作业机，并进行改进和完善，可以满足5MPa密封压力下起下带电缆管柱需要[6]。

1. 电泵井带压作业装置

1）装置组成

电泵井带压作业装置主要由井口控制系统、动力系统、液压控制系统和辅助系统4部分组成，如图4-26所示。

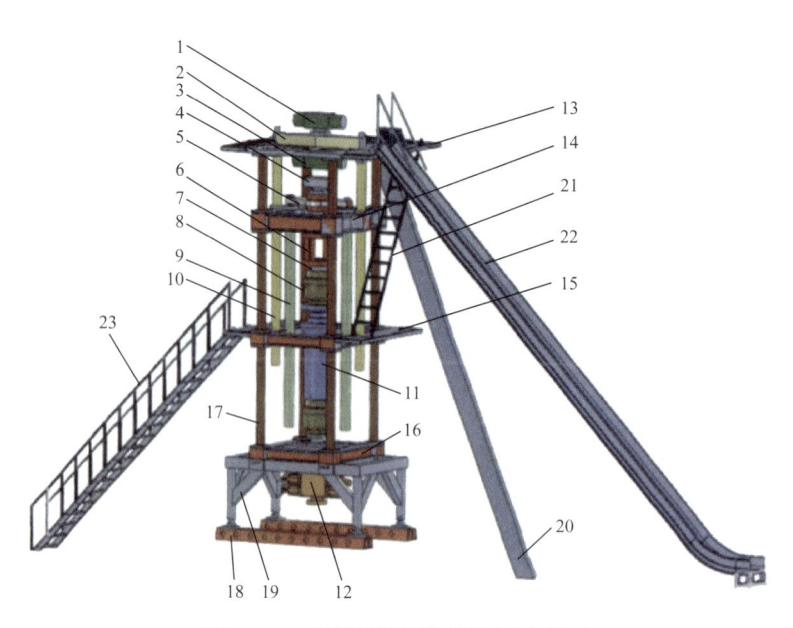

图 4-26 电泵井带压作业装置示意图

1—上固定万能卡瓦；2—固定横梁；3—下固定万能卡瓦；4—承重卡瓦；5—被动转盘；6—取电缆短节；7—泄油桶；8—上环形；9—内侧游动油缸；10—外侧固定油缸；11—高压密封伸缩节；12—闸板防喷器；13—高空平台；14—上平台；15—中平台；16—下平台；17—下环形四支柱；18—胶座；19—胶部支撑；20—油管滑道；21—高空平台梯子；22—逃生滑道；23—中平台梯子

2）关键技术

（1）前密封波浪式球形胶芯密封技术。

该技术有效解决了外附电缆管柱密封问题。前密封波浪式球形胶芯（图4-27）高215mm、厚110mm、容胶量25kg，内层采用波浪状设计，胶芯受挤压后加厚的橡胶挤入电缆与管柱之间的细小缝隙，实现对电缆及管柱的密封。

球形胶芯环形防喷器密封原理：活塞受到液压油的推力作用垂直向上运动，活塞上行，将推力传递给胶芯，胶芯被迫向井口收拢，直到胶芯完全抱住管柱，实现密封井口的目的。前密封波浪式球形胶芯内层采用波纹状设计，使防喷器工作时，在胶芯密封段可以实现多段分割密封，每个分割密封段内又存在线密封，从而保证不规则管柱的密封。该胶芯对带电缆油管的环空密封压力可达到7MPa。

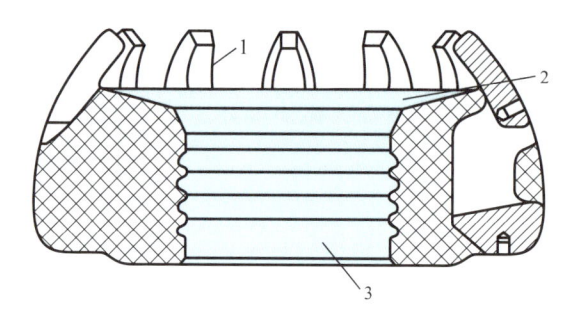

图 4-27 前密封波浪式球形胶芯结构示意图

1—金属骨架；2—顶密封；3—前密封

（2）无相对运动带压起下技术。

由于电泵井管柱上附有电缆及卡子，若强行通过防喷器，将会刮坏防喷器胶芯，使密封失效，且损伤电缆。只有当管柱与防喷器胶芯之间无相对运动，才能保证起下管柱全程的密封，为此研制了具有随动密封功能的高压密封伸缩节，如图4-28所示。高压密封伸缩节采用三级伸缩设计，内通径为186mm，伸缩总行程为3.4m，安装在上下两个环形防喷器之间，在油管起下时，可以在高压密封的条件下随着油管的升降而伸缩，从而实现在起下油管和电缆的过程中，油管和电缆与防喷器密封胶芯之间没有相对运动。可在高压密封条件下伸缩，从而实现管柱与胶芯间无相对运动，解决卡瓦损坏电缆问题。

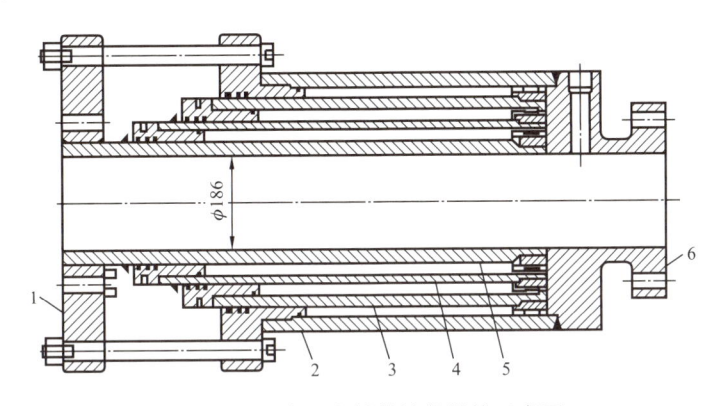

图4-28 高压密封伸缩节结构示意图

1—上法兰；2—外壳体；3—三级伸缩壳体；4—二级伸缩壳体；5——级伸缩壳体；6—下法兰

（3）电缆及卡子取出技术。

取电缆短节，如图4-29所示，主要由上、下法兰组成，上、下法兰之间由4个刚性支柱支撑，为取出电缆预留空间。取电缆短节安装在电泵井带压作业装置最上面的防喷器之上、游动卡瓦之下，在高压密封伸缩节下落过程中，操作人员可以通过取电缆短节拆卸电缆及卡子。

2. 现场试验情况

该技术在大庆油田试验6口井，在周围注水井未停注、试验井未进行放溢流降压和压井条件下，电泵井带压作业装置实

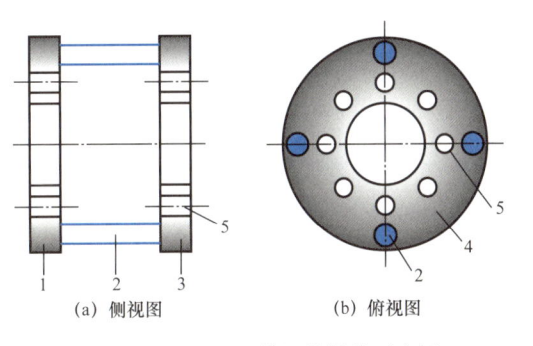

图4-29 取电缆短节结构示意图

1—上法兰；2—刚性支柱；3—下法兰；
4—法兰面；5—螺栓孔

现了油套环空的密封和带电缆管柱的正常起下。尤其在××井，在井口压力为5MPa、电缆有破损和弯曲、电缆卡子不全的情况下，前密封波浪式球形胶芯环形防喷器密封良好，电缆和管柱从取电缆短节正常分离。

第三节 气井带压作业新技术

由于气井防喷器密封性能要求高，国内带压作业装置主要针对油水井，因此前期通过引进加拿大S-9带压作业装置，主要开展了7MPa以下气井光油管带压起下试验，后来逐步形成了针对复杂管串和腐蚀损坏井口的带压切割技术、带压钻孔及冷冻暂堵技术，解决

复杂井况的气井带压作业。

一、复杂管串带压切割技术

低渗透气田开发多采用试气生产一体化管柱完井，且气田普遍发育多套含气层系，均采用分层合采完井管柱，管柱上往往连接多个封隔器、水力锚等大直径工具[7]。部分气井管柱长期受井筒液体的浸泡、腐蚀，封隔器胶皮溶胀或者不解封，因管柱变形、砂埋等而卡钻。为了避免永久式油管桥塞坐封后出现管柱无法提动致使带压修井无法顺利开展的问题，现场作业一般采取先打电缆投送可捞式油管桥塞，后试提管柱的措施来规避卡钻及永久式桥塞带来的后期气井无法正常生产的问题。

气井带压作业工艺流程是：油管内投堵可捞式油管桥塞→安装带压装置→试提→导油管悬挂器→带压起原井管柱→带压下完井管柱→下油管悬挂器→拆带压装置、坐井口→打掉油管堵塞器、完井。

分层合采试气生产一体化管柱和腐蚀穿孔管柱的带压起钻作业主要的技术难点有大直径工具串内径小、小直径油管桥塞无法通过工具串封堵、漏点难以确定及漏失管柱无法采用桥塞完全封堵等问题。针对此类复杂管柱的带压起出难题，研发了在带压作业装置内进行分段切割、逐级起出的带压切割气井复杂管串带压打捞工艺。

1. 工艺原理

带压切割工艺就是在带压作业装置中加入带压切割装置，将无法实施内封堵的管串组合起至切割装置上部、环形防喷器下部，利用切割刀具在装置内逐段切割，切割完成后起至全封防喷器上部，关闭全封，带压起出切割掉的油管，下带压密封捞矛打捞切割掉的油管鱼头，逐级起出复杂管柱。

2. 带压切割装置

气井带压切割装置（图4-30）主要由上壳体、下壳体、刀架、扶正轮、刀头、复位弹簧、旋转座、轴承、齿轮、主动轴、冷却环以及密封件组成，在上壳体、下壳体、刀架、刀头及旋转座形成的空腔内充满液压油。

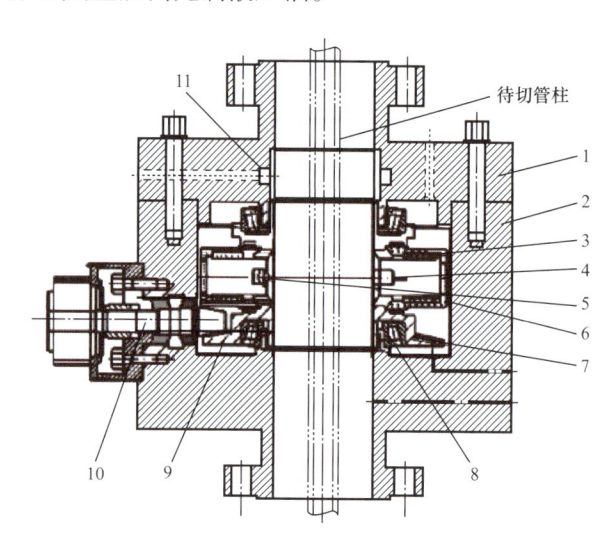

图4-30 井口带压切割装置结构示意图
1—上壳体；2—下壳体；3—刀架；4—扶正轮；5—刀头；6—复位弹簧；7—旋转座；
8—轴承；9—齿轮；10—主动轴；11—冷却环

二、带压钻孔技术

当遇到井口主控阀因腐蚀、磨损严重而无法打开或套管（油管）需要建立压力通道等井口故障时，可以利用带压钻孔装置在密闭空间内钻取一定规格的孔径后再作业。

1. 工艺原理

带压钻孔技术的原理是利用带压钻孔装置和有效密封、放喷流程，在压力管路或承压闸阀上实施带压开孔，为后期作业的开展提供有利条件。

2. 带压钻孔装置

带压钻孔装置（图4-31）主要由远程控制系统、操作台、钻孔机3部分组成，如图4-31所示。

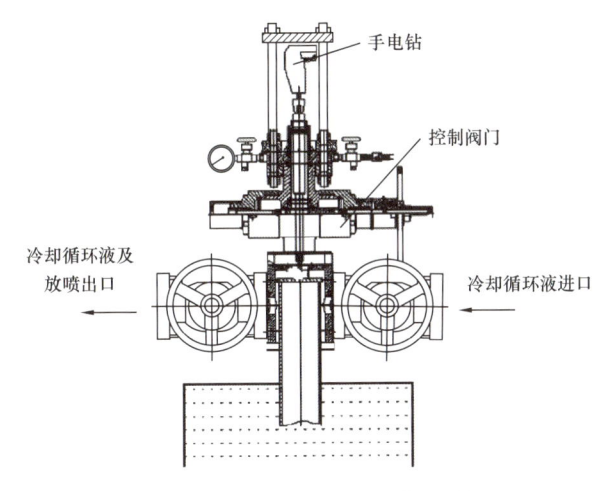

图4-31 带压钻孔井口装置图

3. 现场试验

四川地区利用带压钻孔技术成功解决了多口井的安全隐患治理难题，在不影响生产的情况下完成了带压钻孔、更换阀门工作。××井于1988年完钻，完钻井深3329.28m。生产过程中发现1#闸阀在H_2S氢脆效应下，丝杆与闸板已经脱离，无法开关，于是该井采用套管采气。为安全更换1#闸阀，使用了远距离带压钻孔技术，钻穿1#闸阀（测得油压12MPa），打通油管内通道后，顺利下入油管堵塞器，安全、快速地更换掉1#闸阀。图4-32为该井带压钻孔施工装置示意图。

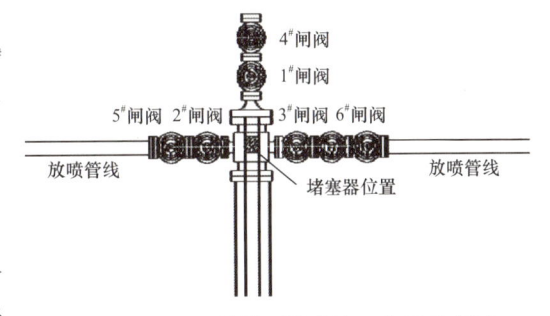

图4-32 ××井带压钻孔施工装置示意图

三、冷冻暂堵技术

冷冻暂堵技术引进于加拿大SNUBCO公司，可暂时封堵套管环空和油管，能进行井口更换和维护等操作。

1. 工艺原理

该技术是通过在表层套管周围安装冷冻盒并在冷冻盒内加入冷冻剂（通常是干冰），

然后通过液压系统将暂堵剂逐层注入各层套管环空和油管内部，经冷冻一定时间后，就可以同时将多层套管环空和油管内部暂时封堵。冷冻暂堵设备如图4-33所示。

冷冻暂堵技术主要有以下特点。

（1）可以在环境温度为-35~50℃的条件下，同时暂堵多层套管环空和油管内部。

（2）暂堵成功后，安全系数高，如果一直保持冷冻剂在冷冻盒内，暂堵将一直保持温度在-70℃左右。

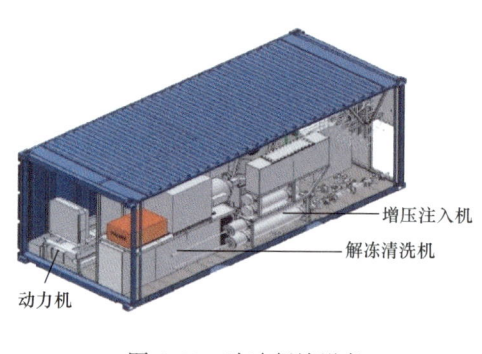

图4-33 冷冻暂堵设备

（3）解堵方便，拆除冷冻剂后，可人为加热升温解堵或自然升温解堵，否则将一直处于暂堵状态。通过放喷可排出暂堵剂，恢复采气。

（4）暂堵压力较高，最高工作压力为70MPa。暂堵后，反向试压压力至少按关井压力的2倍来试压。

2. 现场试验

冷冻暂堵技术在四川气田、新疆油田均有成功应用。

1）冷冻暂堵技术成功解决了××井采气井口装置的安全隐患

××井于1987年12月24日完钻，产层为C_2h_1，酸化后获气$1.65 \times 10^4 m^3/d$，天然气中H_2S含量为$6.30 g/m^3$，1994年3月4日投产，是一口油管、套管合采井。施工前关井油压为5.6MPa，关井套压为5.6MPa，井口为KQ65-60采气井口装置。其中井口装置除1#、2#、3#、4#号阀门，均存在多处锈蚀泄漏。冷冻盒安装示意图如图4-34所示。

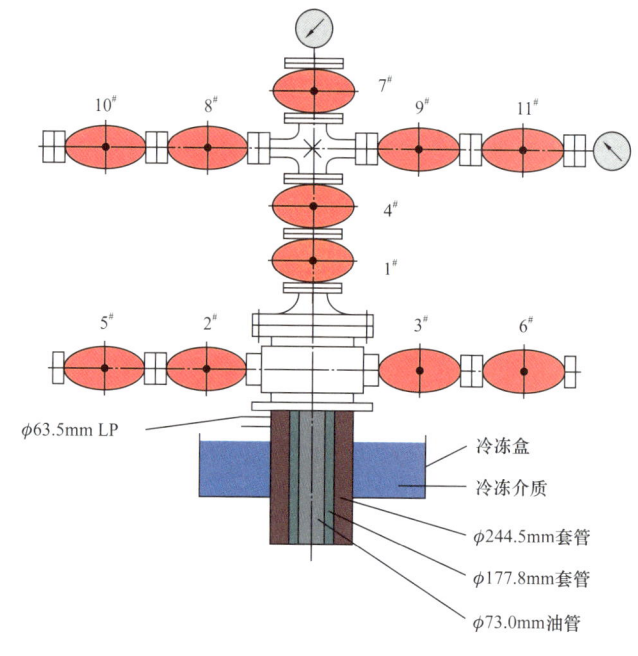

图4-34 冷冻盒安装示意图

2）冷冻暂堵技术成功更换××井采气井口装置的安全阀门

××井是一口高压气井，油管、套管压力均为35MPa。该井有3层套管，井身结构为：339.7mm 表层套管 ×497.85m；244.48mm 技术套管 ×3125.5m；177.8mm 油层套管 ×3627m；73mm 油管 ×3593.35m。该井总阀门及右侧套管阀门损坏，需要更换。

设计膨润土与水的比例为 2∶1（质量比），段塞长度为 1.4m，冷冻盒为直径 914.4mm（36in）、高 1400mm 的圆柱空间。

四、油管堵塞新技术

带压作业技术简单归纳即由两部分组成：管内堵塞技术和管柱控制装置（带压作业设备）。管内堵塞技术是带压作业施工的前提和关键。

在应用带压作业装置进行油水井带压起下管柱作业的过程中，经过不断改进完善，形成了水力式、钢丝、电缆、自由投送等适应不同管柱结构的油管封堵工艺及其堵塞工具，基本能够满足井口 21MPa 以下常规油管的封堵，如图 4-35 所示。

(a) 水力式油管堵塞器　　(b) 钢丝投送油管堵塞器
(c) 自由投送油管堵塞器　　(d) 电缆投送油管桥塞

图 4-35　常规油管堵塞器示意图

常规的油管堵塞工具只能实现封隔器、配水器等工具上油管的封堵，这些大直径小通径工具及其以下油管只能放压起出或在带压作业装置内倒换防喷器组合分段起出，放压起出不能实现全程带压作业，分段起出则极大地影响了施工效率。因此，通过研制小直径堵塞器及预置式堵塞器等关键工具，形成了过工具油管堵塞技术和完井管柱预置堵塞技术，解决了以上问题。

1. 过工具油管堵塞技术

过工具油管堵塞主要是指注水井带压作业时封隔器和配水器及其以下油管的封堵。

1）过配水器油管堵塞器

（1）工作原理。

采用钢丝投送方式达到预定位置，上提利用3个支撑锚爪卡在油管接箍与油管本体间隙中，随着堵塞器矛体上行，上下正反卡瓦工作，锚定在油管内壁，同时将底部胶筒压缩胀封，达到封堵目的。

（2）结构组成。

过配水器油管堵塞器实物图如图 4-36 所示。

（3）性能特点。

① 堵塞器本体外径 42mm，可以实现通过井下工具封堵任意一个封隔器。

② 能够实现 21MPa 油管内封堵。

图 4-36 过配水器油管堵塞器实物图

③对井筒要求较高,如果井内有钢丝或有落物则无法实现有效堵井。

2)封隔器堵塞器

(1)工作原理。

用钢丝绞车将工具送入到管柱上需要封堵的封隔器下部。然后上提工具,工具的锁轮挂开后,卡瓦动作并将封堵器牢固地固定在封隔器的内孔后,继续上提工具使胶筒胀封,从而对封隔器内孔进行封堵。

(2)结构组成。

封隔器堵塞器实物图如图 4-37 所示。

图 4-37 封隔器堵塞器实物图

(3)性能特点。

①堵塞器本体外径 42mm,可以实现通过井下工具封堵任意一个封隔器。

②能够实现 21MPa 油管内封堵。

③对井筒要求较高,如果井内有钢丝或有落物则无法实现有效堵井。

2. 完井管柱预置堵塞技术

在可控不压井技术和热采井带压作业技术中已提及两种机械启闭式油井完井管柱预置堵塞工具。可控不压井完井时,一般在油管抽油泵泵座下部安装封泵器,下油管时封泵器活门关闭防喷,抽油泵下部安装捅杆,下抽油杆时捅杆捅开活门生产,高温高压井下开关采用机械式启闭,通过捅杆推动井下开关内部弹簧的伸缩以及轨道销钉在轨道管内的滑动来实现启闭,下次检泵时起抽油杆活门关闭封堵油管。热采井带压完井时,在油管上安装高温高压井下开关,在下井注汽和采油时,井下开关的通道一直处于开启状态;当油井作业时,上提管柱,井下开关换向后,在弹簧力的作用下自动关闭;油井需要再次注汽时,下入注汽管柱,井下开关在捅杆的作用下换向、开启。下面介绍多功能双作用阀+预置工作筒[11],主要用于注水井带压完井管柱。

1)管柱组成

带压作业分层注水工艺管柱自下而上为:丝堵+筛管+多功能双作用阀+预置工作筒+1 根尾管+配水器 1+油管+封隔器 1+配水器 2+油管+封隔器 2+…+油管+配水器 n+油管+封隔器 n+油管至井口,其中 n 为注水层数。配水器、封隔器的数量与注水层数相同,封隔器 1~封隔器 n-1 设计在注水层间夹层,封隔器 n 一般设计在配水器 n 以上 1 根油管处,所有封隔器、配水器设计时应避开套管接箍。目前,长庆油田主要以两层分注工艺（即两封两配）为主，其工艺管柱如图4-38所示。

2）工作原理

带压作业下钻时，各配水器均安装死嘴子，多功能双作用阀封堵油管实现反向防喷（地层水不能从油管返出）；完钻后，从油管打压坐封各封隔器，当油套压差达4～5MPa时多功能双作用阀换向实现正向封堵（油管水不能进入地层），然后将各配水器换成设计的注水水嘴，即可进行正常注水和反洗井；需要再次带压作业时，先把各配水器换死嘴子，并投放与预置工作筒配套的堵塞器封堵油管，实现全程带压作业，如图4-39所示。

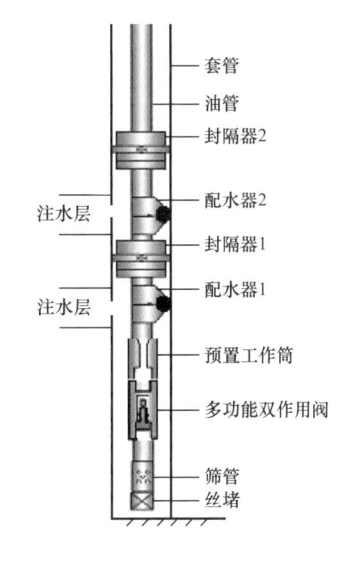

3）关键工具

（1）多功能双作用阀。

多功能双作用阀主要由上接头、挡板、钢球、密封杆、球座、密封圈、剪钉等部件组成，如图4-40所示。从油管内打压，当压差达到4～5MPa时实现正向封堵，满足分注和反洗井要求。

图4-38 带压作业分层注水工艺管柱

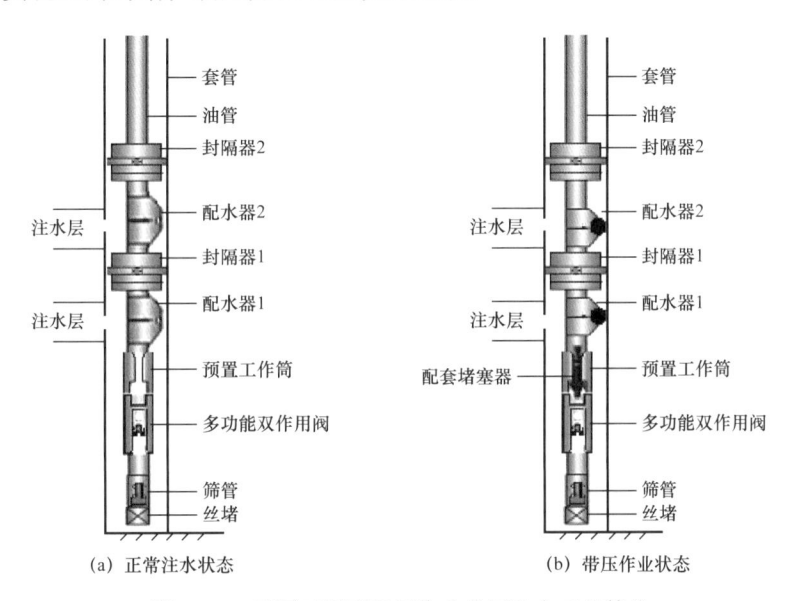

(a) 正常注水状态　　(b) 带压作业状态

图4-39 不同工况下带压作业分层注水工艺管柱

（2）预置工作筒及配套堵塞器。

预置工作筒内部设计了定位台肩、密封段及卡台，配套堵塞器主要由剪切环、锁紧剪钉、芯轴、密封胶筒、胶筒座防护套、连接销、弹簧等零部件组成，如图4-41所示。预置工作筒随管柱和多功能双作用阀一起下钻，再次带压作业时从井口投放配套堵塞器至预置工作筒，机械震击剪断剪切剪钉，依靠井底压力密封胶筒坐封实现封堵；当带压作业起出油管后，利用配套工具解封。预置工作筒内通径38mm，配套堵塞器最大刚体外径42mm，能够通过封隔器及配水器。

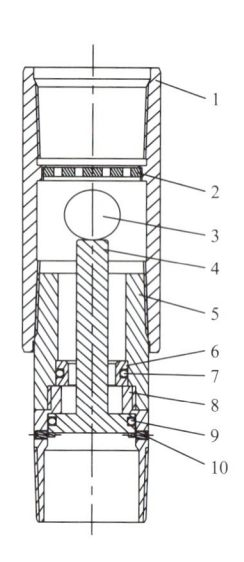

图 4-40　多功能双作用阀

1—上接头；2—挡板；3—钢球；4—密封杆；5—连接套；6—球座；7—密封圈；8—下接头；9—"O"形圈；10—剪钉

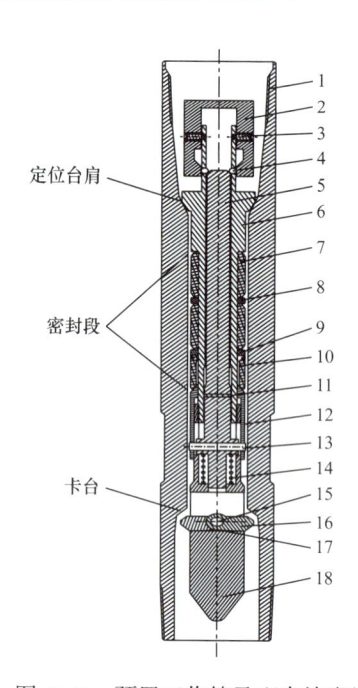

图 4-41　预置工作筒及配套堵塞器

1—预置工作筒；2—剪切环；3—锁紧剪钉；4—钢球；5—芯轴；6—上中心管；7—密封胶筒；8—隔环；9—胶筒座；10—预密封胶筒；11—密封圈；12—防护套；13—连接销；14—弹簧；15—转轴；16—锁块；17—转簧；18—下中心管防护套

4）现场试验

带压作业分层注水工艺已在长庆油田 12 口井顺利开展现场试验，下面以××井为例进行说明。

该井为两层分注井，井深 1948.1m、油管压力 14.2MPa、最大井斜角 16°、实测井下温度 73℃、注水层位长 6m，完井管柱自下而上设计为：丝堵+筛管+多功能双作用阀+预置工作筒+1 根尾管+偏心配水器 1+3 根油管+Y341 封隔器 1+2 根油管+偏心配水器 2+1 根油管+Y341 封隔器 2+油管至井口。带压作业下钻过程中，多功能双作用阀密封可靠，下钻至设计位置后安装注水井口，用水泥车从油管加压，15MPa 时封隔器坐封，18.6MPa 时多功能双作用阀顺利换向，调配后正常注水；在检串周期内共实施调配 8 次，反洗井 10 次，均能正常配合施工作业；2011 年再次实施带压作业，将偏心配水器水嘴捞出更换为死嘴子后，从井口将与预置工作筒配套的堵塞器自由投入油管内，封堵成功，作业过程中堵塞器均密封良好。该井第二次带压作业占井时间较前次减少 5d，减少油管堵塞器投堵 3 次，节约工具费用 1.2 万元及投送施工费用 0.9 万元，总计 2.1 万元。

参 考 文 献

[1] 董井山.车载带压作业修井机一体化研究[D].长春：吉林大学，2013.
[2] 陈东升，许云春，崔彦立.低压油气井不压井作业技术的开发与应用[J].石油矿场机械，2008，37（8）：60-63.

［3］李彦武，王双玲，翟小红．油气井可控不压井作业技术在吐哈油田研究与应用［J］．中国石油和化工标准与质量，2014（7）：196.

［4］张康卫，袁龙，彭军，等．可控不压井作业技术研究与应用［J］．科技视界，2012（34）：119-120.

［5］范海涛，曾晓建，赵延茹，等．稠油热采不压井作业工艺管柱［J］．石油矿场机械，2008，37（1）：69-72.

［6］王秀臣，王雷．电泵井带压作业装置研究［C］．采油工程文集，2015（4）：51-54.

［7］谢涛，杨红斌，徐迎新．带压切割气井双封分压管柱工艺技术［J］．石油机械，2015（8）：107-109.

［8］刘忠飞，何世明，黄桢．四川地区气井井口隐患治理技术与应用［J］．钻采工艺，2015（5）：1-4.

［9］黄桢，王锐，杜娟．冷冻暂堵带压换阀技术及应用前景［J］．天然气工业，2009，29（2）：79-83.

［10］郭南舟，秦本良，王美洁．新疆油田冷冻暂堵技术的研究与应用［J］．非常规油气，2016，3（3）：96-100.

［11］刘江波，白小佩，王效明，等．长庆油田带压作业分层注水工艺管柱［J］．断块油气田，2014，21（2）：259-261.

［12］段振云，于成辉，于光平．带压作业修井机油管管箍检测技术研究［J］．机械工程与自动化，2010（4）：128-130.

［13］刘涛．不压井修井机控制系统分析与设计［D］．成都：西南石油大学，2012.

［14］常玉连，张旭，高胜．国内外油套管接箍探测的发展概况［J］．石油仪器，2010，24（1）：1-3.

［15］刘立君，谭英杰．带压作业装置井口保温系统设计［J］．科学技术与工程，2009，9（7）：1857-1872.

［16］詹丽琴．高压注水井带压作业装置研究［D］．大庆：东北石油大学，2010.

第五章　连续管作业技术

连续管作业技术是一项推动石油工程技术产生"革命性"变化的新技术，它以一根能盘卷的连续数千米钢制管沟通地面与井底，替代油管、钻杆、钢丝绳或者电缆向井下传递动力、介质或信息，实现安全、高效、便捷、环保地修复井筒、录取资料、改造储层等作业。2006年之前，国内连续管作业技术完全依赖进口，发展缓慢。2006年起，通过国家和中国石油天然气集团攻关、试验、推广等一系列项目的一体化组织，中国石油连续管技术取得了丰硕的成果，形成了自主技术和产品，推动了国内技术的快速发展。2011年以来，中国石油天然气集团公司设立专项推广，取得了显著成效，"万能作业机"的功能得到充分体现，凭借其快速起下和不压井作业的天然优势，解决了页岩气水平井作业等生产难题，形成了快速修井技术工艺，连续管设备、工具和专用管材等自主产品实现系列化，工程技术自主服务能力也得到了全面的提升。

与常规作业技术相比，连续管作业技术的最大优势是快速起下和带压作业，随连续管装备技术的发展，连续管作业技术也得到了跨越式的发展，如快速修井作业在缩短施工周期和提高效率方面效果显著。水平井、气井的带压作业相比压井作业或常规带压作业的优势更加明显。

在"持续低油价、苛刻的环保要求、更复杂的作业条件"的局势下，加快进程、加大力度地追求效率、效益、安全环保，持续研究新型连续管作业机，开展快速修井技术、加大储层改造技术、优化和完善连续管完井技术以及水平井作业技术，促进井下作业方式的持续转变，充分发挥其降本增效的作用。

第一节　新型连续管作业机及其配套装置

一、国内外技术现状

连续管是用于石油工程作业可连续管缠绕在滚筒上的焊接管，它以一根能盘卷的连续数千米钢制管沟通地面与井底，实现安全、高效、便捷、环保地修复井筒、储层改造和钻井。能替代油管、钻杆、套管或者钢丝绳向井下传递动力、介质或信息。

连续管与常规的连接管相比，最主要的区别是：（1）连续管下入井中的是一整根管子，而常规连接杆下入井中一般由9m左右管子连接而成；（2）连续管外径相同，而常规连接油管有接头，外径比本体大。

因此，与传统的一般连接油管作业技术相比，连续管作业技术的主要优点是：（1）连续管起下速度快；（2）无人在井口连接，劳动强度小，安全；（3）作业过程不停泵，实现不间断循环液体，减少卡钻等井下事故；（4）可以连续拖动、活动管柱；（5）无介质泄漏，环保；（6）容易密封井口，实现全过程欠平衡和带压作业；（7）传递信息快捷、容量大和连续。

世界上第一台连续管作业机诞生于1962年，经历过"初期快速发展阶段""停滞阶段"和"扩大发展阶段"3个阶段，广泛应用于石油勘探开发的各个领域，被称为"万能作业机"。

经过几十年的发展，连续管作业机及配套技术发展较为完善，主要由注入头和导向器、滚筒、连续管、防喷器和防喷盒、动力系统、液压控制系统以及配套装置等组成，如图5-1所示。连续管作业机按照滚筒的运输方式分为车装式连续管作业机、橇装式连续管作业机和拖挂式连续管作业机，截至2015年年底世界上拥有连续管作业机2089台，历年连续管作业机数量如图5-2所示。

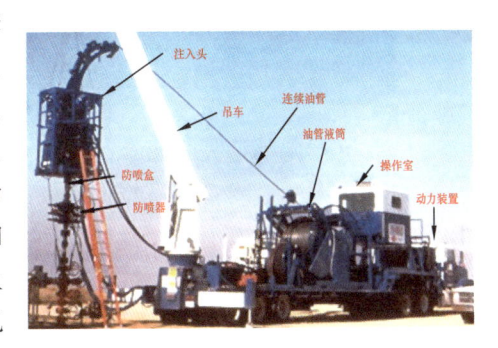

图5-1 连续管作业机

	1999年	2000年	2001年	2002年	2003年	2005年	2006年	2007年	2008年	2009年	2010年	2011年	2012年	2013年	2014年	2015年
全球总数量	761	807	841	1039	1049	1183	1323	1454	1616	1657	1851	1770	1799	2002	2026	2089
俄罗斯及独联体	30	30	30	70	78	80	110	118	162	196	213	214	226	250	257	276
远东	69	69	70	93	99	109	129	126	135	165	225	167	177	197	211	226
中东	106	106	106	129	130	137	146	179	168	169	196	150	167	196	201	209
拉丁美洲	91	91	91	107	107	115	123	131	138	142	206	202	207	276	251	242
欧洲/非洲	128	128	128	144	143	146	150	155	154	152	172	186	182	174	179	197
美国	217	229	224	280	253	265	295	299	419	455	441	494	531	568	601	612
加拿大	120	154	192	216	239	331	370	446	440	378	398	357	309	341	326	327

图5-2 全球连续管作业机的数量

连续管作业机的关键部件——连续管，长期被美国的QT公司、TENARIS公司和GLOBLE公司垄断，生产用于作业的连续管外径主要有25.4mm、31.8mm、38.1mm、44.5mm、50.8mm、60.3mm、66.7mm、73.0mm、88.9mm，常用的钢级有CT70、CT80、CT90、CT100、CT110，至2017年已经生产了CT130钢级的连续管。

连续管作业机的另外一个关键部件——注入头，主要的生产厂家在美国和加拿大。Hydra Rig公司是最大的连续管作业机制造商，其注入头的最大拉力达到14万磅，生产的连续管作业机广泛地应用于世界各地作业中。

中国于1977年引进了第一台连续管作业机，到2007年共引进了32台连续管作业机，这些引进的作业机由于设备、工具不配套，技术人员缺乏，导致作业成本居高不下，使用很少，更加阻碍了技术的发展，设备长期闲置，总体使用情况并不好。

随着2005年中国水平井技术的发展，水平井数量大幅增大，水平段的修井出现了难题，而连续管技术以其独特的优势在水平段修井中显示了很大的优越性。因此，中国石油天然气集团公司决定在2006年立项进行研究，通过"十一五"的研究，2007年开发了中国具有自主知识产权的第一台车装连续管作业机，2009年开发了自主的连续管，打破了国外设备垄断。经过"十二五"连续管装备技术的发展，开发了系列车装、橇装和拖挂式连续管作业机，尤其是大管径连续管作业机的成功研制，标志着中国连续管作业机水平达到国际先进水平。连续管装备技术的发展促进了连续管作业技术的快速发展，反过来促进连续管作业机数量的大幅增加，如图5-3所示。

图5-3 中国连续管作业机历年数量

二、连续管作业机及配套装置科技进展

"十二五"期间，连续管作业机及配套技术趋于成熟，自主开发了4种型号系列注入头、开发了钢级CT110、直径89mm连续管、框架式大梁的运载车以及先进的液压控制技术。通过关键部件的自主研发，形成了3种形式8种结构的连续管作业机。

1. 注入头

注入头（图5-4）和导向器是连续管作业机的关键部件之一，是连续管下入和起出井筒的关键设备，主要作用是提供足够的提升、注入力以起下连续管，同时控制连续管的下入速度、承受连续管的重量。连续管在经过导向器时有两次弯曲（图5-5），是连续管低周疲劳的主要原因之一，因此导向器的半径一般为连续管直径的40倍以上。

1）注入头工作原理和结构

注入头的起、下管功能主要通过两个模块实现：一是

图5-4 注入头

在夹紧液缸的驱动下，夹紧梁、推板以及与推板接触的链条轴承、托架和夹持块向靠近连续管的方向运动，并最终使夹持块夹紧连续管；二是在驱动装置液压马达的驱动下，驱动链轮带动链条及链条上的夹持块上、下运动，从而实现注入头起、下连续管的功能。注入头下部有两组张紧液缸推动被动链轮使链条张紧，以保证链条的正常工作。

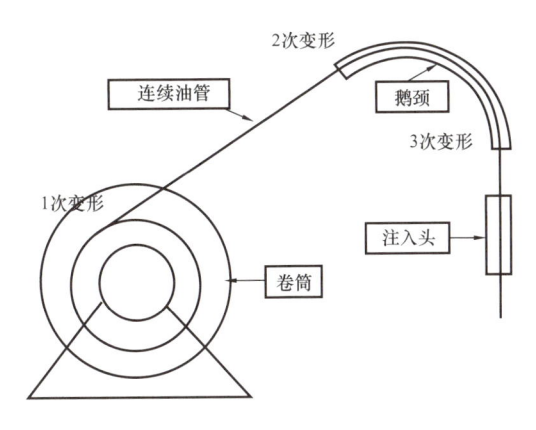

图 5-5　连续管在导向器上弯曲变形情况

注入头系统主要由驱动系统、夹紧系统、张紧系统、链条总成、箱体、底座、框架、润滑系统、数据采集系统（测试系统）、注入头支腿和导向器组成，如图 5-6 所示。

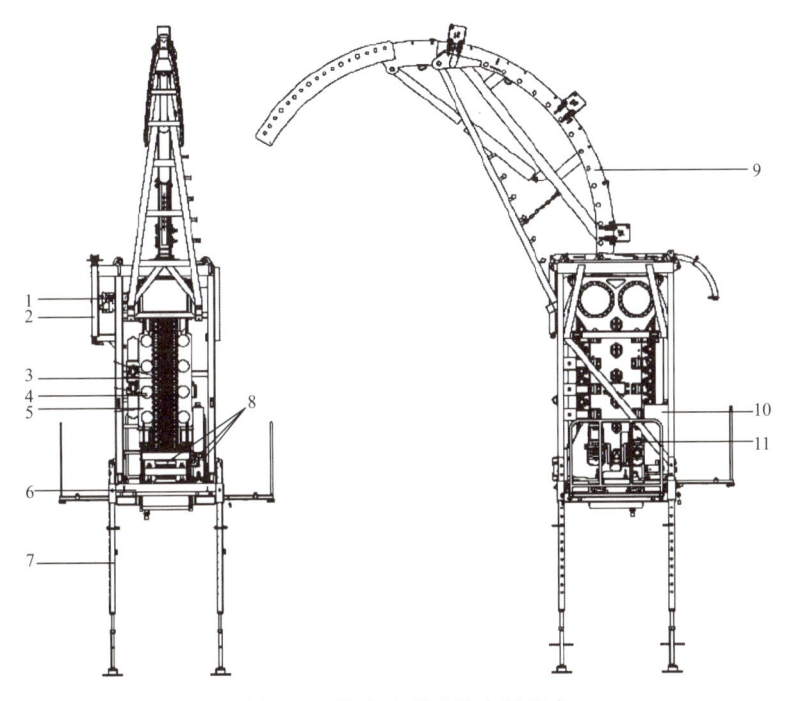

图 5-6　注入头系统的主要组成

1—驱动系统；2—框架；3—链条系统；4—夹紧装置；5—箱体；6—底座；7—注入头支腿；
8—数据采集系统；9—导向器；10—链条润滑系统；11—张紧系统

2）注入头的主要技术参数

按照 SY/T 6761—2014《连续管作业机》标准的要求，注入头的主要参数见表 5-1。

表 5-1　注入头的主要参数

代号	ZR180	ZR270	ZR360	ZR450	ZR580	ZR680	ZR900
最大提升力，kN	180	270	360	450	580	680	900
最大注入力，kN	90	135	180	225	230	300	350
最大起升速度，m/s	60	60	60	50	35	25	20
适用连续管公称外径，mm	25～50	25～60	25～89	38～89	38～89	50～89	50～140

3）新型注入头的主要创新和特点

通过对连续管注入头的研究，揭示了夹持块啮合规律，研究形成夹持系统优化设计和评价方法，奠定注入头研制基础。运用数值计算方法创建的复杂孔管双向动态接触力学模型，揭示了4种异形曲面接触与平面接触之间的摩阻系数关系。基于摩阻和挤毁压力，发现夹持损伤的两大主要因素。根据以上规律及专用喷涂层配方研究，发明夹持块增摩、耐磨、耐腐蚀涂层和强结合力均匀喷涂技术，提升夹持力25%，攻克了国外技术为了提升夹持力，简单依赖倍增挤压力而导致的咬管、伤管、变形、挤毁等重大技术难题。研发了夹紧装置整体浮动和夹持块随动自平衡结构，形成夹紧系统随管自适应技术。采用压力补偿及反馈原理，研制了反馈节流装置，使注入头的最低稳定速度达0.04m/min（国外0.08m/min），解决了低速不稳、爬行、测井无法实施的重大技术难题。

基于以上发明和创新，自主研发ZR270、ZR360、ZR450、ZR580等4种型号注入头，最大提升力585kN，解决了制约连续管作业机发展的核心技术难题。

2. 连续管

连续管是一种高强度、高塑性并具有一定抗腐蚀性能的、单根长度可达近万米的新型油气管材。由于连续管技术含量高，材料与普通管线钢相比有本质区别，制造工艺复杂，开发难度大，美国长期以来对外实行严密的技术封锁，连续管制造技术一直被美国几个公司所垄断。

2009年，中国攻克了连续管制造核心技术，自主建成了亚洲第一条连续管生产线，并成功生产出第一盘CT80级、ϕ31.8mm×3.18mm规格、7600m长的国产连续管。经检验，产品性能与美国同类产品基本相当，部分指标优于美国同类产品。

1）连续管主要性能指标

中国研制的连续管外径为ϕ25.4～88.9mm，壁厚为1.91～6.35mm，最大长度可达8000m。连续管作业用主要性能参数见表5-2。

表 5-2　连续管产品的主要性能指标

钢级	屈服强度（最小）		屈服强度（最大）		抗拉强度（最小）		硬度
	psi	MPa	psi	MPa	psi	MPa	HRC
CT70	70000	483	80000	552	80000	552	≤22
CT80	80000	551	90000	620	88000	607	≤22
CT90	90000	620	100000	689	97000	669	≤22

续表

钢级	屈服强度（最小）		屈服强度（最大）		抗拉强度（最小）		硬度
	psi	MPa	psi	MPa	psi	MPa	HRC
CT100	100000	689	—	—	108000	758	≤28
CT110	110000	758	—	—	115000	793	≤30

2）新型连续管主要创新及特点

发明了连续管专用焊接材料，形成了精密稳定、无焊接缺陷制造技术：（1）开发了连续管系列产品，使中国成为继美国之后第二个掌握连续管制造技术的国家；（2）发明了连续管专用焊接材料，斜焊缝疲劳寿命达管体的 90%，国外仅为 80%；（3）发明了连续油管卷取机等核心制造设备，建成世界上第三条连续管生产线；（3）发明了连续管相关制造方法，实现了万米连续管无焊接缺陷不间断生产，实现了国产连续管的产业化和系列化；（4）发明了连续管全尺寸疲劳试验装置，首次建立了连续管疲劳模型，形成了中国连续管检测试验体系和产品标准。

3. 连续管作业机运载车

连续管与常规连接油管的区别和优势之一——连续管是一整根管。但是在大管径深井中，连续管运输的尺寸和重量限制成为制约连续管作业机发展的关键因素之一。由于中国幅员辽阔，地域差异大，运输形式各异，结合中国道路条件和环境以及法规，开发了大管径连续管用重载底盘。

1）结构形式和参数

主要采用分离式大梁、框架式结构，打破传统底盘车大梁形式，使连续管滚筒沉入底盘大梁上平面之下，同时绕开后桥传动轴；利用重载前桥技术，开发了连续管用重载特种底盘车，如图 5-7 所示。

(a) 底盘车实物图 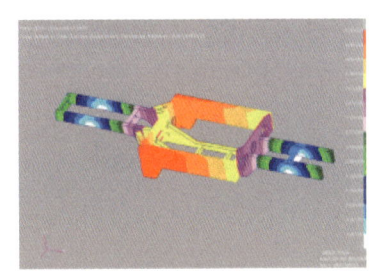　　　　(b) 有限元分析图

图 5-7　分离式大梁、框架式结构底盘车及有限元分析

2）主要创新和特点

创新建立了 4 轴重载底盘车动力学模型和复杂山区路面谱，结合数值分析和动力学仿真，揭示了专用底盘车在中国复杂道路井场条件下车架应力分布、变形和固有频率等规律，开发了基于 13t 前桥、截断式大梁框架结构的紧凑型重载底盘，整车最大允许载荷提高 20%，连续管容量增加 33%（2in 管），解决了重载长轴距车架的强度刚度、空间限制、载荷集中导致前桥超载、转弯半径大等关键技术瓶颈，突破了进口连续管作业机面对中国普遍存在的复杂山区和苛刻道路条件移运受限或无法行驶的重大技术难题。

4. 典型连续管作业机

通过关键部件的研制和创新,研制了车装、橇装和拖挂式3种基本形式8种结构的连续管作业机,尤其是 LG360/60T 连续管作业机被评为"'十二五'十大利器"之一,LG360/50 连续管作业机被评为"2014 中国国际石油化工展览会创新金奖"。

1) LG360/60T 连续管作业机简介

LG360/60T 连续管作业机是为了满足油田装载 $2\frac{3}{8}$in 连续管 4500m 而专门研制的特种作业设备。主车为拖挂式,由牵引车、两轴半挂车和连续管专用设备组成。专用设备由动力橇、液压与控制系统、控制室、滚筒和连续管、软管滚筒等组成;辅车由底盘车和专用设备组成,专用设备包含注入头、导向器、防喷器、防喷盒、随车起重机、长支腿、短支腿以及附件,如图 5-8 所示。

(a) 主车

(b) 辅车

图 5-8 LG360/60T 连续管作业机

主要技术指标如下。

(1) 注入头最大拉力:360kN。
(2) 注入头最大注入力:180kN。
(3) 注入头最大起下速度:45m/min。
(4) 适应连续管外径:$1\frac{3}{4}$~$2\frac{5}{8}$in。
(5) 滚筒容量:4500m(外径 60.3mm 连续管)。
(6) 防喷器和防喷盒通径:103mm。
(7) 防喷器和防喷盒工作压力:70MPa。

（8）随车起重机最大起重量：16000kg。

（9）运输形式：主车半拖挂式。

LG360/60T连续管作业机的特点：

（1）LG360/60T连续管作业机创造性地解决了大容量和道路运输的矛盾，技术指标达到了国际先进水平；（2）其主要部件注入头采用最大拉力360kN，主要技术参数达到国际先进水平，在液压控制、夹紧方式、夹持块表面处理、链条的同步方面具有创造性；（3）特种半挂车采用框架结构、分离式大梁，解决了超宽、重载的强度和变形问题，具有独创性；（4）大容量的滚筒采用液压马达+减速器+链条驱动的形式，满足了大容量滚筒低速大扭矩的需要，解决了超宽滚筒自动排管的技术难题，具有创新性；（5）软管滚筒采用多通道，技术水平达到了世界先进水平；（6）创造性地研制了连续管导入装置，解决了大管径、高强度连续管进入注入头的技术难题。

2）LG360/50连续管作业机简介

在LG360/60T连续管作业机成熟技术的基础上，根据中国山区道路条件的情况，结合致密气、页岩气对连续管作业工艺的需求，自主研制了LG360/50型车装连续管作业机。

LG360/50连续管作业机主要技术参数如下。

（1）注入头最大拉力：360kN。

（2）注入头最大注入力：180kN。

（3）适用连续管外径：$1\frac{1}{2}\sim3\frac{1}{2}$in。

（4）滚筒容量：4800～6000m（2in连续管）。

（5）防喷器工作压力：105MPa。

（6）防喷盒工作压力：105MPa（侧开门式）。

（7）随车起重机最大起重量：16000kg。

LG360/50连续管作业机主要特点：

（1）根据中国非常规油气储层特点开发的大管径大容量车装连续管作业机，适用范围广；（2）采用液压随动技术解决了注入头和滚筒的速度自适应难题；（3）采用压力补偿及反馈原理，研制了反馈节流装置，使注入头的最低稳定速度达0.04m/min，解决了低速不稳、爬行、测井和钻磨无法实施的重大技术难题；（4）开发了具备13t前桥的分离式大梁、框架式结构的底盘车，实现了大管径大容量连续管采用车载形式，解决了川渝地区页岩气开发道路条件差拖挂式连续管作业机到不了井场的难题。

5. 应用情况

通过科研、生产、技术服务与推广应用的一体化组织，连续管作业机及配套装置应用于四川、重庆、长庆等川渝陕甘山地和复杂井况的作业现场，以及辽河、新疆、大港、大庆等油气田各类修井作业，并快速拓展至长宁—威远、涪陵国家页岩气示范区以及国外伊拉克、印度尼西亚、俄罗斯及委内瑞拉等地区应用。累计在国内外22个油田5515口井中推广连续管作业成套装备51套、连续管268.9×10^4m。推广应用促进了行业技术升级换代，切实转变了井下作业方式，提升了井下作业安全性和经济性，促进了中国连续管作业技术快速发展。

第二节 连续管修井新技术

连续管以其能够连续起下、连续循环、带压作业的特点，使得井下作业更加安全和高效，因而也越来越受到现场的欢迎。尤其是近十年来，国内连续管作业从不带工具的简单气举和替浆作业发展到数十种工艺类型，工具类别也极大丰富起来，作业水平也快速追近国外先进水平，通洗井、喷射除垢等作业工艺已开始规模应用，一些适应自身特点的新工艺也不断涌现，本节就近年来国内在连续管修井领域出现的特色技术进行梳理。这些技术大都保持了安全高效的特点，并且多数技术与水射流技术相结合，有些新技术还具备不可替代的技术优势。

一、通洗井组合作业

1. 技术简述

为保证完井及修井作业顺利进行，一般需要对井下现有管柱进行通井、刮削、洗井及替浆作业，常规管柱作业完成这些工序需要分别起下一趟管柱，重复起下钻劳动强度大，且施工时效低，施工周期长，安全隐患多。而利用连续油管能够连续起下、连续循环的优点，可将几种工艺组合于一趟起下中完成，显著提高通井效率。经青海、长庆、威远等区块3年间累计500余井次的应用实践，该作业模式较传统作业方式提高效率一倍以上。其中，青海油田在浅直井作业中达到2～3井次/天的高效率，长庆油田在丛式水平井平台作业中将作业时间缩短一半[1-3]。

2. 工具组合与技术参数

为了体现连续管作业的优势，在通井过程中既能有效清除井内脏物及结垢，又能保证脏物顺利上返排出井口，必须配备专用的射流冲洗喷头和大的上返过流面积的通井规，以减小通井管柱卡死风险和减少连续油管起下次数。

直井推荐工具组合自上而下为：连续油管+连接器+液压丢手或机械丢手（+单流阀+防脱旋转接头）+双通道通井规或双螺旋槽通井规+旋转喷嘴或旋流喷嘴。

水平井推荐工具组合自上而下为：连续油管+连接器+液压丢手或机械丢手（+单流阀+扶正器+防脱旋转接头+振荡器）+双通道通井规或双螺旋槽通井规+旋转喷嘴或旋流喷嘴。

括号中的工具为选配，视具体井况而定。通常在浅井，水平段较短的水平井中无须配置。

工具组合中，双通道通井规和双螺旋槽通井规（图5-9），特别适合连续油管通洗井组合作业。常见的通井规规格为56～118mm，适应不同的管柱内径。通常通井规的外径需要小于通井的管柱内径6～8mm为宜。

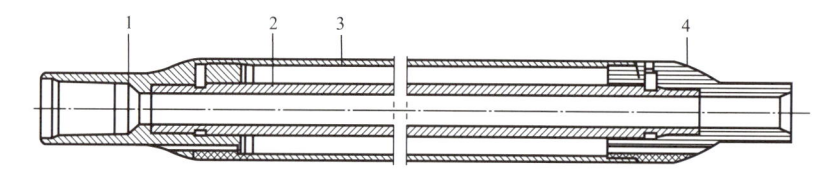

图5-9 双螺旋槽通井规和双通道通井规

1—上接头；2—内筒；3—外筒；4—下接头

针对管壁结垢又不便刮削的管柱，通洗井过程中使用限速旋转喷射工具有不错的效果。旋转射流喷头转速100～300r/min，有较好的清洗效果，同时可以匹配较高的下入速度。旋流喷嘴除了应用于连续油管通洗井组合作业外，特别适合于小直径连续油管在油管内及缩颈管柱内进行冲砂洗井作业。从除垢效果的角度，推荐喷嘴射流速度150～180m/s，喷嘴压降小于20MPa，连续油管正常工作下入速度3～10m/min。从返排的角度，推荐流量：$3\frac{1}{2}$in 油管以内 150～200L/min；$3\frac{1}{2}$～$5\frac{1}{2}$in 套管内 400～600L/min；$5\frac{1}{2}$～7in 套管内 800～1000L/min。现场可根据井深、井型、连续管规格、配套泵的条件来选择喷嘴的形式与参数。

通洗井组合作业的操作规范可参考 Q/SY 1770.1—2014《连续管常规修井作业规程第1部分：通洗井组合作业》。

二、低压气井氮气泡沫冲砂作业

1. 技术简述

氮气泡沫冲砂工艺是将加入了起泡剂、稳泡剂等添加剂的冲砂液与氮气在地面泡沫发生器中充分混合，形成稳定泡沫后随即注入井中。因泡沫液中气体有助排作用，故特别适用于低压低渗透排液困难的油气井、老井和低压井的增产，可有效解决排液难、水敏性储层等特殊井的作业。由于泡沫具有良好的控滤失性能，对于低渗透储层，施工时无需加降滤剂就能达到较好的降滤失效果；泡沫助排性能好，对于水敏性储层，还可减轻储层损害。在青海涩北气田累计应用300余口井，比常规压井作业节约成本75%，效率提高80%，平均每井每天恢复气量 $1×10^4 m^3$，取得良好的经济效益[4]。

2. 工艺过程

氮气泡沫冲砂施工工艺主要工序如下。

（1）根据地层压力系数优化泡沫密度、施工压力、施工排量。

（2）500～800m段采用低密度泡沫（0.4～0.5g/cm³）、小排量先建立循环（利用泡沫膨胀降低液柱压力）。

（3）接近砂面前逐步增加泡沫密度（0.5～0.6g/cm³），清洗砂桥。

（4）接近砂面后，泡沫密度及排量增加，增大泡沫携砂能力，密切观察放喷口，返出量降低后，及时降低泡沫密度，利用泡沫"贾敏效应"暂堵漏层。

3. 工艺关键

氮气泡沫冲砂液中起泡剂的配伍性和发泡率是保证返排的关键，涩北气田泡沫冲砂液配方体系通过不断探索，逐步形成了适合该气田的泡沫冲砂液体系。应用的起泡剂主要成分为非离子型醚类表面活性剂，易溶于水及各种酸液，无毒无味，耐高温，耐高矿化度，起泡能力强，半衰期长，表面张力较低，与地层水配伍性好。基本成分为：1‰黄原胶+3‰Hy-2起泡剂+氮气。表5-3为Hy-2起泡剂性能指标。该配方具有冲砂效果好，效率高，黏度中等，冲砂液成本低的特点。

4. 施工工艺参数

通过涩北气田300多口井的作业实践，可确定：排量0.2～0.3m³/min，泵压15～25MPa，密度小于压力系数的20%～30%，泡沫冲砂效果最佳。该参数可为类似气田提供工艺参考，但具体作业时仍需根据目标气田的不同井深、地层压力系数、产量等相关资料，结合设备性能和安全要求，优化施工参数。

表 5-3　Hy-2 起泡剂技术性能指标

项目	指标
外观	无色或淡黄色均匀液体
pH 值	8～10
起泡能力	≥220mL
泡沫半衰期	≥45min
与酸液配伍性（15% 盐酸）	无沉淀无分层
与盐水配伍性（涩北地层盐水）	无沉淀、无分层，Hy-2 起泡剂耐矿化度 50000mg/L

具体操作规范可参照 Q/SY 1770.2—2014《连续管常规修井作业规程第 2 部分：低压气井氮气泡沫冲砂》。

三、油管内的除垢与清蜡作业

1. 技术简述

注水井结垢会降低注水系统效率，增加修井次数，腐蚀注水管线，使注水压力不断上升，缩短注水井的免修期，同时会给注水井调配、验封、测试等作业带来困难。利用传统除垢方法不仅工序繁琐、施工时间长而且效果有限。同样，在生产井中由于结蜡造成的管柱变窄或堵塞也是致使采抽效率降低或停产的重要因素，传统的机械清蜡和热力清蜡都存在效果差、效率低的问题。使用连续油管进行射流洗井的工艺既可以用于注水井除垢，也可用于油井清蜡，是一种很有前景的替代工艺。在青海、新疆、大庆等地的实际应用表明，该工艺可明显提高除垢和清蜡的效率。其中连续管射流除垢工艺在青海与新疆油田累计应用 300 余井次，总有效率达到 75%，而连续管射流清蜡工艺在大庆油田应用 30 余井次，有效率达到 90% 以上。与常规工艺相比，连续管除垢和清蜡节约作业时间 80% 以上[5-7]。

2. 工具与参数

洗井工具按喷射形式可分为多孔喷射洗井工具（图 5-10）、旋流洗井工具、旋转洗井工具（分高转速、低转速）。其共同特点是利用喷嘴高速射流完成对井筒清洗，决定其清洗效果的关键参数是喷嘴的射流速度。根据不同作业目的，射流速度可有不同的选择，目前尚未形成统一标准。一般而言，在泵注条件允许的情况下，采用高射流速度可取得更好的清洗效果。

图 5-10　多孔喷射洗井工具

多孔喷射洗井工具尺寸紧凑，可以通过灵活布置喷嘴的数量和角度达到最佳的清洗效果，但往往由于连续管排量的限制和喷射速度的要求，油管内洗井工具的喷嘴孔径与数量均不宜过大和过多，一般数量以 4～9 个、孔径以 2～4mm 为宜，因此清洗区域存在强弱不均的现象。进行匹配计算时，连续管的长度、井深、泵注设备的参数条件是主要要考虑的因素。

旋流洗井工具同样尺寸紧凑，虽然仅有一个下出口，但通过锥状旋转流体实现较大面积的均匀清洗，通过加旋原件的参数设计可以对锥状流发散角度进行调整。同样由于发散角度的限制，旋流洗井工具不适宜在大井眼中除垢清蜡作业。

旋转洗井工具既能保持高的喷嘴射速，又能通过旋转进行大范围清洗，因而其清洗性能突出。但由于旋转件的存在对工具的扶正有一定要求，因此工具尺寸较大，结构较为复杂，限制了其在小尺寸油管或有缩径结构的井筒中的应用。

油管内除垢清蜡一般推荐参数见表 5-4。

表 5-4　油管内除垢清蜡一般推荐参数

工具名称	射流速度，m/s	环空流速与沉降末速倍数	推荐作业类型
多孔工具	160~210	12~20	油管除垢
	140~180	10~18	油管清蜡
旋流工具	160~200	12~20	油管除垢
	150~180	12~18	油管清蜡
旋转工具	160~200	12~20	油管除垢
	140~180	10~18	油管清蜡

四、水平井多级滑套压裂管柱解堵处理

1. 技术简述

不动管柱多级滑套压裂技术是在苏里格气田应用数量较多的水平井压裂技术之一。随着应用数量的快速增加，加之作业水平参差不齐，在其作业的各个阶段砂堵的现象时有发生。通常解决该问题的方式是应用连续管冲砂来进行解堵，但有时由于滑套的尺寸不足以通过连续管，冲砂也无法解堵，这时就需要采用新的工艺来建立新的循环通道。因此在上级滑套前进行连续管喷砂射孔连通的新工艺应运而生。此外，在多级滑套压裂管柱中经常会发生空心钢球或树脂球在球座或滑套处卡堵的情况，采用连续管冲砂或是机械钻磨的方式成功率很低，一种旋流喷砂钻磨方式的出现使得应对这种球堵情况有了新的解决方案。这两种新工艺都是利用水力喷砂的原理来解堵，因为工具紧凑通过性好，成功率高，近两年这两种工艺在苏里格地区共应用 20 余井次，成功率 100%，极大地缩短了因堵塞造成的施工停等时间，已成为处理该类型井的必备工具。

2. 工具与工艺

射孔工具（图 5-11）是一种整体式喷射穿孔工具，工具最大外径仅 32mm，与 $1\frac{1}{4}$in 连续管外径相当，连接长度仅 100mm，既充分保证了工具的通过性能，又在保证成孔性能的条件下具有足够寿命。工具使用 2 个 3mm 孔径的喷嘴，可在 $2\frac{7}{8}$in 油管上连续喷射完成 4~5 组 8~10mm 的孔眼。

(a) 结构图　　　　　　　　　　(b) 实物图

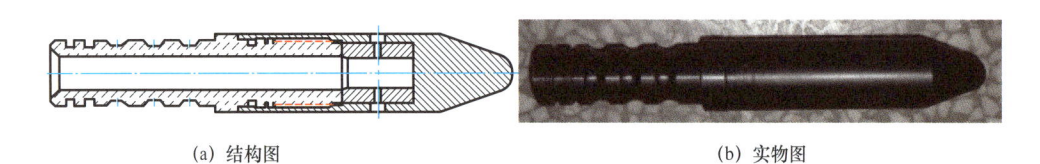

图 5-11　射孔工具示意图

旋流喷砂钻磨工具（图 5-12）外径 38mm，连接长度 150mm，喷嘴孔径 5mm，出流发散角 26°～30°，可钻磨球径 44mm 空心钢球，喷嘴过砂寿命 1.5t。

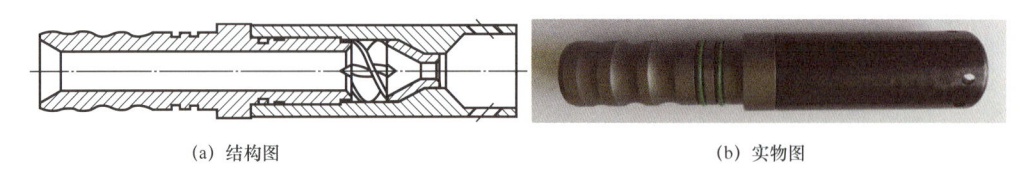

(a) 结构图　　　　　　　　　　(b) 实物图

图 5-12　旋流喷砂钻磨工具示意图

工艺要点如下。

（1）工具连接与测试。根据连续管壁厚选择合适的滚压接头，安装前对连续管内壁进行必要的修整。安装后的测试确认连接接头无任何泄漏。

（2）工具下入过程。由于工具喷嘴孔径较小，为避免因堵塞造成施工失败，在下入过程中，应保持低排量循环。

（3）泵注过程。由于用砂量较小，泵注过程应尽可能采用小型化混砂设备并保持砂比和压力的稳定。

（4）喷嘴的最佳射流速度设定为 190m/s 左右。射孔喷嘴对应的泵注排量 0.16～0.18m³/min，钻磨喷嘴对应泵注排量 0.22～0.24m³/min，可针对设备情况进行优化调整。

（5）喷射用砂为 70～100 目石英砂，使用前应筛分确认，保证无大颗粒混入。用量：射孔每簇 60～70kg，钻磨 800～1000kg，液体应使用 0.3% 低浓度瓜尔胶基液，砂浓度 100kg/m³。

五、遇卡管柱的切割处理

1. 技术现状

在油水井进入开采中后期，因砂、蜡、垢、盐、落物或套变等各种原因导致生产或作业过程中油管管柱遇卡时有发生。常规处理解卡方法主要有大力提拉活动法、悬吊法、强力扭转法、倒扣法等。这些手段方法粗暴，一方面解卡的成功率低，另一方面管柱在反复提拉、扭转下易造成脱扣、扭断等事故，使事故复杂化，延长总修井作业周期，也增大工人的劳动强度。

将遇卡管柱在卡点之上切割后再进行后续处理，能够有效缩短解卡处理周期，减少工人劳动强度，常见的切割方式是水力机械切割和磨料射流切割两种。

水力机械切割是由高压液驱动螺杆马达旋转，同时高压液产生的过流压差推动切割工具上的活塞使割刀外张对油管从内部进行切削。基本的配置为：连接器＋马达头＋液压油管锚+螺杆马达+水力割刀。

水力机械切割在各油田都有一定的应用，其优点是切割速度快，切口齐整，对地面泵注设备要求低；缺点是工具串长度较长，对切割管柱的通过性要求高。一般在1500m以内的浅直井中有比较高的成功率，深井、大斜度井、水平井中成功率不高，其原因与油管锚与割刀的匹配、围压对割刀性能影响、扶正的影响等因素有关。

磨料射流切割工具（图5-13）利用射流的喷射反力实现喷头的旋转，利用磨料射流的冲蚀作用完成对管柱的切割。基本的配置为：连接器+安全接头+扶正器+磨料射流割刀。

图5-13 磨料射流切割工具图

磨料射流切割更能适应复杂管柱，如厚壁管、附生管、双层管等水力机械切割无法处理的管柱，使用磨料射流的方式有无可比拟的优势。但磨料射流切割的缺点也是明显的：对设备要求高，尤其是需要配套小型化的混砂设备；对工具寿命要求高，尤其在没有锚定装置的情况下，要求喷嘴的寿命很高。因此在实际应用中，该工艺成功的案例不多。但鉴于该工艺的应用前景，许多机构均投入资金对其加强研究，相信很快会形成工艺成熟度的突破[8-11]。

2. 工艺要点

水力机械切割工艺要点如下。

（1）地面连接切割工具串并测试确认：按设计连接工具串，起泵进行测试，记录锚定器启动和割刀张开时的排量和压力；洗井液必须保证干净，洗井时进口必须使用过滤器。

（2）工具入井：入井前核对深度计数器，先以3~5m/min的低速平稳下入；下入40~50m，运行正常后，可以将下入速度提高至15~20m/min匀速下入工具，下入过程中出现异常时，应放慢下入速度，必要时应上提一段后再下放；下入过程中，确保连续管柱内无排量注入，保证切割刀处于收回状态；下至目标点后进行深度确认。确认切割位置不在接箍处，确认设备与工具状态正常。

（3）泵注程序：连续管排量提升按阶梯控制方式，此过程要求调节缓慢稳定，在达到锚定排量时，稳定1~2min，应在此阶段释放悬重加载，确认锚定器已锚定；缓慢上升排量，达到割刀伸出所需排量，稳定15~20min；如判断未切断，可提升排量10~20L/min再切割15~20min，停泵。

（4）以3~5m/min速度缓缓上提管柱10~15m，逐渐提高上提速度至15~20m/min。工具出井后观察割刀磨损状况，必要时起泵检验工具状态。

磨料射流切割工艺要点如下。

（1）工具安装与地面测试：按施工设计进行工具串安装后，进行地面泵压测试，确认整套设备的作业参数，记录泵车排量、压力、旋转切割工具工作参数等。

（2）工具入井：下入前确认井筒管柱结构，卡点位置及管柱最小内径位置，先以

3～5m/min 的低速平稳下入；下入 20～30m，待载荷平稳，可以适当提高连续管下入速度；以小于 100L/min 排量向连续管内泵入液体保持低速循环，控制速度 15～20m/min 匀速下入工具，中间若有管柱内径突变位置，应在其前约 20m 处将下入速度降至 5m/min 以下，通过后再正常下入；下入过程中出现异常时，应放慢下入速度，必要时应上提一段后再下放；至目标点后，确认深度与载荷，确认设备与工具状态正常后，按表 5-5 切割泵注程序切割油管（注意：切割点避开油管接箍位置，将切割点设计在一根油管的中间）。

（3）磨料射流井下切割泵注程序见表 5-5。按喷嘴 $2×\phi3.0mm$，连续管 $38.1mm×3.18mm$，长 4200m 计算。

表 5-5 磨料射流井下切割泵注程序

液体类型	排量 L/min	射流速度 m/s	喷嘴压降 MPa	砂比 %	阶段时间 min	油管注入量 L	砂量 kg
基液	140	165	14		25	3500	
基液	170	201	20.1	7	30	5100	586
基液	170	201	20.1		25	4250	
基液	120	142	10		100	12000	

注：砂到达时间=（连续管内容积+地面管汇容积）÷泵注排量。

切断判别：加砂开始 30min 后须密切关注油管与套管返出管线的流量变化，如油管流量开始减少而套管流量开始增大则可判断油管已出现断口，至油管流量小于套管流量则可判别油管基本切断。此时如未完成加砂量则停止加砂，进行小排量顶替（120L/min），如已完成加砂在顶替阶段，则降低排量顶替并上提连续管。

（4）按泵注程序完成泵注后，起出连续油管和工具。

第三节 连续管储层改造新技术

一、国内外技术现状

近年来，随着连续管技术的推广与应用的普及，系列化管径连续油管国内自主生产，连续油管压裂技术逐渐成熟，以及随着油气田勘探开发的深入，低渗透油气藏越来越复杂，油气藏层系多、分层应力复杂的特点越来越突出，仅仅依靠常规方式实施酸化压裂手段，无法完全达到精细分层储层改造目的，影响效果，甚至导致施工失败。将连续管技术与酸化压裂工艺相结合，是提高作业成功率、改善增产效果、降低作业成本的重要途径。

1. 国外技术现状

第一次连续管压裂作业于 1993 年在加拿大阿尔伯塔省东南部浅气层，通过 $2\frac{7}{8}$in 连续管注入 25t 支撑剂，排量 $3.0m^3/min$。据统计到 2001 年，连续管压裂井数已超过 5000 口，其中大部分在加拿大，压裂层位的深度大部分在 914m 左右，最大深度约 3048m。

哈里伯顿的 CobraMax 连续管压裂技术包含了连续管喷砂射孔、套管压裂、砂塞封隔技术。而 SurgiFracSM 水力喷射压裂技术则是集射孔、压裂、隔离一体化的新型增产措施。斯伦贝谢的 CoilFrac 通过连续管送入压裂液和支撑剂，避免油管承压，能够选择性封隔现有射孔，实现定点压裂；并可将产层分为小段，实现一趟管柱多级分段压裂。斯伦贝谢研发的无线套管接箍定位器、低摩阻压裂液和跨隔式封隔器能够很好地解决连续管分段（分层）压裂中出现的问题。

2. 国内技术现状

国内前期主要是引进国外公司技术完成了连续管压裂作业，取得了很好的效果和宝贵的经验，但采取的是由国外公司提供技术服务与工具服务的方式，费用高、对外依赖程度高。国内科研机构及油田自主研发的工具，适应性、寿命、可靠性方面与国外还有差距，没有针对性地进行设计与研发，处于初级阶段。近几年随着连续管技术应用的普及以及国内科研单位地研发力度的加大投入，连续管压裂工艺及配套工具有了长足的进步，逐渐推向现场应用，取得了良好的业绩与成绩，整体应用规模有待进一步提高[12-14]。

二、连续管储层改造新技术科技进展

1. 技术原理

连续管储层改造技术是连续管技术、水力喷射技术（图 5-14）、储层改造技术的结合。利用连续管快速起下，携带压裂工具串通过接箍定位装置进行校深，精确定位后利用喷砂射孔技术，混砂车将携砂液与射孔砂进行充分混合，输送给压裂车。压裂车将携砂液泵送至连续油管，通过喷射器的喷嘴节流作用，形成高速射流冲击套管内壁。喷射器射出的高速含砂液体的切割作用射穿套管、水泥环并进入地层，形成径向深度 0.3~0.5m 的通道。后续进行小型压裂降低储层的破裂压力：维持喷嘴高速射流的同时逐渐关闭环空，利用高速射流在射孔通道内的增压作用与井底环空压力叠加后形成局部高压（孔内压力 = 井底环空压力 + 射流增压），可以在井底环空压力低于破裂压力的情况下使孔内压力达到高于地层破裂压力的水平，沿孔道压开地层。

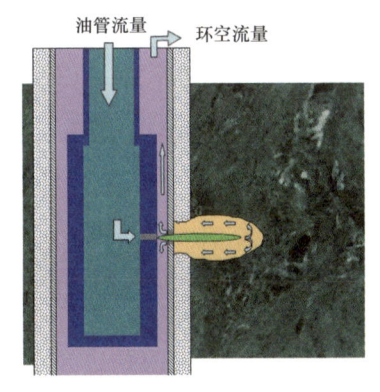

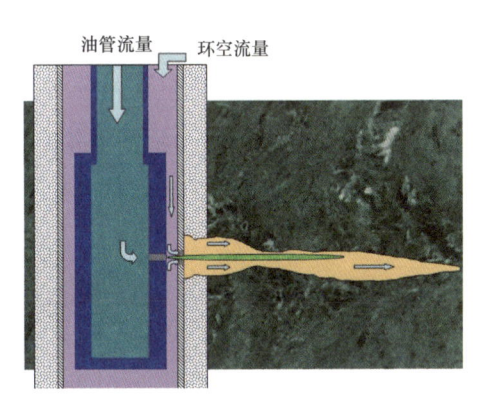

(a) 环空开放，射孔过程　　(b) 环空加压，起裂、孔道冲刷，裂缝延伸

图 5-14　水力喷射技术示意图

储层破裂后进行主压裂作业，压裂施工完成后进行解封作业或进行填砂作业，准备下一层的作业，典型的工艺如图 5-15~图 5-17 所示。

图 5-15　填砂环空压裂

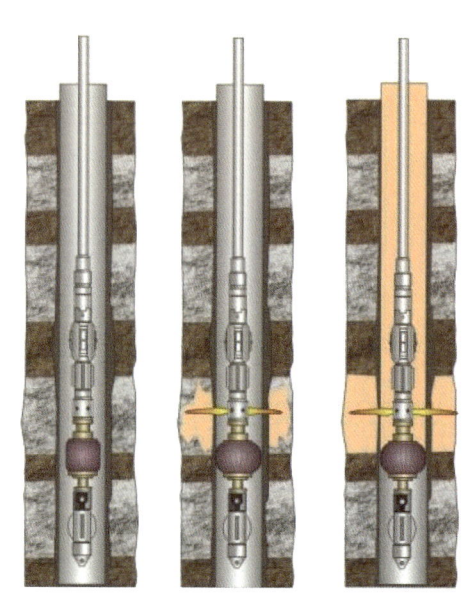

图 5-16　Y211 封隔器环空压裂　　　　图 5-17　K344 封隔器环空压裂

2. 技术特点

与常规管柱压裂作业相比，连续管压裂作业具有其非常鲜明的优点。

1）作业效率高、安全性好、起下速度快

可避免使用常规管柱作业时井口带压操作带来的安全问题；移动工具位置的速度快，适应对深度变化较大的多个层位进行快速作业；可带压起下与循环，及时拖动与返排，缩短泄压等待时间；射孔与压裂联作，简化工序与工艺。

2）能减少储层伤害

避免不必要的压井作业；快速作业及时返排，大大减少压裂液浸泡时间。

3）可实现精确分层改善压裂效果

精确控制起裂位置，针对性地改造储层，特别适合对具有多个薄层的井进行逐层、分段压裂作业；能灵活控制每段压裂的规模。

3. 储层改造工艺

连续管储层改造压裂工艺主要可分为 3 大类共 6 种典型工艺：第一类为连续管跨隔封隔器压裂，一般采用双封单卡方式，也有的采用单封结合填砂的方式；第二类为连续管输送枪弹射孔环空压裂，需在连续管内穿电缆；第三类为连续管喷砂射孔辅助压裂。本节着重介绍一下目前现场使用较多的第三类连续管喷砂射孔辅助压裂典型工艺及工具串配套。

连续管喷砂射孔辅助压裂的典型工艺包括：连续管喷砂射孔填砂环空压裂，连续管喷砂射孔封隔器环空压裂，连续管桥塞压裂，连续管开关滑套环空压裂等。

1）连续管喷砂射孔填砂环空压裂

（1）工艺原理。

连续管喷砂射孔填砂环空压裂技术利用连续管泵送射孔液喷砂射孔，利用环空通道泵送压裂液实施压裂，环空泵注填砂，用砂塞实现层间封隔，连续管拖动完成分层作业。

（2）工艺特点。

可对同一层进行多次喷砂射孔作业，提高井筒与地层的接触面积，同时利用射流的增压作用降低破裂压力。适用的连续管管径范围较广，可使用 $1\frac{1}{2}$in 连续管或更大管径的连续管。适应的井筒直径范围广。入井工具简单（外径小），施工安全性高，实现射孔与压裂联作，一趟管柱可完成多个层段的射孔压裂。使用环空作为压裂泵注通道，施工排量大。

（3）工具结构。

喷砂射孔工具串结构如图 5-18 所示，基本配置：连接器 + 安全丢手 + 扶正器 + 喷射器 + 扶正器 + 单流阀（接箍定位器集成）。

图 5-18 喷砂射孔工具串结构示意图

（4）现场应用。

××井为一口评价井，完钻井深 4220m，油层套管为 139.7mm。A 靶点为 3400m，B 靶点 4220m。进行了诱导砂堵测试，经过反复测试，利用压裂完成后提高砂比诱导砂堵，成功进行 4 层的填砂压裂。

2）连续管喷砂射孔封隔器环空压裂

（1）工艺原理。

连续管喷砂射孔封隔器环空压裂利用连续管泵送射孔液喷砂射孔，利用环空通道泵送压裂液实施压裂，通过封隔器进行层间封隔，连续管拖动完成分层作业。

（2）工艺特点。

利用封隔器进行层与层之间的封隔，达到不限级数压裂。封隔器坐封与解封效率高，层与层之间的操作时间短。利用携带的接箍定位器可实现精确分层，可以对储层实现多个薄互层分层，达到精细压裂的目的。施工完成后保留完整井筒，不需要进行清洗井底积砂。

（3）典型工具串。

连续管喷砂射孔封隔器由连接器+安全丢手+扶正器+喷射器+CTY211封隔器构成，工具串结构如图5-19所示。

图5-19 连续管喷砂射孔封隔器工具串结构示意图

（4）基本工艺过程。

①井筒与井场准备：通洗井，安装放喷管线与井场准备等；压裂专用井口安装与试压。

②连续管设备准备与试压。

③下入井下工具串。

④工具串校深。

⑤喷砂射孔，小型喷射压裂，环空压裂。

⑥封隔器解封，移动到下一层进行坐封。

⑦下一层作业，完成其余层作业。

（5）工艺关键点。

连续管喷砂射孔封隔器环空压裂工艺的关键点是封隔器的配套与使用。前期国内主要是采用进口工具进行现场应用，施工费用较高。后续国内油田与研究院进行封隔器的研究与设计，逐渐在现场应用，一次入井工具可施工的段数逐渐提高（8段以上水平）。

目前现场主要使用两种类型的封隔器：CTY211封隔器，通过连续管的提拉操作完成封隔器的坐封，主要适用于直井、大斜度井与水平井作业；CTK344封隔器利用连续管内打压实现环空封隔，适用范围广，不受接箍等结构限制，解封方便，可用于水平井作业。

（6）现场应用。

××井是一口老井，经过多年的开采产量下降严重，通过对该井储层的分析，认为在产层的上部层位有一定的产油能力，现场实施连续管喷砂射孔拖动封隔器环空压裂（图5-20），完成了该井8层的压裂施工。

3）连续管桥塞压裂

随着致密油、页岩气已成为国内重要的油气接替资源，采用可钻式复合桥塞实施多级压裂的体积改造方式，已成为这两种资源的主体改造技术。从发展趋势看连续管作业是水平井桥塞压裂必不可少的技术，主要应用于首段射孔、压裂过程的应急处理及压后桥塞钻磨。

（1）工艺原理。

采用连续管首段射孔、压裂，电缆下入桥塞及射孔枪，完成桥塞坐封与射孔，以相同的方式完成每一层的压裂，采用桥塞实现分层。压裂作业完成后，用连续管下入钻桥塞工具，钻掉所有的桥塞，完成排液、冲砂后投产。

图 5-20　连续管喷砂射孔拖动封隔器环空压裂现场施工

（2）工艺特点。

封隔器可靠性高，通过试压可判断是否存在窜层的可能性；压裂层位精确，通过定点射孔，裂缝布放位置精确。压后井筒完善程度高，通过钻磨方式将施工用桥塞钻除，为后续作业和生产留下全通径井筒。受井眼稳定性影响相对较小，井眼失稳对桥塞可靠性几乎无影响；分层压裂段数不受限制；下钻风险小，施工砂堵容易处理。

（3）基本工艺过程。

① 地面设备与井场准备工作。

② 连续管通洗井作业。

③ 连续管校深作业。

④ 连续管首段喷砂射孔（或射孔枪射孔）。

⑤ 环空主压裂。

⑥ 泵送桥塞与射孔。

⑦ 依次完成所有层段压裂施工。

⑧ 下钻磨工具串，钻除所有桥塞。

4）连续管开关滑套环空压裂（无限级滑套分段压裂）

连续管无限级滑套分段压裂技术是近几年发展起来的一种多级压裂技术，在国外增加为 4d 之内完成 48 级的压裂作业。该技术是利用连续管携带连续管喷砂射孔环空压裂工具串，实现井下打开滑套，通过环空压裂。在国外，该技术已经投入现场施工许多井次，如贝克木斯的 OptiPort 无限级滑套技术，还有 NCS 也在进行该工艺的现场应用，已经完成了近 5000 口井的应用。国内也在引进国外技术进行前期的现场测试应用，在海上油田、苏里格气田、大牛气田等进行尝试应用，取得了不错的效果。

（1）工艺原理。

无限级滑套与套管具有相同的钢级，在固井时根据压裂层位设计与放置滑套的深度。固井合格后，下入连续管井下工具串，逐个打开滑套进行环空压裂。正常情况下无须进行喷砂射孔，一旦发现滑套无法打开，可通过连续管泵入携砂液进行喷砂射孔作业打开地层进行压裂施工。

（2）工艺特点。

该工艺不需要投球，级数没有限制；对目的层位定位准确，增大了泄油面积；压裂施工完成后留下大通径生产通道，并且可根据选择进行层位的开启与关闭（技术研究中）；无须喷砂射孔，节省时间，避免砂堵等。

（3）工艺基本过程。

① 滑套连接套管一起固井，滑套位于压裂层位。
② 固井合格后进行通井刮削。
③ 连续管携带井下工具串入井。
④ 打开滑套进行压裂。
⑤ 重复上述操作完成所有层位压裂施工，取出连续管工具串。

第四节　连续管完井管柱作业新技术

一、国内外技术现状

在开发气藏过程中，多数气井都会随着生产的进行产量不断下降，以致最终停产。导致这一问题的原因有多个方面，包括气藏压力下降、边底水侵入、气体流速降低、井底积液及产液量增加等。气井一旦出现积液，将意味着不断增加的井底液柱回压导致井底流动压力增大，生产压差减小，产量大幅度下降。此时，必须采取有效的排液措施以维持气井正常生产。为了有效避免或减缓水进、减少井底积液，有必要在完井初期就充分考虑完井设计对气井生产的影响。鉴于连续油管技术及应用的拓展，提出了连续油管作为完井管柱的技术理念。

连续管完井是利用连续管代替常规油管，下入到井筒中，作为生产通道的一项新技术。相比常规完井，有着带压下入、安全性高、备选管径的种类多等优势。因此，连续管速度管柱排水采气工艺在长庆油田苏里格区块、川西、大牛地等气田得到了较大规模的试验和应用，取得了良好的排水采气效果，为改善低产气井的开采效果提供了全新的技术手段。

连续油管作为完井管柱在油气井生产中使用在国外有较长的历史。在欧洲和美洲海上、陆地、沙漠、平原均有应用，节约费用2/3。随着连续油管制造工艺、井口设备、井下辅助工具及设备的改进，这一技术已更加广泛地被采用。随着连续管技术的快速发展，其作为速度管柱在连续排液方面的运用也日趋成熟。虽然在国外速度管柱已应用了很多年，但是在国内，连续油管作速度管串在2008年才开始大面积推广应用。

2005年，西南油气田分公司大胆尝试，将连续管作为生产管柱下入井中代替原有管柱进行采气作业，与接单根的普通油管相比，大大地节约了时间和成本，采气排水效果显著。尹朝伟等人发表论文《同心小直径管排液采气技术在低压气藏的应用》，通过分析气井携液能力和井筒压力损失，优化了同心小直径油管参数，并对多口气井进行现场验证，事实证明速度管柱技术不仅仅使低产气井能够重新稳定生产，而且后期的维护费用低。

2012年，罗鹏等人发表了论文《体积压裂与速度管柱排液复合技术的应用》对排液和安装速度管的程序进行了详实的记录。赵彬彬等人发表论文《速度管柱排水采气效果评价及应用新领域》，分析了速度管柱采气排水工艺的基本原理，推导了适合苏里格气田气井的临界携液模型，并且依据模型选出 $\phi 38.1 \text{mm}$ 的连续管作为速度管柱。结合现场试验的结果得出结论，日产气量大于 3000m^3 的气井，适合用直径 $1\frac{1}{2}$in 的速度管柱进行生产。

二、连续管完井管柱作业技术进展

基于临界携液流量理论，使用小直径连续管作为速度管柱，原理上降低了气井临界携液流量，增大了管柱内气体流速，减少了凝析水在举升过程中的滑脱效应，有利于缓解或消除井底积液；工艺上实现全程带压作业，避免了压井伤害地层和复产困难的风险，提高了单井产量和储量动用程度，降低开发成本。

自2009年起，经过数年的技术引进和消化，国内速度管柱作业技术日趋成熟，并初步建立了长庆苏里格气田连续管速度管柱示范区。随着气田低成本作业、连续管完井的需求发展，以及复杂气井井况的出现，连续管速度管柱和完井技术仍具有很大应用前景和技术发展空间。

连续管速度管柱按照悬挂方式不同，分为卡瓦式悬挂技术、大通径可重复悬挂技术、芯轴式悬挂技术和封隔器悬挂技术等4种，满足了不同井况和生产模式条件下的开发需求。

1. 卡瓦式悬挂技术

1）作业工艺

卡瓦式悬挂是通过具有自楔紧卡瓦和可压缩胶筒密封结构的专用悬挂装置，将连续管悬挂于井口采气树 1# 闸阀之上（图5-21），具体工艺为：

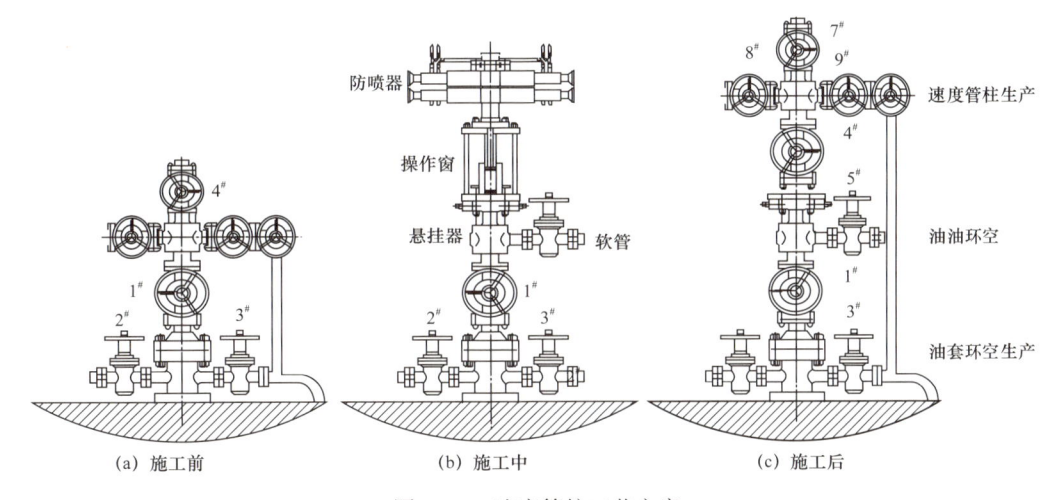

图5-21 速度管柱工艺方案

（1）施工前拆除原有井口1#闸阀之上采气树，并在其上依次安装悬挂器、操作窗、防喷器和注入头；

（2）连续管自由管端安装堵塞器，井口带压条件下，连续管下管至设计深度，然后顶丝压缩胶筒密封连续管的外环空；

（3）打开操作窗投放卡瓦，确认连续管被卡瓦抱紧；

（4）在不高于4#闸阀闸板处切断连续管，拆除操作窗，恢复原有井口采气树；

（5）利用压差泵出堵塞器堵头，速度管柱联通生产。

此外，当井筒压力较大或井内积液较高时，上顶力可能导致连续管无法正常下入，或连续管被外压挤毁，此时需要连续管内打平衡压。

该工艺主要特点有：（1）整体工艺流程操作简单；（2）施工过程不压井作业；（3）操作窗辅助投放卡瓦；（4）速度管柱悬挂后1#主阀为常开状态。

2）悬挂装置

卡瓦式悬挂装置结构如图5-22所示。其主要由悬挂三通本体、变径法兰、顶丝、密封组件、卡瓦等构成。卡瓦为两瓣式结构，后期在操作窗的配合下，投放到三通本体的卡瓦座上，实现连续管的悬挂；密封组件采用压缩式胶筒结构，实现连续管外环空通道的密封。

此外，卡瓦式悬挂装置的卡瓦和密封结构目前主要有两种：卡瓦和密封分体式结构和整体式结构（图5-23）。卡瓦和密封整体式结构的密封件将承受连续管自重，由此可能导致胶筒过载压缩流变或开裂，所以目前国内主要采用分体式结构。

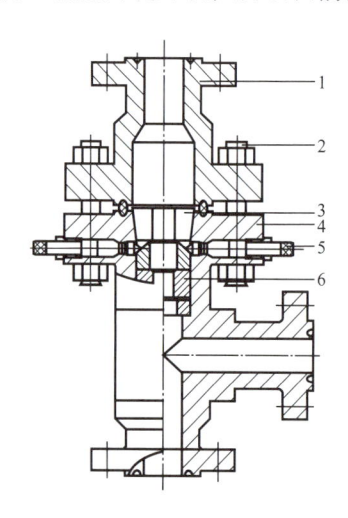

图5-22 悬挂装置结构示意图
1—变径法兰；2—螺柱；3—卡瓦；4—三通；5—顶丝；6—密封组件

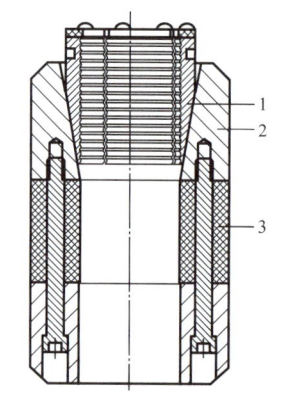

图5-23 整体式悬挂和密封结构
1—卡瓦；2—密封组件；3—胶筒

3）下井工具

速度管柱施工过程中，需在连续管自由端安装泵出式堵塞器，以使连续管内保持无压状态，便于后续剪断连续管和恢复采气井口作业，施工作业结束后利用压差泵出堵塞器堵头，建立速度管柱生产通道进行投产。

4）应用

西南油气田分公司于2005年率先引进技术悬挂连续管作为生产管柱进行采气作业[3]，

开创了连续管作为生产或速度管柱的先河。2008年起,长庆油气工艺技术研究院与江汉机械研究所合作,开展了连续管速度管柱技术国产化攻关和试验,研发了系列化的卡瓦式悬挂装置及配套工具,施工工艺在现场得到了很好的验证和完善。仅长庆区域累计施工已超过300井次。

2. 大通径可重复悬挂技术

1）作业工艺

大通径可重复悬挂是通过具有预置且可调节自锁紧卡瓦,以及可压缩多瓣式胶筒密封结构的专用悬挂装置,将连续管悬挂于井口 1# 闸阀之上,具体工艺为:

（1）拆除原有井口 1# 闸阀之上采气树后,依次安装可重复大通径悬挂器、防喷器和注入头,并调整悬挂器预置的卡瓦至张开状态;

（2）自由管端安装堵塞器的连续管下管至设计深度后,通过顶丝调整预置卡瓦至闭合抱紧连续管状态,并确认连续管被悬持住,多瓣胶筒密封合格;

（3）在不高于 4# 闸阀闸板位置处切断连续管,恢复井口主阀上的原有采气树井口;

（4）利用压差泵出堵塞器堵头,速度管柱联通生产。

该工艺主要特点有:（1）整体工艺流程操作简单;（2）施工过程井口带压状态;（3）施工无需操作窗;（4）满足大通径的作业需要;（5）具有多次重复悬挂连续管的能力。

2）悬挂装置

大通径可重复悬挂装置结构如图5-24所示。其主要由本体、调节螺杆、三瓣式卡瓦胶筒组件等构成。调节螺杆控制卡瓦胶筒组件的张开（大通径）和闭合。悬挂连续管上端预留回接短节,生产过程中可根据需要随时回接,下放一段行程进行冲砂、气举等二次作业,之后再上体到原位置二次重复悬挂。

3）下井工具

由于可重复大通径悬挂装置的卡瓦和胶筒在张开状态下,井口通径不受悬挂装置影响,所以除可使用常用的堵塞器之外,还可根据工艺需要使用诸如封隔器类等大直径井下工具。

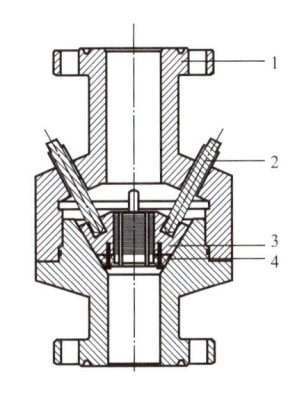

图5-24 可重复大通径悬挂装置结构示意图
1—本体;2—调节螺杆;3—卡瓦;4—多瓣式胶筒

3. 芯轴式悬挂技术

1）作业工艺

芯轴式悬挂是通过连续管上端回接连接器与萝卜头,悬挂于井口 1# 闸阀之上的位置,具体工艺为:

（1）拆除原井口 1# 闸阀之上采气树,依次安装芯轴悬挂器、大通径防喷器、操作窗和注入头;

（2）自由管端安装堵塞器的连续管下管至设计深度后,大通径防喷器启动半封和悬挂功能;

（3）大通径防喷器之上剪断连续管,利用井口塔架将注入头等设备举升一定高度;

（4）连续管端部高强度连接器、萝卜头和回接短节;

（5）利用注入头,将投放送进工具和回接短节对接,释放防喷器的悬挂功能,下放萝卜头坐封于芯轴悬挂器上，释放送进工具，关闭芯轴悬挂器之上的阀门，安装采气树；

（6）利用压差泵出堵塞器堵头，速度管柱联通生产。

该工艺主要特点有：（1）施工过程带压作业；（2）大通径防喷器可通过萝卜头，萝卜头常规悬挂；（3）高强度连接器；（4）需要井口作业塔架辅助作业。

2）悬挂装置

芯轴式悬挂装置结构如图5-25所示。其主要由悬挂井口本体、萝卜头、顶丝等构成。

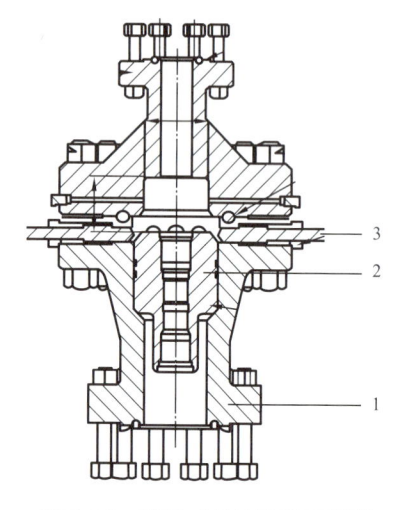

图5-25 芯轴式悬挂装置示意图
1—本体；2—萝卜头；3—顶丝

4.封隔器悬挂技术

1）作业工艺

针对套管完井下的生产气井，为保证井筒的完整性和排水采气需要，需要在套管安全阀以下悬挂连续管作为生产管柱，具体工艺如下：

（1）使用钢丝或连续管在设计下深以下安装带泵接头的堵塞器或桥塞，套管内泄压；

（2）将自由管端安装堵塞器下至设计深度，使用防喷器将其暂时悬挂于井口并剪断连续管；

（3）将连续管与封隔器悬挂装置连接，利用送入管柱下放悬挂在套管安全阀以下设计位置；

（4）验封合格后起出送入管柱；

（5）利用压差泵出堵塞器堵头，速度管柱联通生产。

该工艺主要特点有：（1）套管内堵塞器和连续管堵塞器提供了双重井控屏障；（2）封隔器悬挂装置可打捞回收；（3）高强度连接器；（4）需要井口作业塔架辅助作业。

图5-26 封隔器悬挂装置结构示意图
1—本体；2—卡瓦；3—锚爪

2）悬挂装置

可重复大通径悬挂装置结构如图5-26所示。主要由芯轴、压缩胶筒、锚爪机构等构成。

第五节 连续管致密油与页岩气水平井作业新技术

一、国内外技术现状

随着油气勘探开发不断开展，油气勘探开发面对资源品质劣质化、油气目标复杂化、安全环保严格化等严峻挑战。北美地区页岩气和致密油依靠技术进步实现了规模开发，全球油气勘探开发趋势正从常规油气藏向低渗透、非常规发展。在中国非常规油气资源丰富，页岩气、致密油、致密气以及煤层气开采刚刚兴起，这些非常规油气开发，将成为中国未来重要的战略接替资源。

1. 可钻桥塞+分簇射孔分段压裂技术

该技术国外通过多年发展已经成熟可靠，适合各类常规砂岩、致密和页岩储层等油气井作业，能在直井和水平井中作业。国内随着页岩气、致密油气分段压裂技术的发展，通过引进国外技术，通过消化吸收实现工具国产化，形成了成熟技术。施工过程中通过电缆下入桥塞和射孔枪，爆炸坐封桥塞和射孔后取出电缆和射孔枪，通过套管泵注进行压裂。由于第一段没有泵送通道，多采用连续管带射孔枪下入射孔。压裂完毕后需钻磨桥塞。

为了简化第一级压裂，利用连续管射孔工序，引进国外技术，在固井时下入套管趾端启动滑套（图 5-27），第一级压裂时可不采用连续油管射孔，直接打压打开滑套进行压裂作业，提高了作业效率。该工具已经实现了国产化，但工具的开启成功率比国外滑套低。

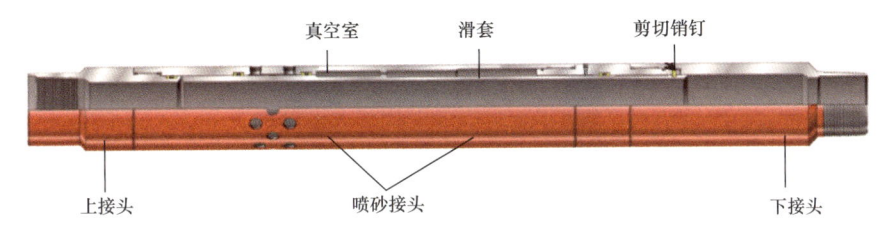

图 5-27 套管趾端启动滑套

2. 全可溶桥塞+分簇射孔分段压裂技术

新型全可溶性桥塞是大通径桥塞的进一步发展，工具无须钻磨，在一定温度下通过井筒返排液发生溶解，保证井筒全通径。避免了大通径桥塞遇阻、遇卡处理难度大，无法满足生产测井要求等缺点。该工具进口后在页岩气中进行成功试验，效果有待进一步验证。

该工具由斯伦贝谢公司生产，在国外已经批量使用，国内于 2016 年 6 月在四川页岩气井首次使用成功，国内研究已经形成了样机。

3. 无限级套管滑套压裂技术

无限级压裂技术采用新型全通径无级差套管滑套，根据油气藏产层情况确定滑套安放位置后，按照确定的深度将滑套作为套管柱工具与套管一趟下入井内，然后实施常规固井，利用工具依次打开各层滑套并分段压裂施工。

国外多家公司通过多年攻关，研制了不同类型的无限级压裂技术，从压裂工具打开方式上分为投球式（飞镖）压裂滑套、连续管工具打开压裂滑套和液压打开压裂滑套 3 种工具。可用于非常规油气藏的增产改造，也可作为油气井生产时分层开采及封堵底水的有效手段。国内多家单位开展了研究。

二、致密油与页岩气水平井作业技术进展

1. 连续管输送射孔

页岩气水平井第一段射孔多数采用连续管射孔，连续管输送二级射孔器至预定层位，通过井口正加压与环空加压分别起爆射孔器。此外，也可采用油管传输射孔，通过井筒内加压起爆射孔器，还可以采用水力喷砂射孔，将水力喷砂射孔与压裂一体化钻具下入目的层射孔后，然后关闭油套环空控制闸阀进行主压裂。完成了第一段射孔与压裂作业后，油气层与井筒就形成了良好沟通通道，为后续泵送作业创造条件。

连续管输送第一段射孔与油管传输射孔和水力喷砂射孔作业相比，具有作业周期短、经济效益好、成功率高等特点。此外，目前国内的页岩气水平井水平段长度较长，大多在1500～2000m，最长可达2500m，选用连续管输送方式完成第一段射孔作业也更为适合。

2. 连续管钻磨桥塞

随着水平井完井深度的逐渐增加，利用连续管钻磨复合桥塞的做法变得越来越经济、有效。因此在单一井眼中有多个复合桥塞需要被钻磨时，通过评估和完善钻磨桥塞过程中的每一个部分，从而减少卡钻和尽可能消除井眼中的钻屑，连续管能够为这些水平井内钻磨复合桥塞的井况提供一种经济的解决方案。该方法基本的优点包括更少的管柱疲劳，更少地往井内泵送流体和化学制剂，以及总体上更有效和经济地钻进。

当水平井水平段的长度越长，桥塞钻磨的难度就会增加。连续管在井筒中的螺旋屈曲以及磨鞋上的钻压会使钻磨过程恶化，特别是在多桥塞井中许多因素影响到钻磨桥塞的效率。这些因素包括完井因素（套管尺寸、方位角等），储层因素（井底压力、井底温度、页岩或常规，酸性等），复合桥塞因素（尺寸和类型），支撑剂类型（砂、其他支撑剂等），马达和磨鞋的选择，井下工具组合，流体（卤水、胶液等）和设备（连续管）。主要是为了使准备钻磨工作更为完整。

1）模拟计算

为了提高作业效率，进行模拟计算，包括预测循环压力、可达的总深度，以及最优的钻磨深度。总深度是连续管可以到达的绝对深度，在该深度处，连续管已锁定钻压无法施加到磨鞋上。最优钻磨深度一般比总深度短15～30m，此时，钻头施加的钻压依然可以有效地钻磨桥塞。

2）工具串选择

长水平段水平井的桥塞钻磨作业需要格外注意细节、工艺、设备以及连续管有把握到达的实际深度。钻磨桥塞时井下工具组合选择变化很大，有很多种，最简单的就是马达头、马达和磨鞋。可选工具是为了提高钻磨效率和处置应急情况，但会增加振荡器、震击器等工具，同时根据模拟计算结果注意振荡器的选择、多次循环阀的匹配，考虑井下工作组合的尺寸与性能。

3）振荡器

在水平井中推荐使用振荡器（图5-28）。振荡器的作用是减小因拖拽引起的摩阻。事实证明振荡器也可以减少钻磨桥塞的时间，并且可以增加钻磨的效率和克服分支井狗腿度引起的问题。振荡器的类型有两种，即径向振动的振荡器和轴向振动的振荡器。径向振荡器是通过振动连续管和连续改变接触力来产生振动，达到减阻的目的。轴向振荡器产生一个类似活塞作业或是水锤作业来减阻。目前有包含了两者优点的混合振荡器，证明在加深井中用连续管钻磨桥塞具有明显优势。这种混合振荡器双向设计，包含双作用阀机制，该机制通过一个弹簧触发，使活塞加速撞击一个内部挡块，在很短的时间内，通过控制压力和排量，产生很高的冲击能，从而上下双向脉冲振动。另外，由带偏心加权计数器的马达组成，基于压力和流速，马达能够产生很高的转速和径向的频率。

图 5-28　振荡器

4）钻磨循环阀

在钻磨操作中，钻磨循环阀（图 5-29）能使通过马达和工具组合的流量保持稳定，同时在特定条件下，也可以使环空保持循环。在钻磨操作中，钻磨循环阀与连续管马达是连接在一起的，在工具组合中，它位于连续管马达（磨鞋）的上方。

当钻磨循环阀内部的流体压差大于设计阀压，同时上提底部工具串时，旁通阀打开。流体通过旁通阀进入环空。此时可以通过大排量提高环空流体流速。设计的钻磨循环阀适用于所有的标准工具管串，包括 2.12in、2.88in、3.12in、3.5in，几乎能适应绝大多数井况。

钻磨循环阀由一个活塞腔和一个流通通道组成。活塞腔设定了一些调节活塞压力的孔，这些孔的位置决定了密封组件的位置。激活压力为 5~30MPa。活塞通过高载荷压缩弹簧加载。流通通道有一些大的流动孔道，这些孔道的位置是固定的，与芯轴是独立的。当阀内部压力达到或者超过设定的激活压力时，芯轴会释放同时上提底端的钻具组合，超额的流量就会通过阀的流动孔道流入环空中，当流量减小时，钻磨循环阀又会恢复至初始状态。

图 5-29　钻磨循环阀

3. 地面流程

使钻桥塞更加经济合理的关键在于钻磨桥塞的工艺。钻磨的一个问题是桥塞的碎屑大小变化很大，碎屑堆积在井底使得很难清理。因此，地面流程就很有必要，它能减少钻屑二次入井的可能性。井下钻屑积累产生的阻力也可能使连续管在未下到指定深度就被卡住。采用保守的用最小下放力钻磨桥塞的方式能够使钻屑更小，钻屑越小越容易被循环液携带出井筒。

合理的地面流程能够减少停工的可能性，也可避免因堵塞而产生意料之外的情况。要充分意识到在整个作业的过程中，控制流量和排液是至关重要的。为了使地面部分可控和提高作业效率，推荐布置地面流程：井口—旋流除砂器—钻屑捕捉器—双作用节流管汇—应急管线—气体分离器（火炬塔）—多级沉淀池—高压泵车—高压过滤器—连续管。

结合现场使用情况，在钻磨流体具有较好携砂性能时，钻磨返出液通过钻屑捕捉器、旋流除砂器、多级沉降池后返回液罐的流体中仍含有压裂砂，从泵车进入连续管井下工具串中，含砂量较大时对井下螺杆马达造成较大伤害，严重影响螺杆马达的寿命。所有国内钻磨施工过程中均在连续管入口管汇前安装双通道高压过滤器，实现对井下螺杆马达的保护。

1）钻屑捕捉器

钻屑捕捉器（图 5-30）用来捕捉大的碎屑，主要由橇、连接法兰、手动闸阀、三通、快速由壬、拆卸帽以及滤筒等零部件组成。滤筒是主要部件，内部设计可更换滤芯，实现能够捕捉比滤芯过流缝网大的钻屑、固体颗粒。

流体由进口端按图示红色箭头方向流动，经过滤筒时，滤筒中安装有管式滤芯，流体在此经过过滤，较大颗粒的固体、钻屑被截留下来，过滤后的液体继续按图示方向流动直至出口位置。如一侧通道由于捕获大量钻屑和固体颗粒造成堵塞，则可以打开另一侧阀门，并对该侧滤网进行清理。不影响正常的作业。

2）旋流除砂器

旋流除砂器（图5-31）是根据离心沉降和密度差的原理，当水流在一定的压力从除砂器进口以切向进入设备后，产生旋流运动。由于砂水密度不同，在离心力、向心浮力、流体拽力的作用下，因受力不同，从而使密度低的清水上升，由溢流口排出，密度大的砂由底部排砂口排出，从而达到除砂的目的。在一定范围和条件下，除砂器水压越大，除砂率越高，并可多台并联使用。

图5-30　钻屑捕捉器　　　　图5-31　旋流除砂器

旋流除砂器用于对钻磨返出液的净化再利用，有助于清除通过节流阀管汇的砂粒，防止砂粒冲蚀节流管。

参 考 文 献

[1] 吕维平，刘菲，盖志亮，等. 连续管旋转射流油管除垢技术研究和应用[J]. 石油机械，2014，42（5）：82-85.

[2] 桂夏辉，李延锋，刘纯，等. 液固流化床内颗粒自由沉降末速的试验研究[J]. 选煤技术，2010，（1）：5-10.

[3] Song X.Z., Li G.S., Huang Z.W., etc. Mechanism and Characteristics of Horizontal Wellbore Clearout by Rotating Jets[R]. IADC/SPE156335, 2012.

[4] 蒋慰兴，陈建兵，马认琦，等. 磨料射流切割多层套管技术的试验研究[J]. 石油钻探技术，2009，37（2）：41-44.

[5] 王瑞和，李罗鹏，周卫东，等. 磨料射流旋转切割套管试验及工程计算模型[J]. 中国石油大学学报（自然科学版），2010，34（2）：56-61.

[6] 王瑞和，曹砚锋，周卫东，等. 磨料射流切割井下套管的模拟实验研究[J]. 石油大学学报（自然科学版），2001，25（6）：35-37.

[7] A.D.Nakhwa, S.W.Loving, A.Ferguson, S.N.Shah. Oriented Perforating Using Abrasive Fluids Through Coiled Tubing[R]. SPE107061, 2007.

［8］Qiangfa Hu, Feng Zhu, Weiping Lv. Simulating Experiments of Hydrajet Perforating Process［P］. SPE155879, 2012.

［9］牛继磊, 李根生, 宋剑, 等. 水力喷砂射孔参数实验研究［J］. 石油钻探技术, 2003, 31（2）: 14-16.

［10］刘亚明, 袁新生, 艾力. 水力喷砂射孔技术试验分析［J］. 新疆石油科技, 2005, 15（2）: 7-9.

［11］余淑明, 田建峰. 苏里格气田排水采气工艺技术研究与应用［J］. 钻采工艺, 2012, 35（3）: 40-43.

［12］白晓弘, 李旭日. 速度管柱排水采气技术的应用及改进［J］. 石油机械, 2011, 39（12）: 60-62.

［13］赵彬彬, 白晓弘, 陈德见, 等. 速度管柱排水采气效果评价及应用新领域［J］. 石油机械, 2012, 40（11）: 62-65.

［14］王海涛, 李相方. 气井CT速度管柱完井技术理论研究［J］. 石油钻采工艺, 2009, 31（3）: 41-45.

第六章　节能环保及自动化作业技术

近十年来，中国石油在井下作业新技术研发、推广以及应用等方面取得了显著的成绩，并形成了一系列拥有自主知识产权的特色技术，有力地保障了中国石油天然气集团公司油气资源开发需求。随着勘探开发不断向"低、深、海、非"发展，井下作业装备与技术仍将面临巨大的挑战，进一步提高井下作业技术的适用性及可靠性，提升作业装备的自动化、智能化水平，满足节能降耗环保的阶段性要求将是井下作业的重要发展方向。

第一节　清洁作业技术

油水井在生产过程中，需要进行修井作业。据统计，在中国各油田每年进行的各类修井作业中，85%以上为小修作业，修井现场需要修井机操作手、修井一岗、修井二岗、修井三岗等至少4人才能正常施工，管杆起下、管杆上卸扣、摆排油管、甩管等作业环节都需要人工完成，作业过程劳动强度高、环境恶劣。完成一口2000m深的修井作业，仅倒换吊卡一项工作就相当于装卸40多吨重物的工作量（图6-1、图6-2）。而且在小修作业过程中，难免会产生油水混合液、地清液、洗井液等落地情况，这些倾泻、洒落、飘散的原油及污水使井口及员工的工作环境变得脏乱。作业过程中要不断清理井口油污，既影响施工进度，又增大了员工劳动强度。作业后还要用人力、物力治理污染，费工费力，还对井场造成一定的破坏。虽然目前采取了一些办法控制污染，如挖排污池、管桥下铺防渗膜，但大量的使用过的防渗膜和油泥又带来了新的环境压力，没有从根本上解决井场油水污染问题（图6-3、图6-4）。

图6-1　提油管施工　　　　　图6-2　下油管施工

为了从源头上解决修井过程中的污染问题，提高作业效率、减轻工人劳动强度，改善工作环境。经过调研，结合修井作业工艺，中国石油在"十二五"期间研制了适合油田修井作业的机械化程度高、适应性强、安全环保的修井作业模块化、集成化装置，并在油田完成了推广应用，创新性地改变了传统修井作业苦、脏、累、险的现状。

图 6-3　清理井场施工　　　　　图 6-4　回收防渗膜施工

环保型修井作业系统主要由井口操作、管杆输送、作业自动检测及信息处理、辅助配套等模块组成，可完成管杆的输送及摆排、井口及井场废液收集回收、管杆长度测量及数据传输、液面监控及溢流报警、作业现场视频监控、防喷器及抽油泵试压等作业。

一、提管杆过程中刮油刮蜡装置

1. 油管外壁刮油刮蜡装置

该装置总体结构为带上下法兰的圆柱形筒体结构，腔体通径为 $\phi180mm$，上下法兰为双排孔两用结构，螺孔距分别为 310mm 和 403mm，这种双排孔法兰和修井作业常用的两种防喷器（SFZ16-21、SFZ18-35）连接，如图 6-5 所示。主筒体上有 4 个对称的抱紧力调节机构，调节机构是本装置的核心组件。每个带内螺纹的轴套焊接在主筒体上，带外螺纹的空心调节轴与轴套内螺纹相旋合，尾端带凸台的推拉杆插入到空心调节轴内，和空心调节轴内的凸台挂接，调节弹簧套装在推拉杆上，推拉杆另一端与闸板挂接。双层刮油橡胶件通过两根固定螺钉安装在闸板上，两层刮油橡胶件的夹角缝隙错开分布（图 6-6），第一层刮油橡胶件的包裹弧度为 90°×4，第二层刮油橡胶件的包裹弧度分别为 50°×2 和 130°×2，装置实物如图 6-7 所示。

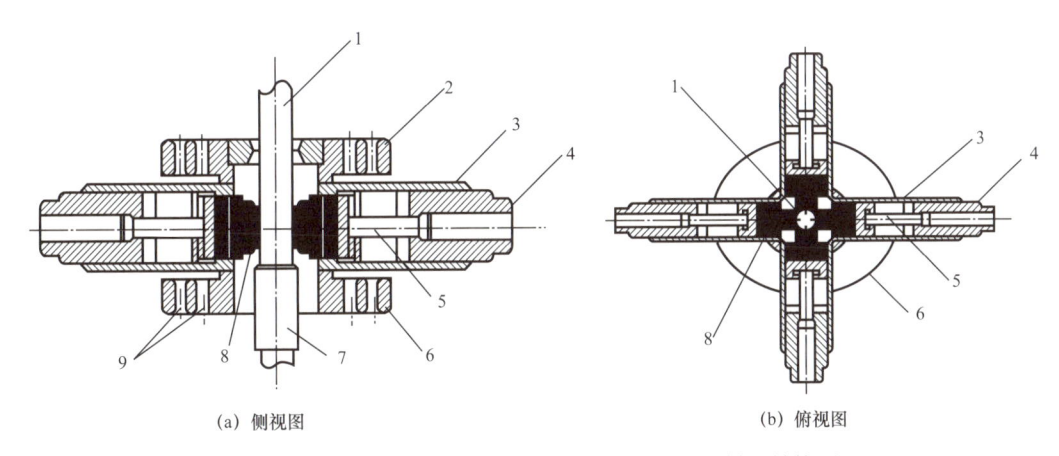

(a) 侧视图　　　(b) 俯视图

图 6-5　全通径抱紧力可调闸板式油管刮油刮蜡器结构图
1—油管本体；2—上法兰；3—轴套；4—空心调节轴；5—推拉杆；
6—下法兰；7—油管接箍；8—刮油橡胶件；9—双排法兰螺孔

图 6-6 双层刮油橡胶的结构示意图　　图 6-7 装置实物图

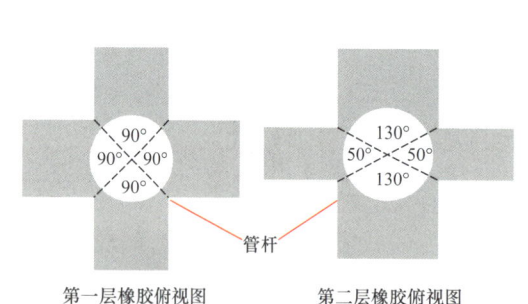

作业时将该装置安装在多功能井口操作平台升高端节上。调节轴为空心结构，在右端内部带有台阶，推拉杆及凸台可在其中轴向移动，并受空心调节轴内部台阶的限制，不能从右端拔出，只能从左端拔出。上提管柱前，根据油管的外径尺寸，通过转动手柄，右旋空心调节轴，调节轴压缩弹簧，弹簧压缩闸板及刮油橡胶件，空心调节轴的旋入量就决定了刮油橡胶件对油管的抱紧度，使一二层橡胶件的抱紧力适度即可。当提下大直径工具及不用对油管进行刮油刮蜡时，左旋空心调节轴，空心调节轴后退，释放弹簧，空心调节轴的凸台挂住推拉杆的凸台，将推拉杆向后拉动，推拉杆又拉动闸板和刮油橡胶件向筒体内收缩，直至刮油橡胶件全部缩回筒体内，使装置的通径达到180mm，便于大直径工具顺利通过。当过油管节箍或管柱摆动时，刮油橡胶件在弹簧的弹力作用下可以保证紧贴油管外壁，可以将油管外壁的油、蜡刮干净，如图6-8所示。

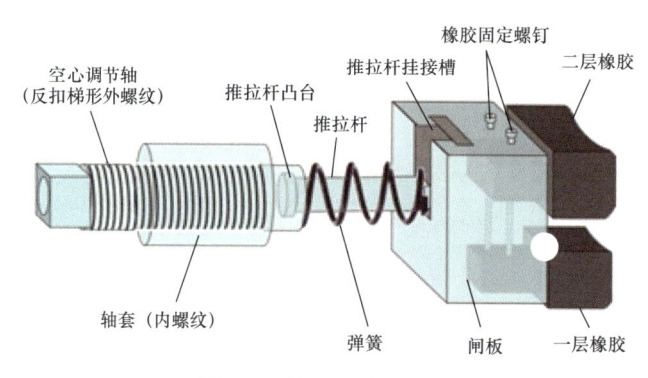

图 6-8 核心组件原理图

该装置具有以下特点。（1）提油管过程中不占用作业时间，不需专人操作。（2）操作简便，拆掉两根固定螺钉就可方便地更换刮油橡胶件等耗材。（3）装置的上下法兰有双排螺孔，能满足与最常用的两种型号的防喷器进行连接。（4）最大通径为180mm，能够轻易通过井下大直径工具。（5）抱紧力可调，通过调节空心调节轴的旋入量，可以调节刮油橡胶件对油管的抱紧度。（6）具有随动性，过油管节箍或管柱摆动时，随动刮油机构的橡胶在弹簧的弹力作用下紧贴油管外壁，达到了自动跟随油管摆动的目的，使刮油橡胶始终能起到很好的刮油效果。（7）第一层橡胶件每块橡胶的包裹角度为90°，第二层橡胶件一对橡胶的包裹角度130°，另一对橡胶的包裹角度为50°，两层橡胶夹角缝隙错开，过油管节箍或其他变径工具通过时不会出现留有缝隙的现象，刮油效果更佳。（8）扶正块可以防止管柱过度摆动,以降低弹簧的跟随行程,保证了橡胶可以贴紧油管外壁。(9)整体装置高度适中,不会因安装本装置而使作业面过高,适用于18m的修井机。

另外,还研制了简易的胶芯随动式油管刮油器(图6-9),其主要由压盖、壳体、法兰、刮油胶皮、隔压环、法兰螺孔及螺栓组成,由5层隔压环和4层硅胶刮油胶皮间隔放置组成刮油胶芯,每层刮油胶皮有3道切口,4层胶皮的切口错开分布,以保证油管接箍能顺利通过,并保证刮油效果。胶芯可在壳体内随管柱的摆动而径向移动,达到了自动调心的目的,使刮油胶芯始终能起到很好的刮油作用,更主要的是管柱不会对刮油胶芯造成偏磨和硬摩擦现象,因此大大延长了刮油胶皮的使用寿命,同时也节省了作业工人调整井架使管柱与井口对中所耗费的时间和人力。可根据管径的不同更换不同尺寸的刮油胶皮。提油管前将刮油器放置在井口集液平台的升高短节内,达到提管过程中清洁油管外壁的目的。两种刮油器胶皮采用硅胶材质,较软,稀油井刮油效果好。

图6-9 胶芯随动式油管刮油器

2. 油管内壁刮油刮蜡装置

该装置由油管快速接头、刮油塞、两位三通阀、气管线和气源等4部分组成(图6-10)。其中油管快速接头由气筒、密封圈、卡瓦、螺纹管、旋转套、把手和进气孔组成;刮油塞由塞杆、单向皮碗和压帽组成;气管线由气管线主体和接头组成;气源采用修井机的气缸或采用充气泵。针对泄油器打开的井,提油管之前把刮油塞放进油管内,在井口接箍上安装快速接头,再卡紧快速接头,依次接好两位三通阀、气管线至气源体。施工时打开两位三通阀,利用气压将刮油塞推向下一根或几根油管,根据气源压力变化判断刮油塞下行深度。每提油管若干根时重复气推刮油塞,从而保持刮油塞继续下行刮油,刮油塞下行的同时对油管内壁进行刮油,实现油管内壁刮油刮蜡和通管的作用,达到油管内壁清洁的目的,减少地面污染和地清时间,同时减少提管柱时的井口污染和油管搬运时的车辆道路污染。

(a) 油管快速接头 　　　　　(b) 刮油塞 　　　　　(c) 油管快速接头工作状态

图6-10 提油管过程中油管内壁刮油刮蜡装置

3. 抽杆外壁刮油刮蜡装置

主要由带油管内螺纹的上盖、开槽的筒体、轴套、空心调节轴、推拉杆、调节弹簧、带刮牙和刮油橡胶的摇臂总成、下盖、下接头（油管外螺纹）和上下盖内六角螺栓等组成（图 6-11）。筒体有一道开口槽，一是便于横向推入抽油杆柱，实现快捷安装，避免繁琐的套装；二是起到排泄槽的作用，可将刮下来的死油、硬蜡通过开口槽排至井口集液平台中，最后再集中处理。油管内螺纹是为了在提下抽杆时连接抽杆导向器，防止挂碰抽杆扶正器等。下接头是为了和井口集液平台连接。采用摇臂式结构调节抱紧力，是为了让摇臂起到导向作用，方便顺利通过抽杆刮蜡器、扶正器，装置实物如图 6-12 所示。

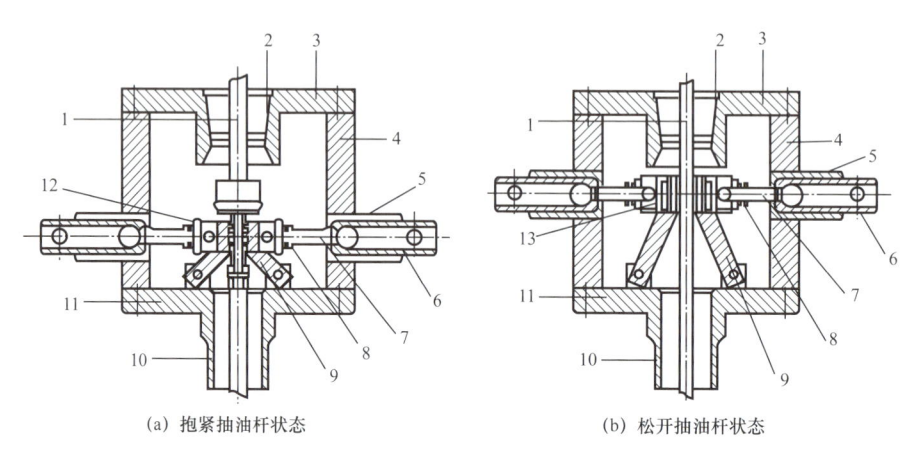

(a) 抱紧抽油杆状态　　(b) 松开抽油杆状态

图 6-11　全通径抱紧力可调摇臂式抽油杆刮油刮蜡器结构图

1—抽油杆；2—油管内螺纹；3—上盖；4—筒体；5—轴套；6—空心调节轴；7—推拉杆；
8—调节弹簧；9—摇臂；10—下接头；11—下盖；12—刮牙及刮牙座；13—刮油橡胶

(a) 正视图　　(b) 俯视图

图 6-12　装置实物图

刮油刮蜡部分由上下两层组成，下部为两块包裹角度分别为 180° 的硬刮牙，上部为两块包裹角度分别为 180° 的软刮胶皮。软刮和硬刮部分分别由对称的两套调节机构调节硬刮牙和软刮胶皮对抽杆的抱紧度。上提抽杆前，根据抽杆的外径尺寸，通过转动手柄，右旋空心调节轴，调节轴带动摇臂抱紧抽杆，继续右旋，调节轴压缩弹簧，弹簧压缩摇臂总成，调节轴的旋入量决定了摇臂总成对抽杆的抱紧度，根据抽油杆表面附着的油量和蜡量调节适当的抱紧力，便可将抽油杆表面的油、蜡刮干净。当不对抽油杆进行刮油刮蜡时，左旋调节轴，释放弹簧，可将硬刮牙和软刮胶皮收回，使装置的通径达到70mm（ϕ73mm油管内径62mm），便于带扶正器和刮蜡器的抽油杆通过。

该装置可根据现场实际情况调节硬刮牙和软刮胶皮对抽杆的抱紧度。下部的硬刮牙可以刮去抽杆外壁的蜡和死油，上部的软刮胶皮可以刮去抽杆外壁的油和水，实现先硬刮后软刮的作用，刮油效果更好。两层刮油装置都可以调节开合，不仅可刮掉抽杆本体的油污，因摇臂结构的设计，还可以正常通过刮蜡器和扶正器。

另外，还研制了简易的胶芯随动式抽杆刮油器，其结构与胶芯随动式油管刮油器结构相同，适用于ϕ19mm、ϕ22mm的普通抽杆和ϕ25mm的抗扭杆。

二、现场应用

环保型修井作业系统自2016年9月1日研制成功，并在彩南油田首次投入使用，目前准东采油厂井下技术作业公司6支修井队各配备了1套，截止到2017年10月20日共施工105井次（图6-13）。管桥承重40t以上，可适应新疆油田95%以上油井、水井。3名操作员即可完成从施工准备、提下结构、地清、完井收尾等各项工作，提下油管速度约45~60根/h，降低员工劳动强度，减少特种车辆使用以及作业队伍对特种车依赖，降低运行成本，提高生产时效，使每支作业队减少员工4~6人，单井减少90%防渗膜使用量，减少95%以上含油污泥的产生，实现修井作业自动化、环保、节能、安全、高效运行。

图6-13　环保型环保型修井作业系统现场应用

1. 经济效益

（1）单井可节省环保投入费用2934元：① 三防布10000元/张，每张可使用5.5井次，每井次可节约1818元；② 单井平均减少含油三防布处理费，3200元/t×0.3t=960元（含运费）；③ 减少含油污泥处理费，520元/t×0.3t=156元。

（2）单井节约生产运行费用2056元：① 节约一部罐车洗压井费用，6.09元/（吨·h）×30t×4h=365元；② 节约收液泵车费用，202元/h×2h=404元；③ 节约试压泵车费用，202元/h×2h=404元；④ 节约装载机平井场费用，137元/h×4h=548元；⑤ 节约蒸汽车费用，232元/h×3h=696元；⑥ 搬家费用增加361元。

（3）节约人工费用约100万元：每班减少1~2人，单队减少3~6人，单队每年减少人工成本约51~102万元。

2. 社会效益

（1）三种刮油刮蜡器起到了在提管杆过程中就将管杆表面及油管内壁的油蜡刮干净的作用，引入了"优先源头控制"的环保理念，大幅减少了管杆在提下、摆放、更换、搬运等一系列工作中造成的污染。

（2）多功能井口操作平台与井口相连，可将提下管杆时井口溢流的油水收集到平台下的漏斗形容器内，再通过倒流管引入管桥前端的废液收集罐内，防止了溢流的油水对井口的污染，避免了人员站在水、油、泥当中作业，改善了井口操作人员的作业环境，不再新增含油污泥与危废。

（3）井场防污染装置中的油管输送装置设计了导流槽，便于承接管杆上滴落的油、污水等污染物，并通过导流槽引入废液收集罐内。接油板可承接摆放在管桥上的管杆壁上滴落的油水，并将这些油水引入前后两个废液收集罐内，油管内油水则直接流到两端的灌内。地清油管时将后端灌体上的挡板竖起来，阻挡地清时从油管尾部喷出的油、水、蜡向后喷洒，使其直接落入罐内，并且灌内的油水可回收，解决了国内地清采用防渗膜遮挡而产生含油危废问题。

（4）环保型修井作业系统把机械化、自动化与环保相结合，形成自动、环保一体化修井装备，能够实现人员操控液压、气压控制系统控制设备的运行。解决了修井现场的环保问题，防止了环境污染，改善了操作人员的作业环境，降低了人员劳动强度，其操作安全、省力、便捷，又很大程度上提高作业效率，解决了操作时需要多个人员相互配合的问题，减少了修井班组的配备人数，使员工在井口作业的安全性大为增强，产生了显著的社会效益。

第二节　修井作业自动化

目前，国内油田常规修井作业设备的自动化程度低、设备滞后，除使用半机械化的液压大钳对管柱进行上卸扣外，其他井口作业均为人工操作。就以约占整个井筒维护工作量的90%～95%的小修作业为例，在作业过程中起下油管、抽油杆，采用单根起下、地面水平排放的作业工艺，其中在起下油管过程中上卸扣、甩油管等作业环节主要由工人在井口手动操作完成，属于人机联合作业，这种操作方式不仅工作效率低下，而且工人劳动强度高。据不完全统计，采用人机联合修井作业的方式完成一口深2000m油井的抢修工作，仅倒换吊卡一项工作就相当于装卸40t重物的工作量，对修井作业人员来说是一项巨大的挑战。同时，工人长期在恶劣的环境中从事高强度劳动，极易发生安全事故。在修井作业过程中如遇到油套管溢流或恶劣天气时，不但会对修井作业的正常进行造成干扰，还会产生井内液体喷洒井场或无法对接油管的后果，使人员和设备受到井内液体赃物的污染，对环境造成一定的污染。

针对传统修井机小修作业存在的作业周期长、自动化程度低、人工劳动强度大、安全性差等问题，中国石油积极发展自动化修井技术，形成了地面送管、悬吊、上卸扣、高空排管等系统的自动化作业，并在大庆、吉林、新疆等油田完成推广应用，显著降低了员工劳动强度，减少了特种车辆使用以及作业队伍对特种车依赖，降低了运行成本，提高了生产时效。

一、井口操作系统

1. 多功能井口操作平台

针对传统小修作业中井口溢流及管杆外壁粘挂污染等诸多问题，中国石油研制出了带井口集液、返出液回收功能的井口集液操作平台，其主要由操作平台、升高短节、废液收集罐、导流管线、扶梯和护栏构成，如图6-14～图6-16所示。多功能井口操作平台总体外形尺寸：2450mm×2400mm×620mm。升高短节上下法兰可与SFZ18-35及SFZ16-21的防喷器连接。操作台采用网状踏板形式以便油水可落入废液收集罐内。废液收集罐采用漏斗形结构，可将废液通过导流管线排至套管内或外排罐中。带应急滑板的安全扶梯能方便上下操作平台，扶梯带有应急滑板，上下操作台时，应急滑板折叠在扶梯一侧，之后可将应急滑板转动90°，覆盖在扶梯踏板上，就变成了逃生滑梯，操作人员能快速安全离开平台。操作台面的边缘插有高为1.2m的防护栏，能有效防止人员从平台上摔下来，并且可方便拆装。

图6-14 多功能井口操作平台　　图6-15 操作台网状踏板　　图6-16 扶梯及护栏

2. 气动卡瓦

微痕气动卡瓦型号：FDKWQ-70t。最大工作载荷70t，通径ϕ165mm，可卡持外径为ϕ62mm、ϕ73mm、ϕ89mm的管柱，气缸工作压力588～686kPa（图6-17）。气动卡瓦的应用改变了传统提下油管作业中依靠人力抬放吊卡的双吊卡交替使用的施工模式，只需一人即可完成井口的操作，提下管柱速度加快，提高了井下作业施工效率，大大降低了修井一、二岗的劳动强度。

图6-17 气动卡瓦

3. 抽油杆背钳

针对要靠两人才能进行提下抽杆作业的实际情况，结合提下抽杆的几种工况，研制了塔式法兰框架式抽油杆背钳、塔式法兰立杆式抽油杆背钳、防喷器法兰式抽油杆背钳、油管节箍式抽油杆背钳等一系列抽油杆背钳（图6-18）。这些工具结构简单，安装、操作方便，成本低，适用于提下抽油杆的各种井口类型，达到了井口只需一人即完成抽杆的上卸扣作业。因有抽油杆背钳的技术支持，环保型修井作业系统投入使用后，每班组可真正实现 5 人缩减至 3 人。较常规作业相比，每班减少 2 人，单队可减少 6 人。降低了人工成本，减轻了员工劳动强度，提高了施工效率。

(a) 塔式法兰框架式抽油杆背钳　(b) 塔式法兰立杆式抽油杆背钳　(c) 防喷器法兰式抽油杆背钳　(d) 油管接箍式抽油杆背钳

图 6-18　几种抽油杆背钳

二、管杆输送模块

1. 管杆输送装置

1）主机部分

主要由底座、主机液压千斤、主梁、主梁升降液压千斤、滑道伸缩液压千斤、液压管线构成（图 6-19）。主机整体高度可调，以适应管桥的不同高度，主机液压千斤 2 个，型号（活塞直径 × 行程）为 80mm×400mm，额定压力为 30MPa，主机外形尺寸为 9500mm×1200mm×1180mm。主梁在起升千斤的作用下可举升和下降，滑道在伸缩液压缸的作用下可沿主梁导轨前进和后退，主要用于输送管杆，配合提下管杆作业，装置外形尺寸为 9500mm×630mm×950mm。主梁总长 8400mm，主梁升降仰角范围为 0～10°。升降液压千斤型号（活塞直径 × 行程）为 120mm×900mm，额定压力为 30MPa，行程总耗时 5.6s，大臂升降高度范围 576～2860mm。伸缩液压千斤型号（活塞直径 × 行程）为 80mm×3200mm，额定压力为 30MPa，行程总耗时 8.5s，大臂伸缩长度范围 0～3200mm。装置设有接油板及导流槽，便于承接管杆上滴落的油、污水等污染物，并通过导流槽引入废液收集罐内。

(a) 主视图　(b) 侧视图

图 6-19　管杆传输装置主机部分

2）管杆拨轮机构

主要由液压马达、链轮、链条、传动轴、拨轮等构成（图 6-20）。传动轴安装在管杆输送装置内侧，长 850mm，直径为 40mm。液压马达是拨管器的动力源，液压马达型号为

BM3-160N，在液压的推动下带动链轮转动。拨轮为 ϕ180mm 变形轮式结构，共 3 组，分别安装在传动轴的两端和中间位置。下油管前，人员操控液压控制系统，控制油管拨管器的运行，管杆桥调整好高度和角度，油管可自动滚至拨管器工作范围内，油管拨管器每次旋转 1/3 圈，将管桥上靠近拨管器的一根油管纳入油管拨轮的凹槽内，经旋转后拨送至滑道上的油管滑车上。

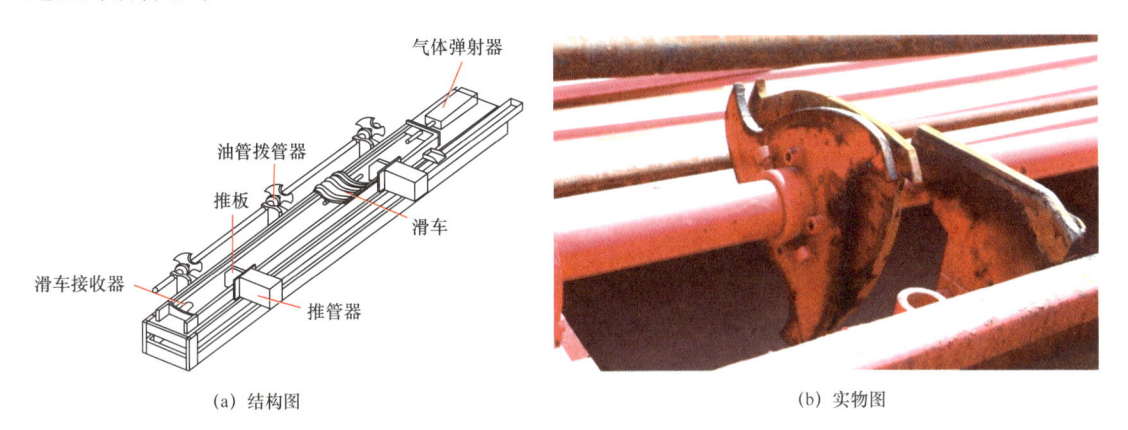

(a) 结构图　　(b) 实物图

图 6-20　管杆拨轮装置

3）气推管杆机构

主要由气缸、推板和外壳组成（图 6-21）。推管气缸有 2 个，分别位于滑道的两端，气缸型号（活塞直径 × 行程）为 80mm×200mm，额定压力 0.6~0.8MPa。当提出的油管完全落平至管杆输送装置上时，工作人员操控气路控制系统，气缸伸出，推板伸出并推动油管滚落至管杆桥上，然后工作人员再控制气缸收缩复位，待下根油管落平后重复操作。管桥上油管排满一排后，起升管杆输送装置主机部分，使管杆传递装置的滑道与管桥的第二层处于相同高度，以便进行第二排的推送与摆排。

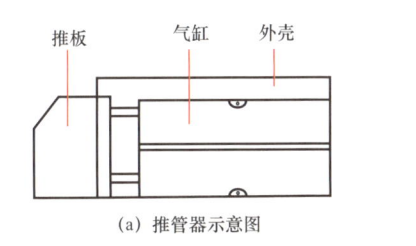

(a) 推管器示意图　　(b) 实物图

图 6-21　气推管杆装置

4）气动滑车机构

主要由专用油管滑车、滑车接收器和弹射器构成（图 6-22）。滑道嵌在主梁导轨内。气动滑车为 V 形结构，在其表面焊有铜板，以保护油管丝扣。滑车两端焊有传力杆。滚轮采用隐藏式结构，防止长期使用后油泥、沙土等阻碍其滚动。滑车接收器内部装有可径向伸缩的弹性机构，方便传力杆进入并能以一定的夹紧力锁住滑车，在适当的推力下传力杆又能从接收器中脱出。弹射器采用 1 个型号为 65mm×400mm 的气压缸，额定压力 0.6~0.8MPa，通过气缸推动活塞杆与滑车的传力杆瞬间接触，将滑车弹射至滑道前端的滑车接收器，并使传力杆插入接收器，然后将提出的油管置于滑车上，利用油管下移的重力推动油管滑车向后移动。当载有油管的滑车运行到滑道最后端时，滑车的传力杆插入滑道最后端的传力孔内，卸去油管后，再控制弹射器将油管滑车弹至滑道前端。如此反复，直至全井油管提下完成。

(a) 油管滑车　　　　　　　(b) 滑车接收器　　　　　　(c) 弹射器

图 6-22　气动滑车机构

5）提下抽杆的配套装置

在提下抽杆时安装抽杆拨轮、输送轨道（图 6-23），解决了抽杆自动输送的技术难题，进一步降低劳动强度。

2. 液压可调高度及角度管杆桥

传统的管杆桥搭建完成后高度不能再调整，且受地形限制，不容易搭平。传统修井作业均采用人工摆排管杆，若管杆桥未搭平，油管不易滚动，给施工人员摆排油管造成困难，还会出现管杆桥倒塌的危险。

图 6-23　提下抽杆的配套装置

研制了一种多级液压可调管杆桥，主要由三级复合梁、6 座专用液压支腿、液压锁以及液压管线构成（图 6-24）。复合梁主梁由强度较高的 $\phi89mm$ 钻杆构成，为了进一步提高其抗弯强度，在主梁下部焊接有斜拉筋。每级复合梁长 9600mm，高 600mm，每两级复合梁之间间距 3600mm，两端各安装一座专用液压支腿，型号（活塞直径×行程）为 80mm×400mm，额定压力 30MPa，起升高度 300mm。为了保证其安全性，每座液压支腿都装有液压锁和机械锁紧装置。液压可调管杆桥可根据井场条件，通过调节管杆桥高度和角度，使管杆桥两端形成高度差，依靠管杆自身重力的分力即可实现管杆的自动滚排。管杆桥一层可放置 $\phi73mm$ 油管 100 根左右，可放置 $\phi19mm$ 抽油杆 215 根，可放置 $\phi22mm$ 抽油杆 195 根。

为防止摆放在管杆桥上的管杆外壁油、水滴落或地清时油、水、蜡落地造成污染，在管杆桥前后设计了两个废液储集罐，前部罐中间设有一个 $3m^3$ 清水罐，具有废液收集和井控灌液两个功能，外形尺寸：9200mm×1600mm×825mm；后部罐有可竖起的挡板，阻挡地清时从油管尾部喷出的油、水、蜡向后喷洒，使其直接落入罐内，外形尺寸：9200mm×1800mm×825mm。两罐之间配备废液收集泵，可以将前后两废液罐内的油水泵入采油系统内，也可泵入罐车内，拉运至联合站回收。三级管桥之间用接油彩钢板搭建成中间高两边低的"人"字形，铺满整个管桥下方，以便油、水流入前后罐内，实现了原油不落地，解决了地清采用防渗膜遮挡产生含油危废的问题（图6-25）。

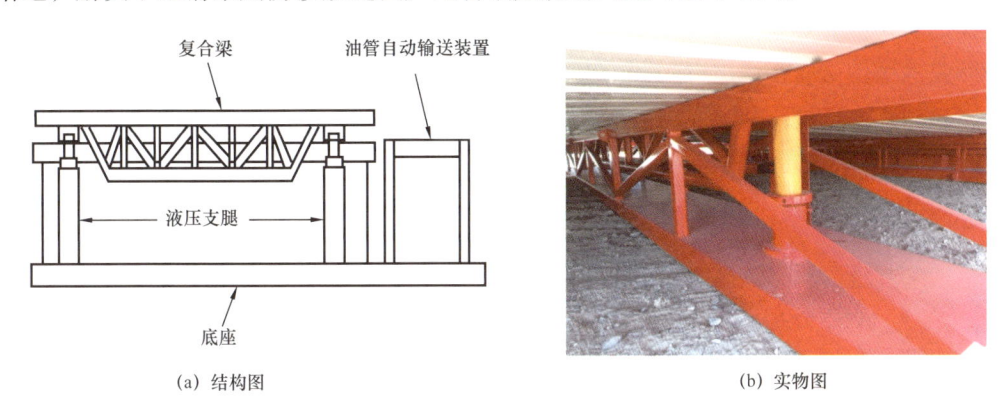

(a) 结构图　　　　　　　　　　(b) 实物图

图 6-24　可调角度及高度的管杆桥

(a) 前部罐　　　　　　　　　　(b) 带挡板的后部罐

(c) 废液收集泵　　　　　　　　(d) 接油彩钢板

图 6-25　井场防污染装置

3. 操控房

系统的操控房是一个独立的集装箱式的结构，主要由液压泵、液压油箱、散热器、集气瓶、干燥器、配电箱、液压管线以及气管线组成（图6-26）。操控房内将操控间与动力输出设备分成了两个相对独立的区，提高了操作人员的安全性，并相对减少了动力输出设备产生的噪音伤害。操作人员通过操作各操控杆，可完成环保型修井作业系统的全部功能。使用时先按编号连接操控房与管杆传输装置之间的气路管线、液压管线，搬运时将管线断开收入操控房内，再进行吊装。

(a) 操控房 　　(b) 动力输出设备

(c) 液压操控阀 　　(d) 气动操控阀

图6-26　环保型修井作业系统操控房

三、液位监控、溢流报警及井控灌液系统

管桥两端储液罐液位监测使用连杆浮球液位计，该种液位计原理简单，可应用于高压、黏稠、脏污、沥青、腐蚀性等介质的液位（界面）的连续测量。连杆浮球液位计在高液位或低液位时输出开关报警信号，警示操作人员。

该种液位计是利用浮球内磁铁随液位变化，来改变连杆内的电阻与磁簧开关所组成的分压电路，分压信号经过转换器转变成4～20mA标准信号，通过显示仪表显示液体的实际位置，从而达到液位的远距离检测，并根据液位情况估算废液罐内的液体体积变化，当井内发生溢流时，报警系统自动通过液面监控，对液位差进行分析，达到预设的报警值时系统自动报警。另外，配备了灌液泵，提油管时，可在井下作业信息处理系统中录入井号、油管直径等参数，选择提油管模式，选择自动或手动灌液方式，根据管杆尺寸，按照设计要求进行灌液（图6-27）。

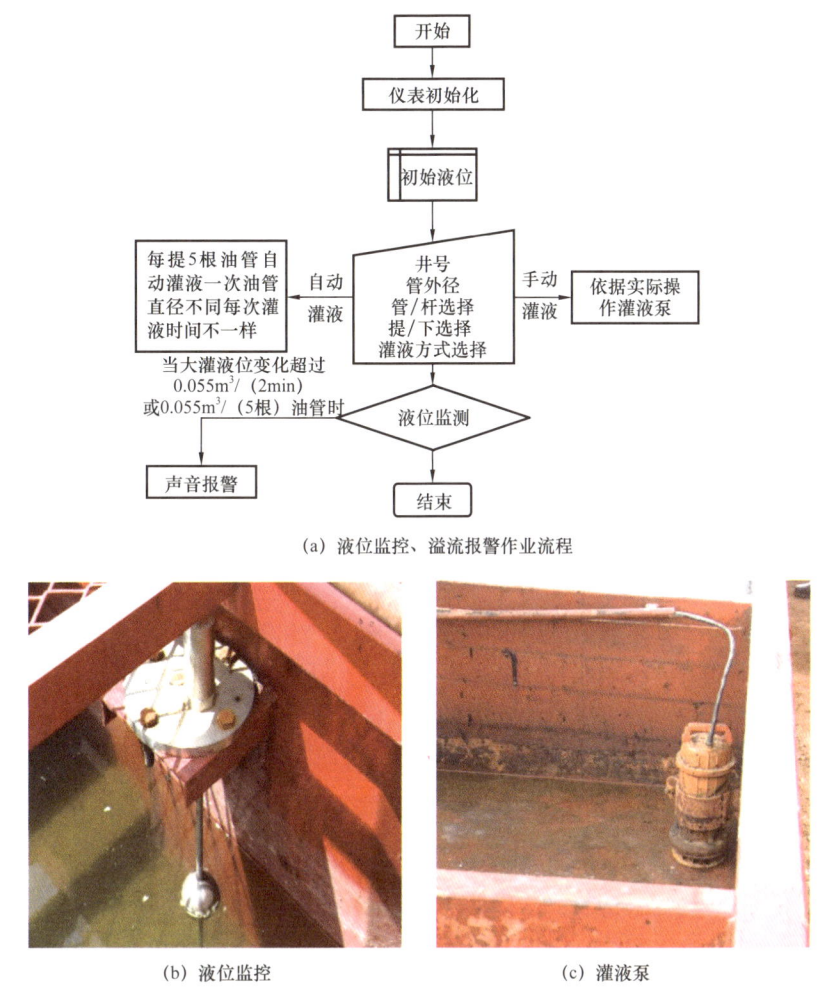

(a) 液位监控、溢流报警作业流程

(b) 液位监控　　　　　　　　　(c) 灌液泵

图6-27　液位监控、溢流报警及井控灌液系统

四、视频监控系统

修井作业具有作业地点不固定的特点，因此采用移动运营商网络作为视频和生产数据的传输网。系统包括：路由器1台、视频服务器1台、高清室外4G球机1台、视频管理平台1套。在作业现场安装高清室外4G智能球机1台，配置移动网络4G SIM卡，配置两张128GB存储卡。4G智能球机带有无线网络AP功能，可以连接现场笔记本电脑。摄像机内置电池，在无市电接入的情况下，仍可持续录制视频约3h。

在准东基地通信公司配置路由器1台，视频服务器1台（含VM软件），路由器一端通过通信公司提供的Internet地址连接Internet，一端连接视频服务器。视频服务器主要是管理现场高清室外4G球机，并提供远端用户访问现场高清室外4G球机。

修井方案传输到现场，可以采取现场笔记本电脑通过4G智能球机带有无线网络AP

功能接入到 Internet，通过油田局域网 VPN 账号播入油田局域网，井下技术作业公司相关部门可以通过油田局域网 RTX 传输（图 6-28）。

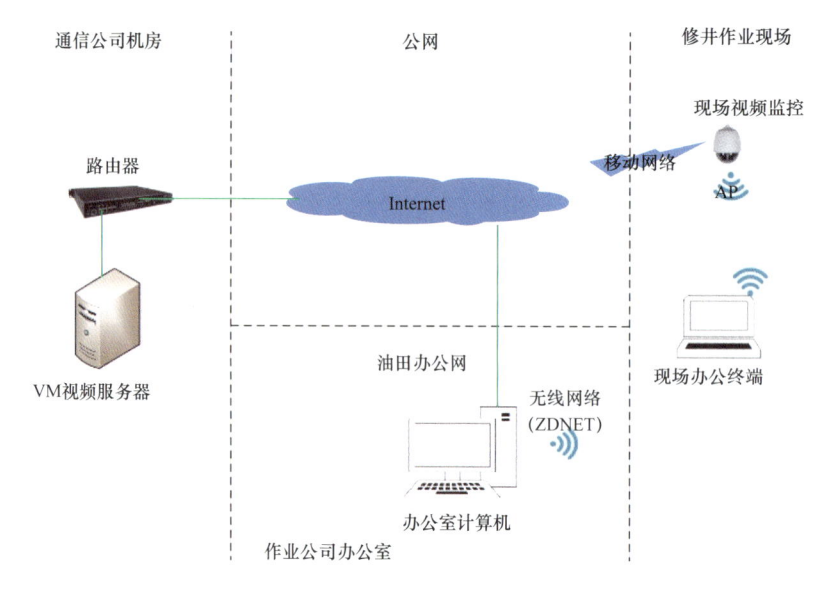

图 6-28　视频监控系统图

管杆长度及液位视频检测系统如图 6-29 所示。

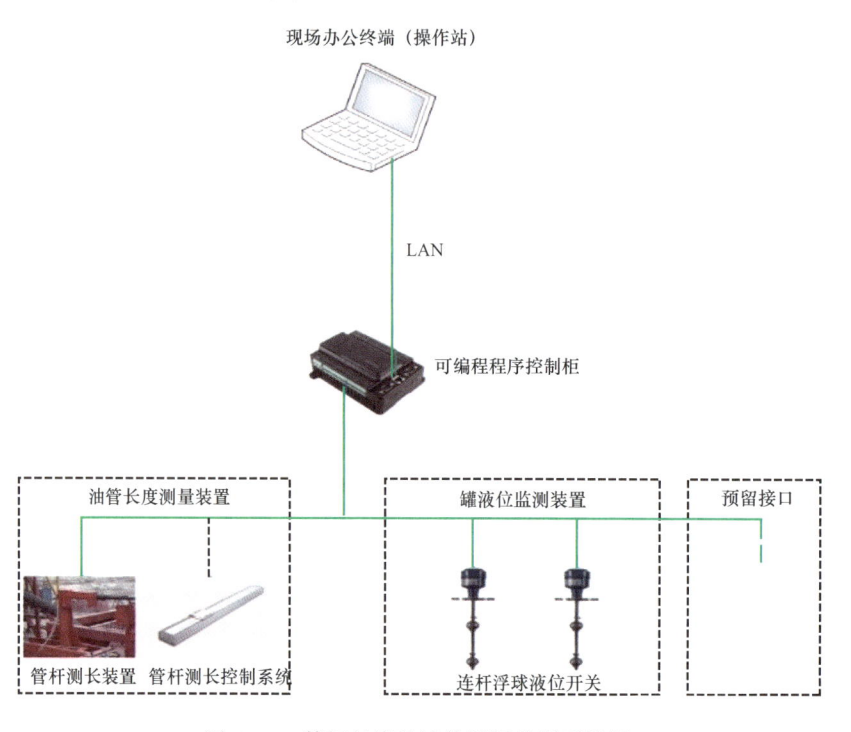

图 6-29　管杆长度及液位视频检测系统图

目前自动化修井技术已经在大庆、吉林、新疆等油田完成推广应用，显著降低了员工劳动强度，减少了特种车辆使用以及作业队伍对特种车依赖，降低了运行成本，提高了生产时效，存在广泛的推广空间。

第三节　网电修井机

常规修井机以柴油作为动力，采用液力机械传动，传动系统复杂，空载损耗大，机械效率低，能源消耗多，而且存在大气污染、噪声污染等环保问题。为了节能降耗，减少污染排放，出现了以电动驱动的石油钻修井装备。常规电动修井机一般采用交流变频技术实现修井机绞车恒功率输出，先后出现过两种形式：一种是接入低压电源的电动修井机，现场应用难度小，安全性较好，但受井场变压器（一般为50kVA/400V）限制，电动机功率匹配小，起下速度慢，解卡能力低，无法达到常规修井机的工作能力和作业时效，如果配备较大功率的电动机，会打破电网供电平衡，造成变压器过载，影响临近抽油机正常工作，甚至造成电网故障；另一种是接入高压电网的电动修井机，一般为10kV或6kV供电，虽然可以不受井场配电的限制，但是需要配备单独的高压移动变电站，一方面增加了设备投入和搬安工作量，另一方面每次作业必须经油田供电部门批准，并由专业电工接入和拆除，等待时间过长，安全风险大[1]。上述两种形式的电动修井机在现场推广都存在着一定困难。

按照国内油田电网条件，新型网电修井机应该满足以下两个条件：一是在现有油田井场低压电网条件下，可直接接入抽油机供电系统，安全、方便，不必申请、审批和等待；二是具备常规柴油动力修井机起升、解卡工作能力和作业效率。

针对上述两种电动修井机存在的不足，中油集团渤海石油装备制造公司研制开发了新型网电修井机，通过变频调速和超级电容储能技术相结合，在现有抽油机低压配电条件下（50kVA/400V），以超级电容器作为储能元件，利用修井机工作间歇充电，起升时适时放电，补偿修井机输出功率，并采用变频调速和机械换挡，实现绞车宽恒功率输出，既保证了与常规修井机工作效率、作业能力相同，又可以安全、方便地实现修井机"电代油"。

一、技术原理

1. 超级电容器

超级电容器又称为法拉第电容器，因有两个浸没在电解质中并由隔膜分离的集电层，又称双电层电容器。由于电极采用多孔材质，储电能力远远超过普通电容器，故称超级电容器。它具有功率密度大、充（放）电速度快、效率高、寿命长、无污染等优点。作为储能元件，超级电容器在能量变换方面具有非常明显的优势，已在轨道交通、风力发电、公交车辆、军事装备等方面得到广泛应用。

表6-1给出了超级电容器、电化学电池与其他类型电容器主要特性的对比，从数据对比可以看出，超级电容器功率密度是电化学电池的20~40倍，循环工作次数高出电化学电池3个数量级，工作寿命也高出普通电容器和电化学电池，是电池工作寿命的3倍。但超级电容器储电量小，持续电量少，能量密度只有电化学电池的1/100~1/10，是这种超级储能元件的主要不足。但随着技术不断进步，工作性能会进一步提高，因此超级电容器是一种拥有较大发展潜力的储能元件[2]。

表6-1 普通电容器、超级电容器、电化学电池主要特性对比表[3]

对比指标	普通电容器	超级电容器	电化学电池
能量密度，W·h/kg	约为0.1	1~10	约为100
峰值功率密度，kW/kg	10^4	2~20	0.1~0.5
循环次数	10^{10}	10^6	约为10^3
寿命，a	约为10	约为15	约为5

2. 超级电容储能系统

超级电容储能系统由多组超级电容器和电路组成，超级电容器通过串并联能够储备足够的能量，这种储能系统放电速度快，可以及时响应负载的波动，但是作为直流电源的超级电容储能系统电压变化大，无法形成长时间的稳定电流，还不能直接接入功率变换系统，需要通过一种电压源型变流器接到直流母线上才具有稳定的工作性能。这种变流器采用双向直流输入和输出，既能接受直流母线的电能（充电），又能向直流母线回馈电能（放电），通过系统电路控制超级电容储能系统充电和放电，就能够实现网电修井机稳定的功率补偿。

3. 功率补偿系统工作原理

修井机是一种承担间歇性负载的工程机械，其作业过程可以分为起升和下放两个阶段，起出抽油杆（油管）的每个工作循环分为3个步骤，即起升、卸扣和单根下放，下放阶段各工作步骤刚好相反。因设备条件和工人熟练程度不同，各作业工序耗时不等，每个工作循环耗时一般为56~66s[4]。通过实测修井机发动机的功率输出，修井机起下过程各工作步骤动力输出曲线如图6-30所示。

可以看出，起升时，修井机最大峰值功率为P_{MAX}，下放为P_{MIN}，卸扣时有一个小的峰值输出，是为液压钳提供液压动力，整个工作循环的平均功率为P_j，卸扣和下放总时间约为起升时间的两倍，是一种典型的间歇式循环作业。

采用超级电容功率补偿系统为修井作业补偿动力，其基本过程为：在修井机起升时，因电网功率P_s不足，母线电压降低，超级电容器组通过变流器放电，补充功率为P_{DCH}，共同为绞车电动机提供动力P_{Load}[（图6-31（a）]；在修井机工作间歇，即卸扣和下放单根时，修井机动力输出在平均功率P_j以下，电网利用工作间歇为超级电容充电，充电功率为P_{CH}[图6-31（b）]。因超级电容充放电速度快，且充电时间大于放电时间，因此保证了每次充电可以在起下间歇完成，井场电网可以得到有效的补偿。图6-33是网电修井机功率补偿系统工作原理图。

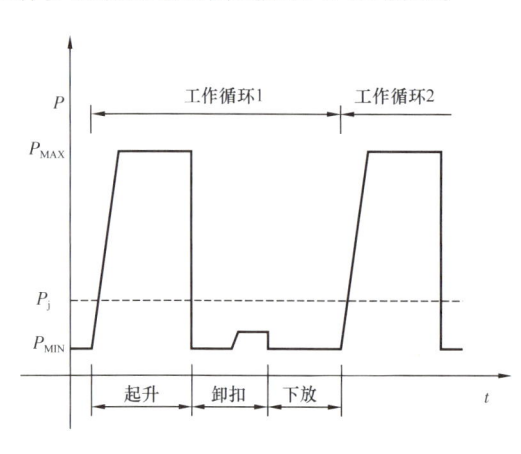

图6-30 修井机动力输出曲线

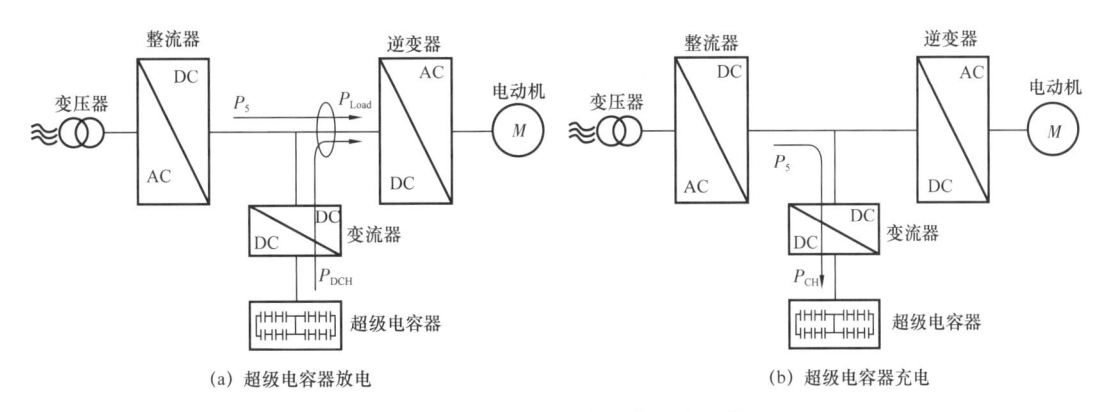

(a) 超级电容器放电　　　　　　　　　(b) 超级电容器充电

图 6-31　新型网电修井机功率补偿系统工作原理图

在网电修井机峰值输出时，超级电容与电网同时为修井机提供动力，因此该系统实际上起到功率补偿和功率削峰两个作用，在现有的油田井场低压配电条件（50kVA/400V）下，可以直接通过抽油机供电系统供电，修井机提升、解卡能力不会因电力不足而下降，工作效率可以得到保证，功率需求较大时也不会对电网造成冲击。

二、装备特点

新型网电修井机面向油田现场实际情况和作业条件，采用模块化设计，合理匹配各组成部件。整机由底盘、动力传动模块、井架起升模块、液气路模块以及辅件等构成，如图 6-32 所示。

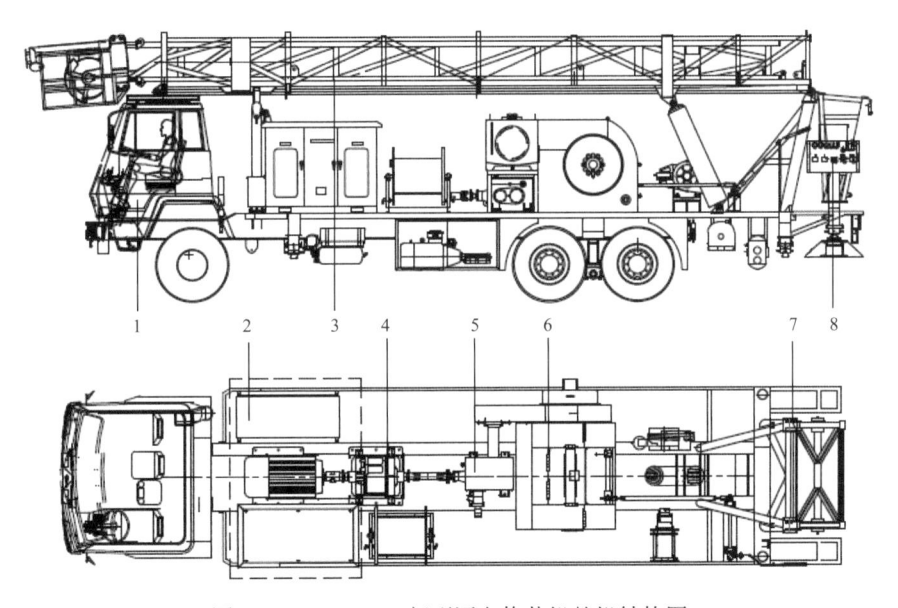

图 6-32　XJ900DB 新型网电修井机整机结构图
1—底盘；2—动力单元；3—井架；4—变速箱；5—角传动箱；6—绞车；7—后支架；8—司钻箱

1. 底盘

选用 6×6 专用底盘车，配置 336HP 大功率国 V 柴油机，大梁整体强度高，以保证修井机的越野性能。底盘发动机仅用于车辆行驶、搬安运输，不参与修井作业，但可以作为备用动力,为网电修井机的故障停机提供备用动力,确保井控安全,快速撤离井场。

2. 动力传动模块

由动力单元和传动单元两部分组成,其中动力单元由变频电动机、控制柜、超级电容柜组成修井机的功率变换系统。控制柜由开关电路、变频器、变流器组成。工作过程中,系统采集修井机工作信号,控制超级电容器组自动充放电。超级电容器选用48V 165F超级电容模组,通过串并联方式形成阵列式结构,最大补偿功率为80kW。

传动单元包括变速箱、角传动箱、绞车、天车等部件。选用多档远控变速箱,优化传动比,绞车能够宽恒功率动力输出。设置"解卡""提升""快速下放"3种工况,由司钻台远程控制,方便司钻根据作业情况选择起下速度。绞车快绳拉力为180kN,天车采用4×3绳系。经设计计算,游车大钩曲线如图6-33所示。最大钩载不小于900kN,游钩速度最大为1.5m/s,作业能力与常规动力修井机相当。

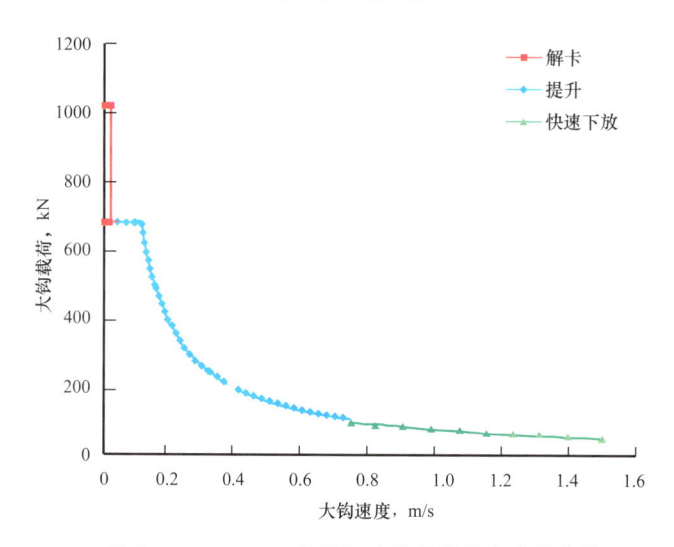

图6-33 XJ900DB新型网电修井机游车大钩曲线

3. 液气路模块

采用独立的辅助电动机为液气路提供动力,供电由控制柜开关电路中接出,分别驱动液压泵和空压机。液气路工作原理和各执行元件选型与常规动力修井机相同,符合现场操作人员的认知,并最大程度地满足现有操作习惯。

4. 辅件

指重表、死绳固定器、液压小绞车等辅件与常规修井机相同,配备电缆滚筒1部,可容纳重型橡塑电缆100m,直接接入井场变压器配电柜,能够满足多数井场接入要求。

三、现场应用情况

1. 现场作业条件

国内多数抽油机井为"单变对单井"的配电形式,即一台50kVA/400V变压器为一部抽油机供电;部分加密井、丛式井采用"单变对多井"形式,变压器容量进行了扩容,一般为110~200kVA/400V。

2.现场试验情况

1）检泵井作业

在华北油田采油一厂文31-10井进行检泵作业，井深2454m，泵挂1593m。接入50kVA/400V井场变压器，起下油管164根，抽油杆180根，最大钩载140kN，作业效率与常规动力修井机相当，耗电405kW·h。

2）措施井作业

在华北油田采油一厂雁60-平4井进行补孔作业，井深3390m，垂深2604.53m，分别在深度2930~2940m、2980~2992m、3030~3040m井段补孔作业，井场变压器容量为125kVA/400V，同时为雁60-平3井供电，抽油机电动机功率45kW。作业过程中，起下油管320根以及井下工具，最大钩载280kN，游钩速度达到1.2m/s，作业过程中同井场的雁60-平3井正常工作，耗电513kW·h。

3.现场应用情况

据作业现场统计，目前已完成各种油水井施工作业12井次，起下油管20348根，抽油杆3390根，共耗电13039.2kW·h，节省作业用燃油7.67t，节省能耗费用2.88万元。

从现场试验到投入使用，新型网电修井机经历了华北地区风雪雨雾各种气候条件，整机工作稳定，性能可靠，电网供电、超级电容器模组充放电正常，没有出现影响电网其他用电设备的现象。

4.使用效果

新型网电修井机采用网电作为修井动力，可以大幅度降低修井能耗。下面以雁60-平4井措施施工为例。

通井工序起下管柱3200m，耗电513kW·h，如采用相同型号柴油动力修井机作业，油耗约为300L，通过能耗折算[5]，与常规修井机相比节能率为86%。

网电单价按0.85元/(kW·h)计，使用电费为436元。柴油单价按5.2元/L，采用同型号柴油动力修井机燃料费为1560元，与常规修井机相比能耗费节省72%。

除节约上述费用，电动机不需要定期更换易损件和油品，维护成本大幅度降低。以年为单位综合测算，比常规动力修井机作业成本可降低20%以上。

此外，以网电清洁能源为动力，修井作业时无污染排放，实测噪声仅为80.7dB（A），减排降噪效果明显。华北油田毗连雄安新区，许多油井分布在新区境内，油田减排、环保压力日益增大，新型网电修井机应用，解决了因污染排放不达标造成的停工，甚至无法作业的问题，对绿色油田建设大有裨益。

参考文献

[1] 王志国.超级电容储能技术在网电修井机中的应用[J].石油机械，2015，43（5）：104-106.

[2] 李琼慧，王彩霞，张静，等.使用于电网的先进大容量储能技术发展路线图[J].储能科学与技术，2017，6（1）：141-146.

[3] Petar J Grbović.Ultra-Capacitors in Power Conversion System：Applications, Analysis and Design form. Theory to Practice.Wiley，2014.

[4] 綦耀光，何金平，谢莫华.影响油田小修作业效率的原因分析[J].石油矿场机械，2006，35（4）：84-86.

[5] GB/T 2589—2008 综合能耗计算通则[S].北京：中国标准出版社.

第七章　试油作业技术

　　试油作业是指对油气井井底压力、储层产能,以及油、气、水物理性质等进行直接测试,为油气田开发提供可靠依据的工艺过程。其作业内容主要包括:下试油测试工具、射孔、酸化、产能测试等。近年来由于井深、井筒温度、井下压力逐步增加,如部分井深超过 8000m,地层温度近 200℃,井底施工压力高达 200MPa,使得井筒环境更加复杂,试油作业难度、作业风险和周期也逐步增大。

　　"十一五""十二五"期间,中国石油针对高温高压油气井试油作业,形成了以射孔—酸化—测试—封堵一体化技术、试油完井一体化技术、无线直读技术、超高压油气井地面测试技术等为代表的试油测试新技术,并开发了耐高温高压的大通径测试工具、140MPa 防硫地面测试装备等前沿装备和工具,极大地提高了高温深井试油作业的安全性、可控性和大幅降低了作业时间。同时针对页岩气等非常规油气试油作业,形成了以地面流程高压除砂、排液求产、返排液清洁处理与循环利用等技术为代表的丛式井地面返排测试技术,并研发了 105MPa 旋流除砂器、抗冲蚀远控油嘴系统、多袋式双联过滤器等特色试采装备,实现了页岩气试采作业高压远程控制、数据无线采集、作业全程监控,保障了页岩气高效开发、环保开发、安全开发、效益开发。

第一节　射孔—酸化—测试—封堵一体化技术

　　在试油测试中,通常测试获得高产天然气流后,要取出测试工具,必须先进行堵漏压井。而压井堵漏难度较大,漏失量多,堵漏时间长,堵漏压井后又引起测试管柱易卡易埋等新的复杂情况,处理起来耗时耗力;多次堵漏后对地层污染伤害也大,后期二次完井往往需要对储层重新改造才能达到生产要求。因此随着试油完井技术的发展,需要将气层试油和完井纳入一体化综合考虑,希望通过实施试油完井一体化工艺提高试油—完井整个工期的作业效率,节约作业时间和成本。

　　通过试油完井一体化技术研究,可以实现在测试作业结束后,直接从封隔器处起出管柱,将上部测试工具及油管起出,完成试油及测试资料录取,同时封隔器及配套封堵工具留在井底,减少压井堵漏工序,直接实现对储层的封堵,保护油气层。

一、技术原理

　　区块探井通过测试获得工业气流后,需要先对地层实施暂堵,起出测试管柱获取压力温度资料,最后根据资料情况决定回采或是转入上试其他层位。如果采用上述传统试油完井方式,不仅需要压井、起测试管柱,一旦决定封堵产层,就需要打水泥塞封堵,如果决定回采,今后还需要钻塞、重新改造、重下完井管柱,工序上繁琐,带来的安全隐患也较多,尤其是井筒完整性降低,不利于气井长期安全地开采生产[1]。

　　上述难点在一些地区普遍存在,为此提出了一种新思路:测试结束后将地层直接封堵，同时又确保取出电子压力计数据。换言之，在试油测试下入管柱时就提前考虑后期封堵完井，在测试结束后，利用测试管柱中的封堵工具对产层实现封堵，直接将地层与油管的通道隔断，从根本上避免压井堵漏带来的一系列难题和风险，故称之为试油完井一体化技术。如果该技术可行，将大大提高试油完井效率，节约试油完井时间和成本，为完井提供安全的井筒环境。欲实现上述技术的现场应用，需要从管柱设计、工具配套方面引入试油完井一体化的概念，把测试管柱和完井管柱合二为一，根据探井的勘探开发需求，一趟管柱实现试油和封堵完井两种功能。

通过管柱设计和工具研制，最终形成一套完整的试油完井一体化工艺，具备测试、封堵、完井多种功能，降低施工期间的井控风险，提高井筒完整性，形成最终工艺流程。

二、管柱结构与工艺流程

1. 管柱结构介绍

测试—封堵完井一体化管柱，主要针对测试后无论获气与否，都将封堵产层转入上层试油。这种情况下，试油和完井的目的性明确，试油为获得地层压力温度数据，测试结束后封堵完井，因此建议采用 APR 工具携带电子压力计完成测试，采用双向卡瓦可回收液压封隔器进行坐封。在测试完后，通过 RDS 阀隔断一次性地层，最后从 RTTS 安全接头处进行倒扣，起出上部管柱获得资料，管柱如图 7-1 所示。

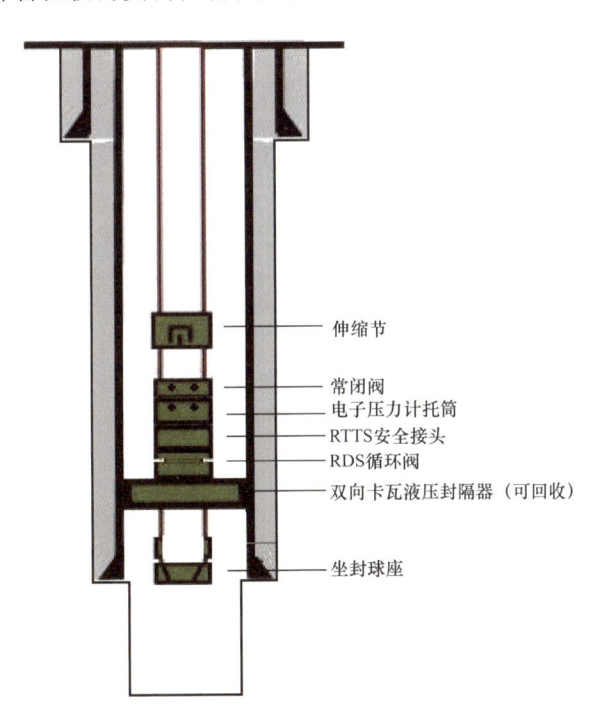

图 7-1 测试—封堵完井一体化管柱图

2. 工艺流程介绍

（1）下测试—封堵完井一体化管柱，如管柱带有射孔枪，则需进行电测校深，调整射孔枪对准产层。

（2）拆封井器，换装采气井口，对采气井口副密封试压合格。

（3）连接采气井口至地面测试流程管线，试压合格。

（4）若为带射孔枪管柱，则进行加压射孔；若为不带射孔枪管柱，产层已打开，则用环空保护液控压反替出井内压井液。

（5）油管内投入坐封球，侯球入坐，记录坐封基准油压及套压。

（6）油管内逐级加压坐封封隔器。

（7）泄油压至坐封基准油压，环空加压进行验封。

（8）若验封合格，则油管内加压憋掉球座；若验封不合格，则重复坐封过程。

（9）酸化施工或放喷排液，开关井测试。

（10）环空加压击破 RDS 循环阀破裂盘，开启循环孔，关闭球阀，实现封堵。

（11）循环压井液压井，敞井观察。

（12）拆采气井口，换装封井器，试压合格。

（13）上提管柱，拉断伸缩器剪销，倒开 RTTS 安全接头，实现丢手。

（14）起出安全接头以上管柱。

三、关键工具

1. 大通径 RDS 阀

大通径 RDS 阀采用和普通 RDS 阀同样的结构，RDS 阀上预装有指定破裂值的破裂盘，通过环空加压至该破裂值后，破裂盘被打破，环空压力与 RDS 阀空气腔形成正压差，推动芯轴移动，进而关闭球阀并打开循环孔，实现关井及沟通油、套的功能。与普通 RDS 阀相比，主要对其通径进行了增加，使其通径与其他 APR 工具尽量一致，可保证坐封球的通过性及酸化大排量要求，具体结构如图 7-2 所示。

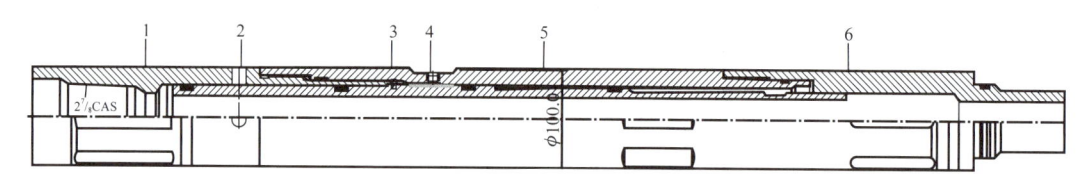

图 7-2　大通径 RDS 阀结构图

1—上接头；2—循环孔；3—空气腔；4—破裂盘；5—芯轴；6—下接头

2. RTTS 安全接头

RTTS 安全接头由上接头、芯轴、反扣螺母、外筒、"O"形圈、短节、张力套和下接头组成。它接在封隔器之上，当封隔器被卡时，对管柱施加拉力，使张力套断开，然后进行上提下放和旋转运动，使安全接头倒开，起出安全接头以上的管柱，具体结构如图 7-3 所示。

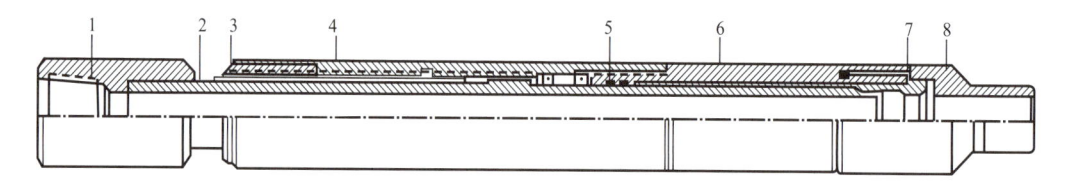

图 7-3　RTTS 安全接头结构图

1—上接头；2—芯轴；3—反扣螺母；4—外筒；5—"O"形圈；6—短节；7—张力套；8—下接头

3. 70MPa可回收双向卡瓦液压封隔器

该封隔器在井下通过管柱内打压，水力锚卡瓦受内压差作用张开撑在套管内壁上。同时压力经中心轴上传压孔，从内向外通过传压接头进入液缸内，推动活塞向下运动剪断坐封销钉，继续下行后挤压胶筒，同时卡瓦滑套固定剪销被剪断。卡瓦滑套下移，机械卡瓦沿着卡瓦滑套轨道张开卡住套管内壁，卡瓦滑套停止运动，活塞带动锁环外筒继续下移，自上而下挤压胶筒形成密封。与此同时，活塞下端受压的弹簧推动内锁环沿锯齿螺纹下移，时刻锁定位移（内锁环外锥面在弹簧力的作用下始终与锁紧接头内锥面相配合，内锁环内扣与锁紧芯轴上的外扣相配合），使胶筒始终处于受挤压状态保持密封。这时封隔器处于工作状态。解封时，上提管柱使封隔器承受拉力，剪断解封销钉（解封吨位可根据需要通过调节解封销钉数量来调整），中心轴上移，露出传压孔沟通环空和地层。锁紧芯轴下端的锁键同步从中心轴外圆面上滑到下端的凹槽。继续上提管柱，卡瓦滑套挂在锁紧心轴上的挡圈上后，提松卡瓦滑套，解松机械卡瓦，卡瓦沿燕尾槽回位，胶筒呈自由状态，静止15min，待胶筒回缩，解封完成。具体结构如图7-4所示。

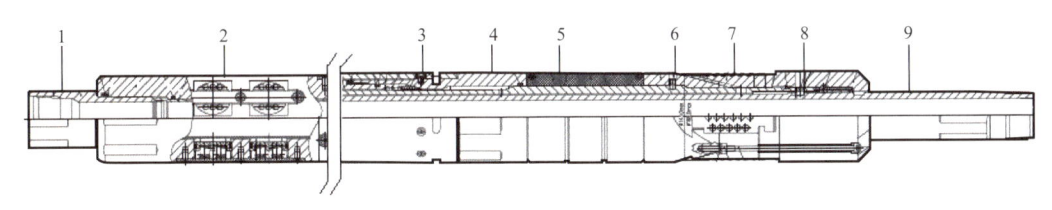

图7-4 70MPa可回收双向卡瓦液压封隔器结构图
1—上接头；2—水力锚；3—坐封销钉；4—活塞；5—胶筒；6—卡瓦滑套固定销钉；7—卡瓦；8—解封销钉；9—芯轴

四、功能及应用范围

1. 管柱功能

（1）通过在测试后环空加压打开RDS阀建立隔断。

（2）封隔器为70MPa双向卡瓦液压可回收封隔器，既能满足测试期间射孔—酸化管柱压差要求，又能长时间作为封堵工具的悬挂器。封隔器为液压永久坐封，测试完后只能从封隔器上部丢手，如需取出封隔器，则通过上提直接解封。

（3）管柱可带枪进行联作，也可以在射开产层的情况下进行。

（4）管柱依靠RTTS安全接头脱手。

（5）管柱在实现封堵后，可以通过RDS阀和常闭阀建立循环。

（6）RDS阀推荐使用大通径的，最好和其他APR工具内径保持一致，保证坐封球通过性及酸化大排量要求。

（7）该管柱适用于5in和7in套管，工作压力70MPa。

（8）建议管柱带伸缩节，除了补偿管柱收缩，另一个重要目的是在后期脱手后方便钻台操作。

2. 应用范围

该工艺封堵原理简单易行，操作简单可靠，管柱适用性强，大部分易漏地层均可采用这种管柱；对易漏储层封堵可靠，避免压井，节约作业时间；工艺与APR测试工艺基本相同，工艺成熟。

普遍适用于高压易漏地层，比如高磨地区龙王庙组，尤其是上面有多层试油层且该层可能发生井漏的工况，试油测试后需要进行封堵的产层。

第二节　试油完井一体化技术

试油完井一体化技术是射孔—酸化—测试联作技术的一种延伸，它将试油的工序和完井的工序通过一趟管柱结合在一起，管柱在实现射孔—酸化—测试的基础上又加上了封堵—完井的功能。通过进一步设计使管柱具备回插通道，可重新沟通地层实现二次完井，并对管柱进行力学计算分析，依照射孔、酸化、测试等不同工况进行了校核，确保一体化管柱的安全性。

一、技术原理

试油完井一体化技术在射孔—酸化—测试—封堵一体化技术上增加了生产功能，即今后测试层位需要开采，可将完井油管带上配套插管直接插入封隔器中，打开油管通道，快速实现"二次完井"[2-4]。

二、管柱结构与工艺流程

1. 测试—封堵—生产完井一体化技术

1）管柱结构介绍

射孔—酸化—测试—封堵一体化管柱实现了测试—封堵的目标，进一步考虑，如果该层今后还需要回采，那么第一种管柱显然就不适合了，因为RDS阀是一种操作不可逆的井下关断阀，一旦关闭就无法再次打开，只能用于永久封堵地层。如果要重新沟通就必须把井下工具磨掉并打捞上来，增加了作业难度。为此，为了实现测试—封堵—生产完井一体化，在管柱中将RDS阀去掉，替换成一种可重复开关的井下关断阀，称之为脱节式封堵阀，如图7-5所示。

2）工艺流程介绍

（1）下测试—封堵—生产完井一体化管柱，如管柱带有射孔枪，则需进行电测校深，调整射孔枪对准产层。

（2）上提管柱，正转管柱，使封隔器右旋1/4圈，下放管柱，撑开封隔器下卡瓦，继续施加坐封重量在封隔器上，挤压胶筒；施加一定的管柱重量到封隔器上后，上提管柱，拉紧封隔器使得上卡瓦撑开胶筒完全膨胀，完成封隔器坐封。

（3）环空加压进行验封，若验封不合格，则重复坐封过程。

（4）拆封井器，换装采气井口，对采气井口副密封试压合格。

（5）连接采气井口至地面测试流程管线，试压合格。

（6）若为带射孔枪管柱，则进行加压射孔。

（7）酸化施工或放喷排液，开关井测试。

（8）通过RDS循环阀或常闭阀进行循环压井，敞井观察。

（9）拆采气井口，换装封井器，试压合格。

（10）循环井内压井液，全井试压，确定一个基准压力；接方钻杆上提管柱，保持左旋扭矩上提管柱，密封脱节器处左旋（反转）1/4 圈即可实现上部管柱的丢手，同时旋转开关阀，球阀关闭，隔断下部地层；全井在丢手后以该基准压力为参照，再进行一次全井试压，确认球阀是否关闭可靠，如果未能完全关闭，则重新插入密封脱节器重复丢手，如果依然未能关闭，可直接进行堵漏压井。

（11）起出密封脱节器以上管柱。

（12）如需回插生产，则更换密封脱节器密封件后，重新回插入旋转开关阀内，通过棘爪推动旋转开关阀，开启球阀，沟通下部地层。

2. 测试—暂堵—生产完井一体化技术

1）管柱结构介绍

射孔—酸化—测试—封堵一体化管柱与测试—封堵—生产完井一体化管柱，基本满足了大部分高压气井的需求，但仍需要考虑某些井特殊的地质和工程要求，比如：（1）套管固井质量差，清水条件下套管承压能力受限，不能使用压控式工具；（2）最后一层试油，不用回收封隔器。为此设计了第三种管柱，具体结构如图 7-6 所示。

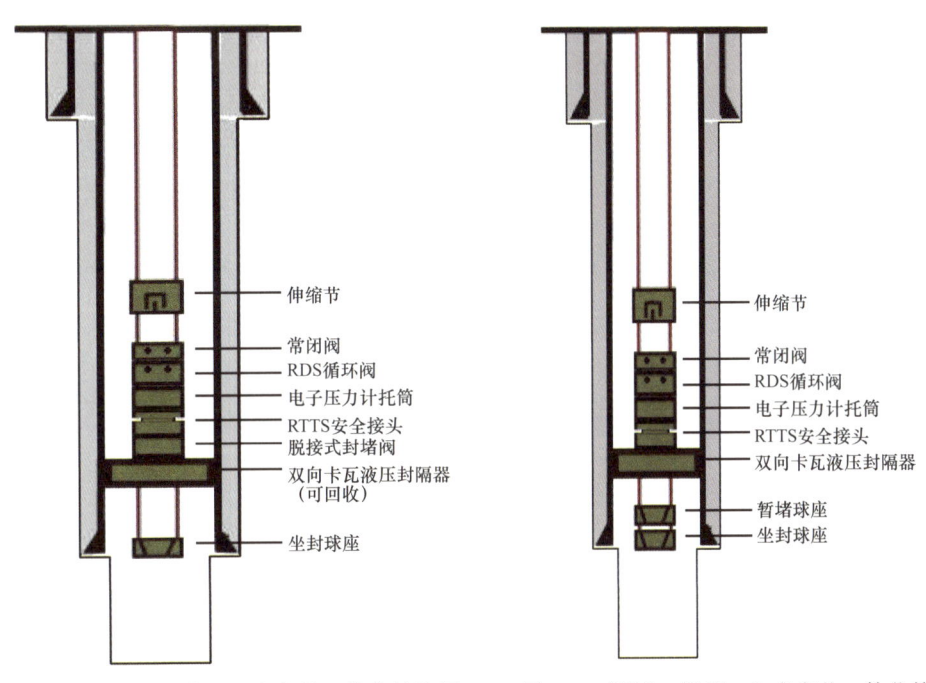

图 7-5　测试—封堵—生产完井一体化管柱图　　图 7-6　测试—暂堵—生产完井一体化管柱图

2）工艺流程介绍

（1）下测试—暂堵—生产完井一体化管柱，如管柱带有射孔枪，则需进行电测校深，调整射孔枪对准产层。

（2）拆封井器，换装采气井口，对采气井口副密封试压合格。

（3）连接采气井口至地面测试流程管线，试压合格。

（4）若为带射孔枪管柱，则进行加压射孔；若为不带射孔枪管柱，产层已打开，则用环空保护液控压反替出井内压井液。

(5)油管内投入坐封球,候球入坐,记录坐封基准油压及套压。

(6)油管内逐级加压坐封封隔器。

(7)泄油压至坐封基准油压,环空加压进行验封。

(8)若验封合格,则油管内加压憋掉球座;若验封不合格,则重复坐封过程。

(9)酸化施工或放喷排液,开关井测试。

(10)油管内直推压井液,投入暂堵球,通过液柱压力与地层压力的压差,使暂堵球落在暂堵球座上,实现暂堵下部地层。

(11)环空加压击破RDS循环阀破裂盘,开启循环孔,循环压井液压井,敞井观察。

(12)拆采气井口,换装封井器,试压合格。

(13)上提管柱,正转倒开锚定密封,实现丢手。

(14)起出锚定密封以上管柱。

(15)更换锚定密封密封件,回插锚定密封,油管内加压憋掉暂堵球及球座,重新沟通地层,进行生产。

三、关键工具

1. 测试—封堵—生产完井一体化技术

1)伸缩节

伸缩节主要由外筒、芯轴、活塞、连接短节及下接头等组成,其作用是在管柱中提供一段伸、缩长度以帮助补偿测试或酸化期间管柱的伸长、压缩,使封隔器上的钻压保持恒定,确保封隔器密封,具体结构如图7-7所示。

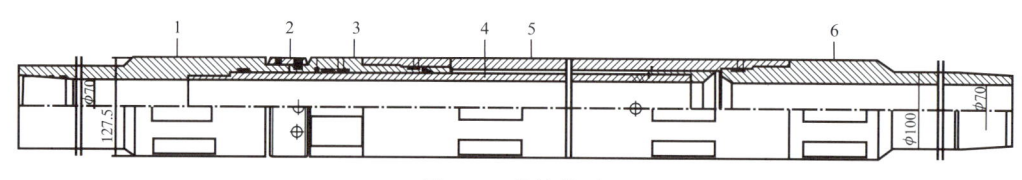

图7-7 伸缩节图

1—上接头;2—连接短节;3—活塞;4—芯轴;5—外筒;6—下接头

2)大通径RDS阀

大通径RDS阀采用和普通RDS阀同样的结构,RDS阀上预装有指定破裂值的破裂盘,通过环空加压至该破裂值后,破裂盘被打破,环空压力与RDS阀空气腔形成正压差,推动芯轴移动,进而关闭球阀并打开循环孔,实现关井及沟通油、套的功能。与普通RDS阀相比,主要对其通径进行了增加,使其通径与其他APR工具尽量一致,可保证坐封球的通过性及酸化大排量要求,具体结构如图7-8所示。

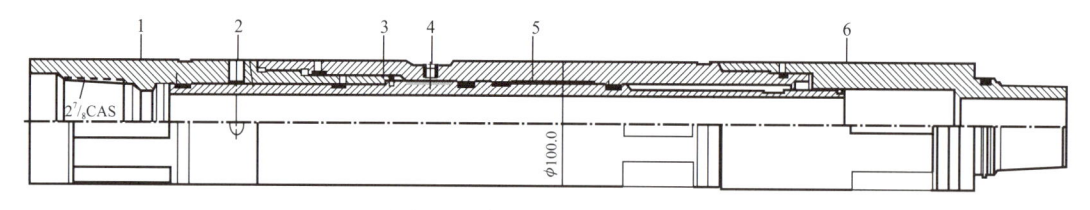

图7-8 大通径RDS阀结构图

1—上接头;2—循环孔;3—空气腔;4—破裂盘;5—芯轴;6—下接头

3）常闭阀

常闭阀主要由上接头、球阀、芯轴、循环孔、剪切销钉、下接头组成。入井时循环孔关闭，需要循环液体时，投球到入井，球坐落到芯轴顶部，通过液压压差推动芯轴剪断销钉，芯轴下移露出循环孔，即可开始循环，具体结构如图7-9所示。

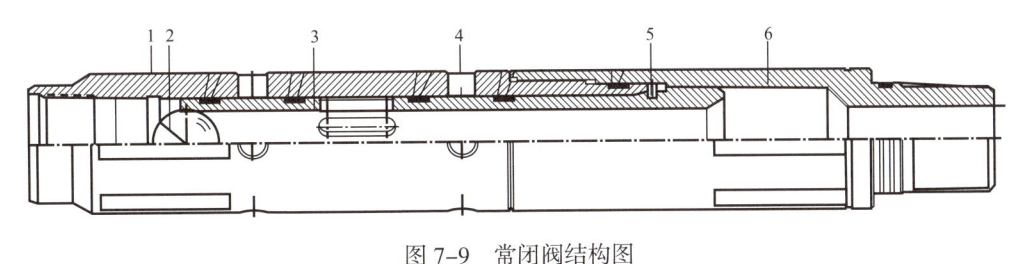

图7-9 常闭阀结构图

1—上接头；2—球阀；3—芯轴；4—循环孔；5—剪切销钉；6—下接头

4）RTTS安全接头

RTTS安全接头由上接头、芯轴、反扣螺母、外筒、"O"形圈、短节、张力套和下接头组成。它接在封隔器之上，当封隔器被卡时，对管柱施加拉力，使张力套断开，然后进行上提下放和旋转运动，使安全接头倒开，起出安全接头以上的管柱。70MPa可回收双向卡瓦液压封隔器在井下通过管柱内打压，水力锚卡瓦受内压差作用张开撑在套管内壁上。同时压力经中心轴上传压孔，从内向外通过传压接头进入液缸内，推动活塞向下运动剪断坐封销钉，继续下行后挤压胶筒，同时卡瓦滑套固定剪销被剪断。卡瓦滑套下移，机械卡瓦沿着卡瓦滑套轨道张开卡住套管内壁，卡瓦滑套停止运动，活塞带动锁环外筒继续下移，自上而下挤压胶筒形成密封。与此同时，活塞下端受压的弹簧推动内锁环沿锯齿螺纹下移，时刻锁定位移（内锁环外锥面在弹簧力的作用下始终与锁紧接头内锥面相配合，内锁环内扣与锁紧芯轴上的外扣相配合），使胶筒始终处于受挤压状态，保持密封。这时封隔器处于工作状态。解封时，上提管柱使封隔器承受拉力，剪断解封销钉（解封吨位可根据需要通过调节解封销钉数量来调整），中心轴上移，露出传压孔沟通环空和地层。锁紧芯轴下端的锁键，同步从中心轴外圆面上滑到下端的凹槽。继续上提管柱，卡瓦滑套挂在锁紧芯轴上的挡圈上后，提松卡瓦滑套，解松机械卡瓦，卡瓦沿燕尾槽回位，胶筒呈自由状态，静止15min，待胶筒回缩，解封完成，具体结构如图7-10所示。

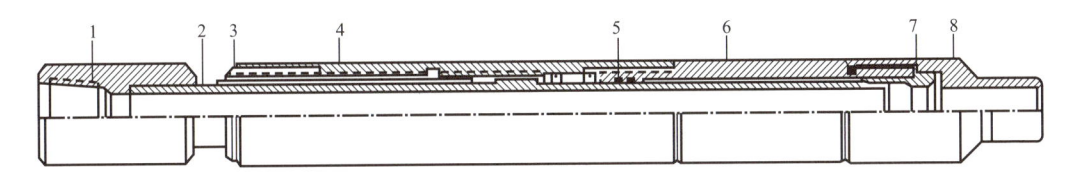

图7-10 RTTS安全接头结构图

1—上接头；2—芯轴；3—反扣螺母；4—外筒；5—"O"形圈；6—短节；7—张力套；8—下接头

5）脱节式封堵阀

可脱手回接式井下关井阀是一种全通径工具，它一般接在非旋转坐封的封隔器上方，可用于临时封井，更换管柱等作业；是通过反转、上提管柱实现从封隔器上部关井并脱手管柱的功能；还可通过锚定密封直接插入密封外筒实现管柱回接、开井的功能；另外如果有需要，回接后还可再次通过反转、上提管柱实现从封隔器上部关井并脱手管柱的功能。该工具一般与非旋转坐封的封隔器连接使用，为防止在脱手关井后井底压力过大发生封隔器上窜的可能，因此建议使用具有防上窜能力的封隔器。另外需要上提脱手更换管柱时，脱手后要打压检验关井情况，所以受井口装置的制约，在操作该工具之前需要进行循环压井；另外工具在入井前左旋螺纹手紧即可，防止入井后脱手困难。

工具用于测试、完井一体化管柱作业中，利用其脱手关井、回接开井的功能实现测试和完井管柱的更换，并实现更换期间对产层的封堵，避免起下钻、压井、堵漏引起的一系列难题和风险，增加井筒安全保障措施，提高试油完井效率，节约试油完井成本。其结构由3部分组成：脱手部分、回接部分及开关井部分。

6）坐封球座

坐封球座由外筒跟座芯组成，为双筒结构，座芯与外筒之间预装有剪切销钉，在封隔器进行坐封操作时，先由油管内投入略大于座芯通径的钢球，等待一定时间后球坐落于座芯上并封闭油管通道，此时通过向油管内加压，则可对封隔器进行坐封操作。

2. 测试—暂堵—生产完井一体化技术

1）永久式双向卡瓦液压封隔器

永久式双向卡瓦液压封隔器是一种套管井中液压坐封的永久式封隔器，具备丢手及二次回接功能，可以回收或检修、更换封隔器以上管柱。丢手后，封隔器上的双向机械卡瓦及内锁定机构，保证封隔器稳固地悬挂在套管中，可以承受下部管柱重量。此封隔器主要包括4大部件：锚定密封总成、封隔器、双公磨铣延伸筒、坐封球座，其中锚定密封总成与生产封隔器为反扣连接。

2）暂堵球座

暂堵球座与坐封球座结构一致，具体结构如图7-11所示。

图7-11 暂堵球座实物图

四、功能及应用范围

1. 测试—封堵—生产完井一体化技术

1）管柱功能

（1）通过脱节式封堵阀在丢手时拉动球阀封堵地层，无须借助压差，封堵严密。

(2)封隔器为70MPa双向卡瓦液压可回收式封隔器,既能满足测试期间射孔—酸化管柱压差要求,又能长时间作为封堵工具的悬挂器。

(3)管柱可带射孔枪进行联作,也可以在射开产层的情况下进行。

(4)管柱脱节式封堵阀处脱手,建议同时下入RTTS安全接头,作为丢手的备用手段。

(5)管柱在实现封堵后,可以通过RDS阀和常闭阀建立循环,优先选用RDS阀,在套管操作压力不够的情况下,再考虑使用常闭阀来循环。

(6)RDS阀推荐使用大通径的,最好和其他APR工具内径保持一致。

(7)该管柱适用于5in和7in套管,工作压力70MPa,也可双封跨封隔。

(8)建议管柱带伸缩节,除了补偿管柱收缩,另一个重要目的是在后期脱手,方便钻台操作。

(9)钻台操作。

2)应用范围

该工艺依靠球阀封堵,原理简单,一旦封堵成功,不受压差的影响,封堵严密。对易漏储层封堵可靠,避免压井,节约作业时间。不仅实现测试—封堵,对封堵后的方案制订也预留了自由灵活的操作空间,可就此完井;可以封堵上试;也可更换生产管柱回插完井,而无论何种方式,都将地层与油管通道完全隔断,对油气层起到良好的保护作用。避免了将RDS阀留在井底,减少了工程成本;脱节式封堵阀可重复开关,比RDS阀具有更大的成本优势。普遍适用于"三高"气田的易漏地层。

2. 测试—暂堵—生产完井一体化技术

1)管柱功能

(1)通过投球式利用自然压差在测试后对地层进行封堵。

(2)封隔器为永久式双向卡瓦液压封隔器,完井生产可靠,既能满足射孔—测试要求,又能悬挂井下封堵工具,必要时还可以通过机械上提解封,将整个管柱起出。

(3)管柱可带射孔枪进行联作,也可以在射开产层的情况下进行。

(4)管柱依靠锚定密封脱手,在脱手不成功的情况下,可油管穿孔循环和油管切割。

(5)管柱在实现暂堵后,可以通过RDS阀和常闭阀建立循环,优先选用RDS阀,在套管操作压力不够的情况下,再考虑使用常闭阀来循环。

(6)RDS阀推荐使用大通径的,最好和其他APR工具内径保持一致。

(7)该管柱适用于5in和7in套管,推荐工作压差70MPa。

(8)建议管柱带伸缩节,除了补偿管柱收缩,另一个重要目的是在后期脱手,方便钻台操作。

(9)该管柱的封堵球座座芯外径小于坐封球座座芯外径,目的是方便今后回采。推荐两种回采方式:重新下入完井管柱插入锚定密封,油管内加压打掉封堵球座销钉,球和座芯被打入井底,油管重新沟通;在之前的封隔器上部重新下入一个封隔器,油管内加压打掉封堵球座销钉,球和座芯被打入井底,油管重新沟通。

2)应用范围

综合了射孔—酸化—测试—封堵一体化管柱和测试—封堵—生产完井一体化管柱,测试后可对易漏储层实现封堵,避免压井,节约作业时间,特别适合易漏地层。管柱后期可选择方案余地很大,可完全起出,也可封堵完井,也可回插重新沟通地层。管柱结构简单,与在川渝地区使用的常规完井管柱相近。封堵依靠球座,作业成本低,投球式封堵,操作简单。管柱适用性强,尤其是存在窜气、固井质量差的特殊井筒,该管柱几乎不受限制。

第三节 地层测试数据跨测试阀地面直读技术

在试油测试中,为了减少井筒内存储效应的影响,国内外普遍采用关井底测试阀的方法进行关井复压。当采用这种方法时,试油工程师不能适时监测和计算井底压力、温度变化情况,很难恰当地确定关井时间,难以确保取全、取准测试资料[5]。

而采用地层测试数据跨测试阀地面直读技术可以在测试过程中适时监测井底电子压力计的工作情况并获取测试数据,利用获取的井下测试数据帮助决定关井时间、确定压井钻井液密度、判断工具工作状况等,从而及时采取各种措施,调整测试工作程序,确保取全、取准地层测试资料。同时,利用获取的井下历史数据还可实现快速解释,搞清楚储层特性,从而提高测试作业时效。

一、技术原理

地层测试数据跨测试阀地面直读技术主要采用基于电磁场井下无线传输方法,是一种无线式半双工通信技术,一方面可以将井下传感器的相关信息传输到地面,另一方面也可以将地面的控制指令传输到井下系统。如图7-12所示,该技术通过井下发射器将电子压力计的电信号转换成无线通信信号,发送到安装在测试阀上方的接收器,接收器将接收到的通信信号转换成电信号后再通过电缆传输到地面信息处理平台,该平台对井下压力、温度数据进行实时监测,试油工程师可以进行实时数据分析、解释,在第一时间做出相应措施。同时,试油工程师又可在地面信息处理平台通过电缆向接收器发出指令,接收器向井下发射器发送指令,井下发射器将收到的信号转换成电信号传递给电子压力计,对电子压力计的工作程序进行更改,实现双向通信[6-9]。

该技术井下无线通信采用的是一种基于似稳恒电磁场的通信原理,在油管、测试工具、套管、井口和封隔器中形成一个闭环电路,通过接收器检测微小电压变化来传输数据。无线发射器和井下接收器之间的通信方式由于采用电磁场,信号传播距离远,接收信号强度大,具体结构如图7-12所示。

二、关键工具和装备

地层测试数据跨测试阀地面直读技术主要是将井下电子压力计的压力、温度数据转化为电磁脉冲信号,利用电缆下入井下接收器,在一定距离范围内实现无线对接,达到数据实时上传和地面指令下达。该工艺的关键工具和装备包括井下发射器、井下接收器、地面信息平台。

1. 井下发射器

井下发射器的主要功能是将压力、温度数据无线上传至接收器,认真执行接收器下传的指令。主要包括机械部件、电子电路、压力计和电池等,其中电子电路是井下发射器的核心部件。电子电路包括发射接收模块、传感器模块、功放模块、电源模块4个部分，分别可实现信号发射、压力温度数据采集、信号放大和提供动力源的功能。井下发射器的设计需要综合考虑密封结构、抗压强度、耐温、仪器通径等因素影响，其基本结构如图7-13所示。

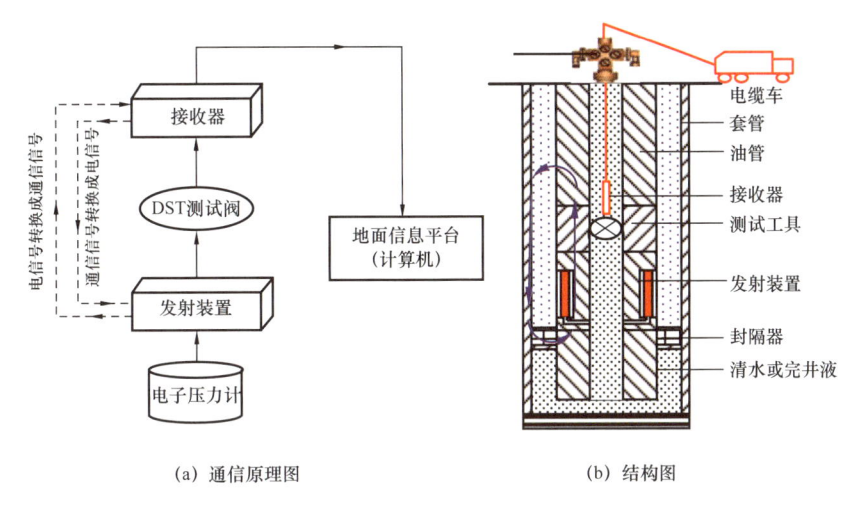

(a) 通信原理图　　　　(b) 结构图

图7-12　基于电磁场的跨测试阀地面直读技术

电子压力计采用具有高可靠性和高精度特性的石英晶体，几十年来国际石油界一直把这类石英晶体压力计作为行业压力测量标准。其压力敏感元件为石英谐振器，输出频率随所加的压力发生变化。全石英构成的压力敏感元件保持了单晶石英所固有的高重复性和高稳定性的优异特点。传感器中另有一石英谐振器温度探头专用于对压力值进行数字化温度补偿。传感器总成同时输出压力频率和温度频率，以便在整个压力和温度测量范围内求算温度补偿后的精确压力值。

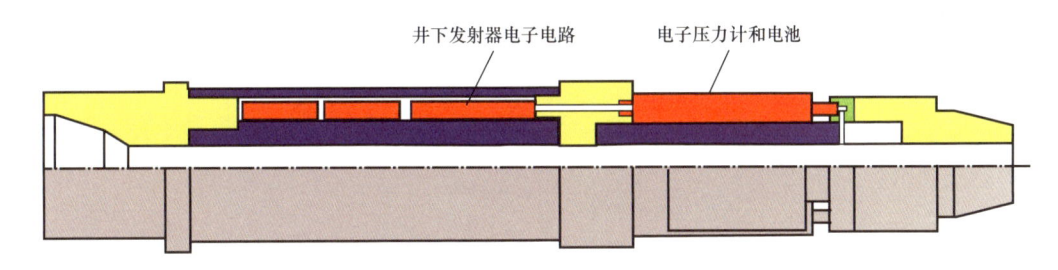

图7-13　井下发射器机械结构简化图

2. 井下接收器

井下接收器在有线电缆地面直读技术中起着桥梁纽带的作用，主要是与地面和井底同时进行双向通信：一方面接收无线发射器向上发射的信号，并通过与其连接的电缆将接收到的井底数据信号上传至地面；另一方面井下接收器可以接收地面下达的指令，并无线下传给井底无线发射器。井下接收器的机械结构设计主要考虑耐温、与管径的匹配以及内部电子电路的密封等问题，井下接收器的结构设计如图7-14所示。

井下接收器采用耐磨损弹簧接触片，下井过程中，可以根据井内油管的内径，调整弹簧片的张开度大小,因此该装置可以适用于不同尺寸油管。井下接收器用通过与绞车相连接的电缆下入井底,其上端配有与国内外钢丝电缆相连的专用接头,并采用特殊的电缆头绝缘方式,保证其不被井下的流体所腐蚀。

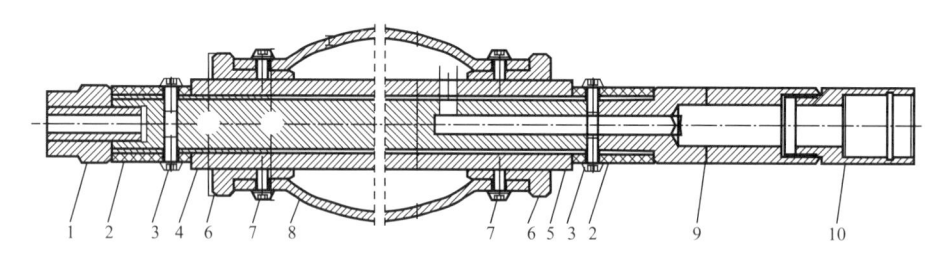

图 7-14 井下接收器机械结构图

1—上接头;2—绝缘筒;3—销钉;4—胶垫筒;5—金属外筒;6—压环;7—螺钉;8—弹簧片;9—芯轴;10—下接头

3.地面信息平台

地面交换机主要包括地面天线耦合工具箱、工控机和配套软件。其主要功能包括以下3个方面:实时数据存储,能够实时保存传感器数据,在仪器取出地面时进行离线读取,同时支持在线读取保存的历史数据;高速数据上传,能够以较高的速率将井下传感器数据传输到地面上,支持存储的历史数据上传;控制指令下行,能够在地面上控制井下发射装置的开关,以便节省井下发射电池的电力。同时,能够控制井下发射装置的数据发送状态,可以在实时采集数据发送和历史数据发送之间进行切换[10,11]。

地面信息平台的工作模式分为3个状态:发送实时数据状态、发送历史数据状态和停止状态,其状态转换流程如图 7-15 所示。当收到相应指令时,系统就在不同的工作模式之间切换,达到系统灵活可控的目的。

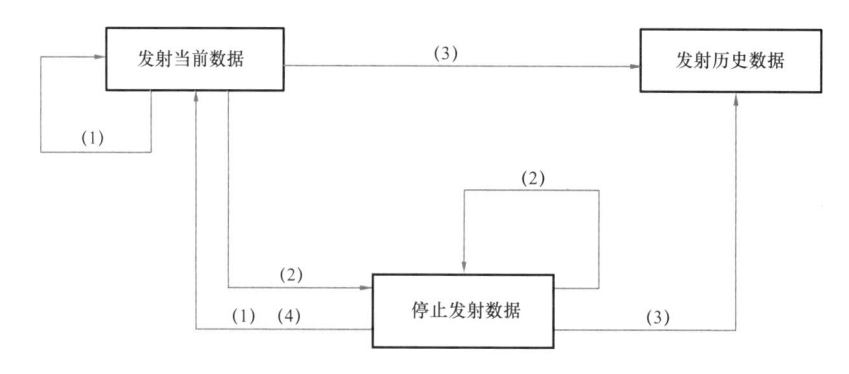

图 7-15 系统工作模式转换状态图

(1)—收到发射当前数据指令;(2)—收到停止发射指令;
(3)—收到读取历史数据指令;(4)—收到清除历史数据指令

地面天线耦合工具箱面板如图 7-16 所示。该工具箱需要连接 220V 电源,同时配备±18V 的直流电源输出。该直流电源只在调试时使用,正常工作时无须使用。收发天线端口分别与地面调试工具箱的 B0~B6 相连。收发状态的切换采用面板中间的按钮来控制。当按钮按下时表示发生状态,按钮弹起时表示接收状态。面板右下方的 DA 端口与工控机的采集卡输入端相连,AD 端口与工控机的采集卡输出端相连。两个测量端口通常情况下悬空，在需要调试时可以与示波器相连，以便于观察信号波形。

配套软件运行在工控机上，操作系统要求 Windows XP 或更新版本，同时安装 LabView 应用软件和 Matlab 应用软件，并且安装对应的采集卡驱动程序，主要功能有：波形显示、参数显示和发送控制指令 3 大功能。软件对硬件配置的要求不高，当前的主流计算机均可满足软件运行需求。

三、功能与应用范围

该技术井下无线对接与双向通信稳定、可靠，在 320m 内可稳定传输，传输速率最大达到 1024bit/s、最大工作温度 150℃、最大工作压力 140MPa，稳定工作时间最大 640h、录取数据容量 32000 组。该技术可广泛应用于探井、开发井的试油测试作业中。针对采用存储式电子压力计需要在测试结束提出管柱后，才能获取测试数据，资料是否取全、取准需要依赖经验判断的问题，该技术可以实时准确地获得井下相关数据，解决测试的盲目性，在测试过程中即可适时进行分析、解释，确保测试资料的完整性、可靠性和及时性，提高一次测试成功率。同时，该技术可以利用获取的井下测试数据对测试过程中的诸如井下射孔、开关井以及解封、循环等工艺做出准确判断，帮助决定关井时间、确定压井钻井液密度、判断工具工作状况等，从而及时采取各种措施，调整测试工作程序，提高测试作业时效。

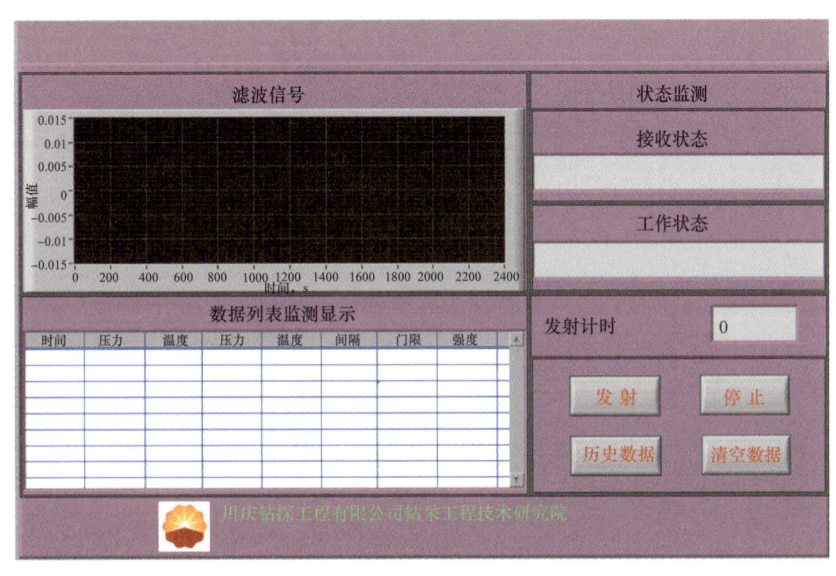

图 7-16 地面天线耦合工具箱面板

第四节　井下测试数据全井无线传输技术

在试油测试中，目前主要采用存储式电子压力计记录井底流动压力和井底关井压力，需要在测试前将压力计随管柱下放至井底，只能在测试结束后起出压力计，得到井下压力、温度数据。

井下测试数据全井无线传输技术是上节所论述的地层测试数据跨测试阀地面直读技术

进一步发展的结果，井下测试数据全井无线传输技术解决了地层测试数据跨测试阀地面直读技术需要借助电缆实现远距离传输的问题，避免了起下电缆所带来的施工复杂和井控风险的问题。该技术可以实现在试油过程中，实时监控井下压力温度数据，对于整个试油测试作业具有非常重要的作用。

一、技术原理

井下测试数据全井无线传输技术主要采用基于电磁波的井下无线传输方法。其中，电磁波还具有载波能力强的优点，特别适用于在油管—套管—大地介质中传输信号，目前大多数井下信号向地面传输均采取电磁波作为主要传输手段[12]。

井下测试数据全井无线传输技术采用无线式半双工通信技术，可以将井下传感器的相关信息传输到地面，同时也可以将地面的控制指令传输到井下系统。如图7-17所示，该技术通过无线发射器将电子压力计的电信号转换成电磁波信号，利用大地—套管—油管介质直接发送到地面，地面安装的接收天线将接收到的电磁波信号转换成电信号后传输到地面信息处理平台。同时，还可在地面信息处理平台通过天线向无线发射器发出指令，无线发射器将收到的信号转换成电信号传递给电子压力计，对电子压力计的工作程序进行更改，实现双向通信。

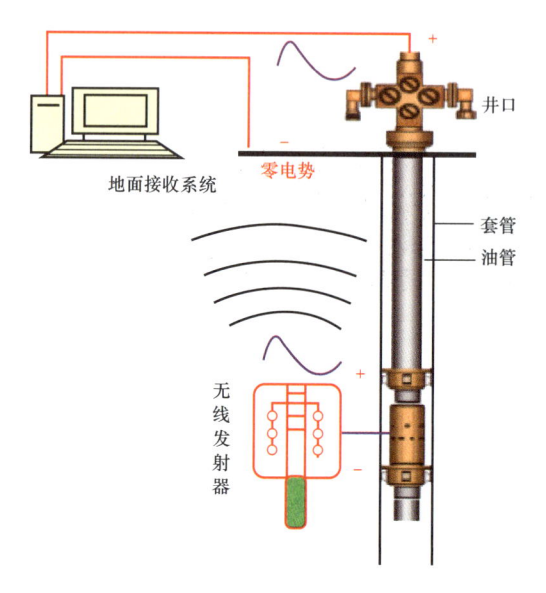

图7-17 基于电磁波的井下测试数据全井无线传输技术

二、关键工具和装备

井下测试数据全井无线传输技术采用无线传输的方式将井下电子压力计的压力、温度数据转化为电磁波信号，无线上传至地面天线，再通过地面信息处理平台处理信号，也可在地面通过天线将信号无线发射至无线发射器，达到数据实时上传和地面指令下达。该工艺的关键工具和装备包括无线发射器、无线中继器、地面信息平台。

1. 无线发射器

无线发射器采用和地层测试数据跨测试阀地面直读技术中所用的井下发射器同样的结构。与井下发射器相比，主要在电子电路上进行了改进，以进一步提高发射能力和地面信号接收能力，其主要改进集中在以下几个方面：采用了发射自适应接收增强模块，信号编码方面采用了扩频技术。

电阻率在井的不同深度均不同，由于地层电阻率不同，电磁波传递的效率也不同。对于电阻率较高或接触电阻较低的地层，电磁波传递效率高，此时，可采用较高的发射频率，提高数据传输效率。对于电阻率较低或接触电阻较高的地层，电磁波传递效率低，此时，为了保证传输的稳定性，可采用较低的发射频率。通过采用自适应技术，根据电阻率和回路电阻自动实现接收和发射频率的调整，可较好地提高信号的稳定性。

2. 无线中继器

由于全井无线地面直读技术利用了油管—套管—大地介质实现无线传输，而通过试验表明，电磁波在油管—套管—大地介质衰减严重，目前全井无线地面直读技术单极最大传输距离仅在 4000m 左右，对于大于 5000m 的深井、超深井难以满足要求，制约了全井无线地面直读技术的应用范围。为此，通过采用中继传输的方式，可以进一步延伸全井无线地面直读技术传输距离，为全井无线地面直读技术在深井、超深井中的应用奠定基础。

无线中继器机械结构与井下发射器一致，其电子电路模块主要包括 3 个部分：单片机、信号放大器和功率放大器，其组成如图 7-18 所示。其中单片机是信号处理中枢，信号放大器用于放大数据信号和指令信号，功率放大器用于将数据信号和指令信号传输出去。

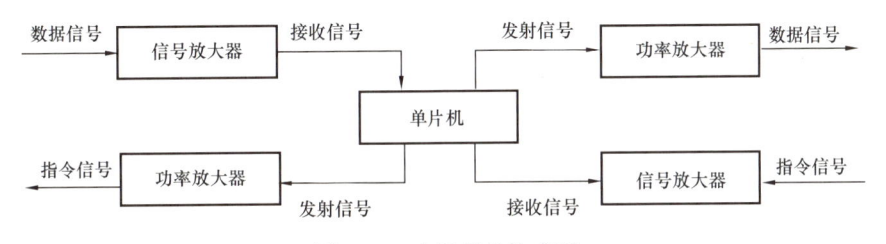

图 7-18 中继模块构成图

由于中继模块既要传输数据信号，又要传输指令信号，为了防止中继信号、数据信号、指令信号之间的相互干扰，需要对这些信号规定传输协议。具体来说，中继信号和井下模块发送的数据信号之间采用时分复用的方式，而数据信号和指令信号则采用频分复用的方式。井下模块的时隙被划分为发送数据、休眠和接收指令 3 个部分循环进行。中继模块的时隙则划分为信号接收和信号转发两个部分循环进行。当中继模块在信号接收时隙中判断收到信号时，就对信号进行转发，否则继续接收信号。地面模块的时隙也划分为信号接收和指令发射两个部分，地面模块的时隙转换是由操作员人为控制的。中继模块的工作状态不受指令影响，它始终处于信号接收和信号转发状态的切换，其状态转换流程如图 7-19 所示。

3. 地面信息平台

地面交换机主要包括地面天线接发装置、工控机和配套软件。其主要功能包括以下两个方面：实时数据存储，能够实时保存传感器数据，在仪器取出地面时进行离线读取，同时支持在线读取保存的历史数据；控制指令下行，能够在地面上控制井下发射装置的开关，以便节省井下发射电池的电力。同时，能够控制井下发射装置的数据发送状态，可以在实时采集数据发送频率之间切换。地面信息平台的工作模式分为两个状态：发送实时数据状态和停止状态，其状态转换流程如图7-20所示。当收到相应指令时，系统就在不同的工作模式之间切换，达到系统灵活可控的目的。

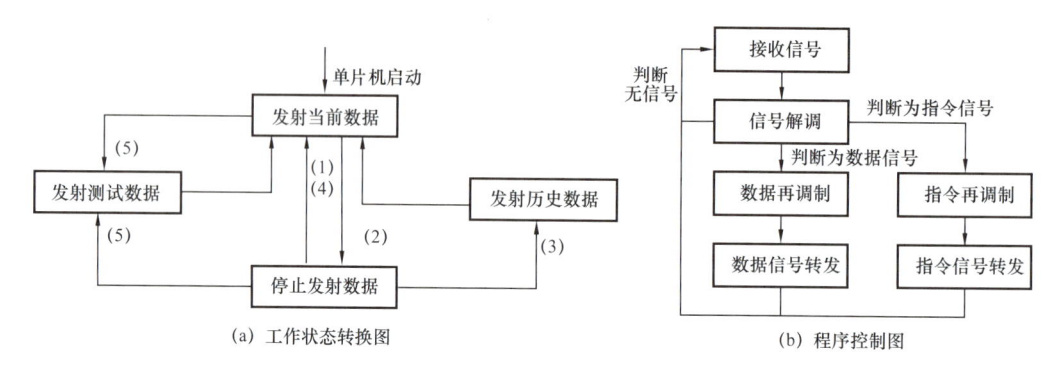

图 7-19　井下模块、中继模块状态转换示意图

（1）—收到发射当前数据指令；（2）—收到停止发射指令；（3）—收到读取历史指令；
（4）—收到清除指令；（5）—收到测试指令

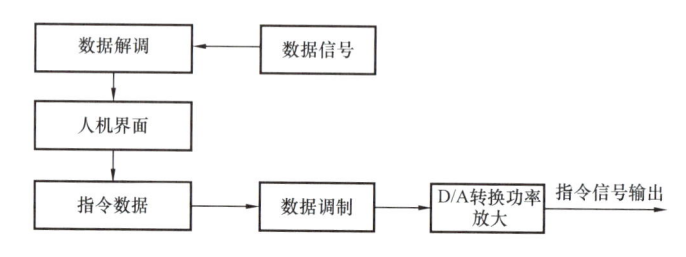

图 7-20　系统工作模式转换状态图

配套软件运行在工控机上，操作系统要求Windows XP或更新版本，同时安装LabView应用软件和Matlab应用软件，并且安装对应的采集卡驱动程序，主要功能有：波形显示、参数显示和发送控制指令3大功能。软件对硬件配置的要求不高，当前的主流计算机均可满足软件运行需求，运行界面如图7-21所示。

三、功能与应用范围

井下测试数据全井无线传输技术是上节所论述的地层测试数据跨测试阀地面直读技术进一步发展的结果，该技术避免了地层测试数据跨测试阀地面直读技术需要借助电缆所带来的施工复杂和井控风险的问题，同时还可实现试油测试全过程监测。井下测试数据全井无线传输技术双向通信稳定、可靠，最大传输距离5000m，传输速率最大达到18bit/s，最大工作温度150℃、最大工作压力140MPa，稳定工作时间最大1000h，录取数据容量32000组。

该技术可广泛应用于探井、开发井的试油测试作业中，可以在测试过程中适时监测井底压力、温度数据，对测试过程中的诸如井下射孔、开关井以及解封、循环等工艺做出准确判断，帮助决定关井时间、确定压井钻井液密度、判断工具工作状况等，从而及时采取各种措施，调整测试工作程序，提高测试作业时效，确保取全、取准地层测试资料，及时准确地搞清楚储层特性，为现场施工提供准确可靠的科学决策依据。

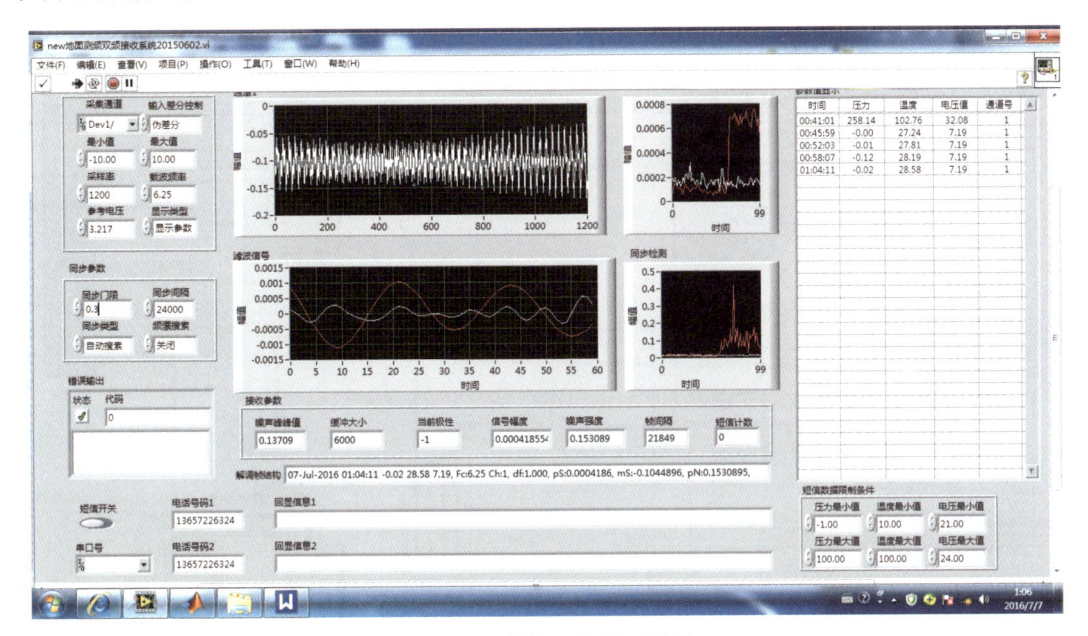

图 7-21　软件运行界面图示

第五节　超高压油气井地面测试技术

近年来，随着勘探开发技术的不断发展，出现了一批超深、超高压、超高温气井，这对地面测试流程装备及工艺提出了更高的要求。超高压油气井地面测试不同于普通井测试，面临着更多、更大的挑战，主要有以下几点：

（1）井口压力高，常规设备难以满足测试需求；
（2）超高压条件下分离和计量难度大；
（3）放喷测试时携砂流体对设备冲蚀严重；
（4）人员在超高压环境下操作，作业风险高；
（5）大产量高压气井易形成水合物导致冰堵，增加了测试风险。

因此，在进行超高压油气井地面测试设计时不仅要考虑设备承压能力，满足超高压测试的要求，更要从工艺上对测试流程进行改进和完善，最大限度减少或消除工艺安全带来的测试风险。

一、地面流程组成

根据超高压油气井地面测试特点，满足工艺、安全要求的典型超高压油气井地面测试工艺流程如图 7-22 所示。

（1）放喷排液流程：采油（气）树→除砂设备（除砂器等）→排污管汇→放喷池。

放喷排液流程主要用于油气井测试计量前的放喷排液及液体回收。流程保证含砂流体经过的设备尽可能少,并配备了除砂器和动力油嘴等,能够最大程度保护其他测试设备不受冲蚀。此外,两条排液管线分别独立安装和使用,且均配备有固定油嘴和可调油嘴,可相互倒换使用,如图7-23所示。

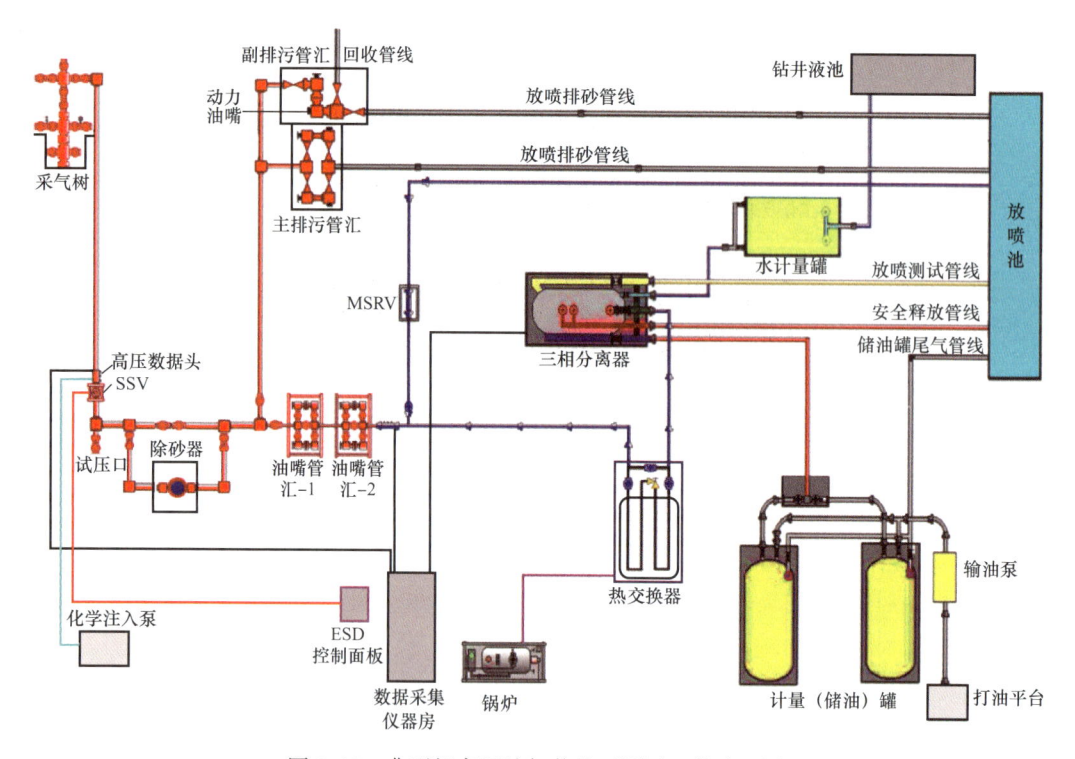

图7-22 典型超高压油气井地面测试工艺流程图

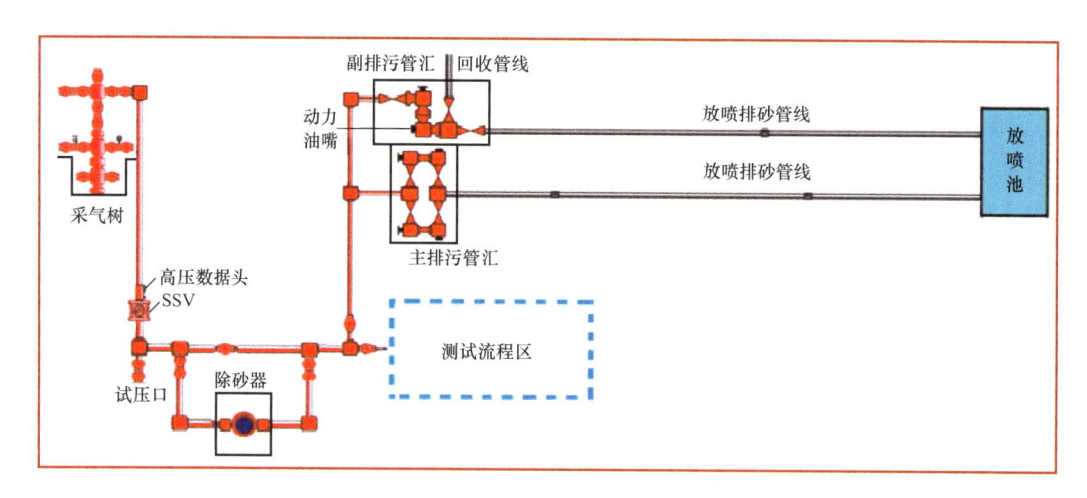

图7-23 放喷排液工艺流程图

主要设备:地面安全阀(SSV)及ESD控制系统、旋流除砂器、主排污管汇、副排污管汇、远程控制动力油嘴。

(2)测试计量流程:采油(气)树→除砂设备(除砂器等)→油嘴管汇→热交换器→三相分离器→(气路出口→燃烧池)或(水路出口→常压水计量罐)或(油路出口→计量

区各种储油罐）。

测试计量流程主要用于油气井的测试计量。流程配备了完善的在线除砂设备、精确计量设备、主动安全设备以及防冻保温设备，大大提高了测试精度及作业安全，如图7-24所示。

主要设备：地面安全阀（SSV）及 ESD 控制系统、旋流除砂器、双油嘴管汇、MSRV多点感应压力释放阀、热交换器、三相分离器、丹尼尔流量计、计量罐、化学注入泵、电伴热带、远程点火装置。

（3）超高压油气井地面测试计量流程特点。

超高压油气井地面测试除具备常规地面测试流程的测试功能（放喷排液、计量、测试、数据采集、取样、返排液回收等）和安全功能（紧急关井、紧急泄压等）外，还有如下特点：

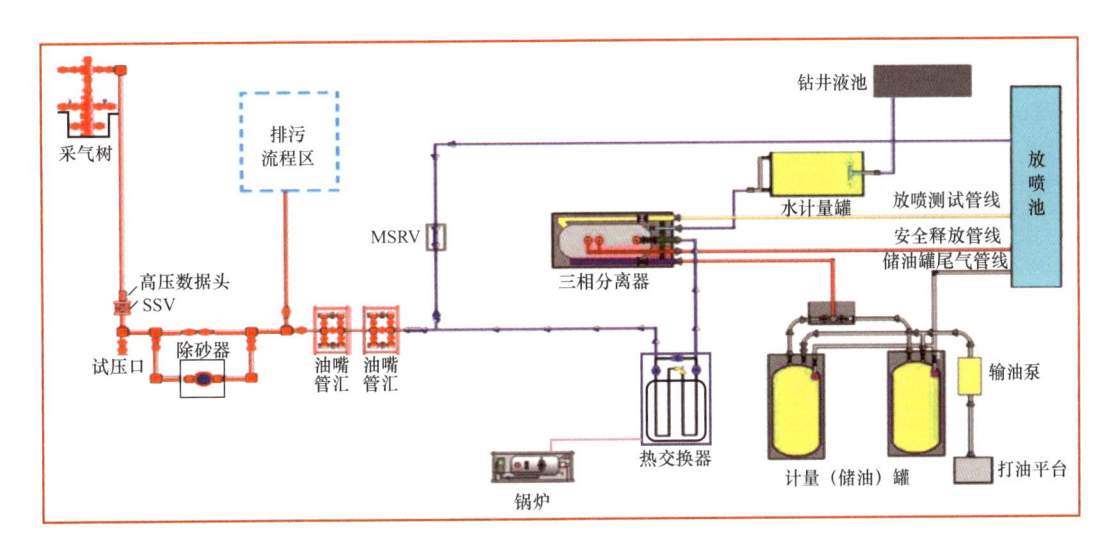

图7-24 测试计量工艺流程图

① 超高压流体的有效控制；
② 流程除砂、抗冲蚀能力强，具备连续除砂和排液能力；
③ 油、气、水的精细分离和产量精确计量；
④ 安全控制技术完善，智能化程度高，超高压区域大量采用远程控制技术，减少操作人员的安全风险；
⑤ 测试流程满足多种工序施工要求；
⑥ 防冻、保温性能优良。

二、关键装备

1. 140MPa 远控型油嘴管汇

1）结构

管汇主体由 1 只 78-140 手动闸阀、4 只 78-140 液动闸阀、1 只 78-140 液动节流阀、1 只 78-140 固定式节流阀、2 件 78-140 三通、2 件 78-140 汇流管（与节流阀连接处镶嵌硬质合金）、2件带仪表法兰的五通构成（图7-25）。管汇整体橇装，带4个标准吊点和叉车插孔。液动闸阀和可调节流阀选择液缸双作用执行器，使用远程液压控制系统进行操作。

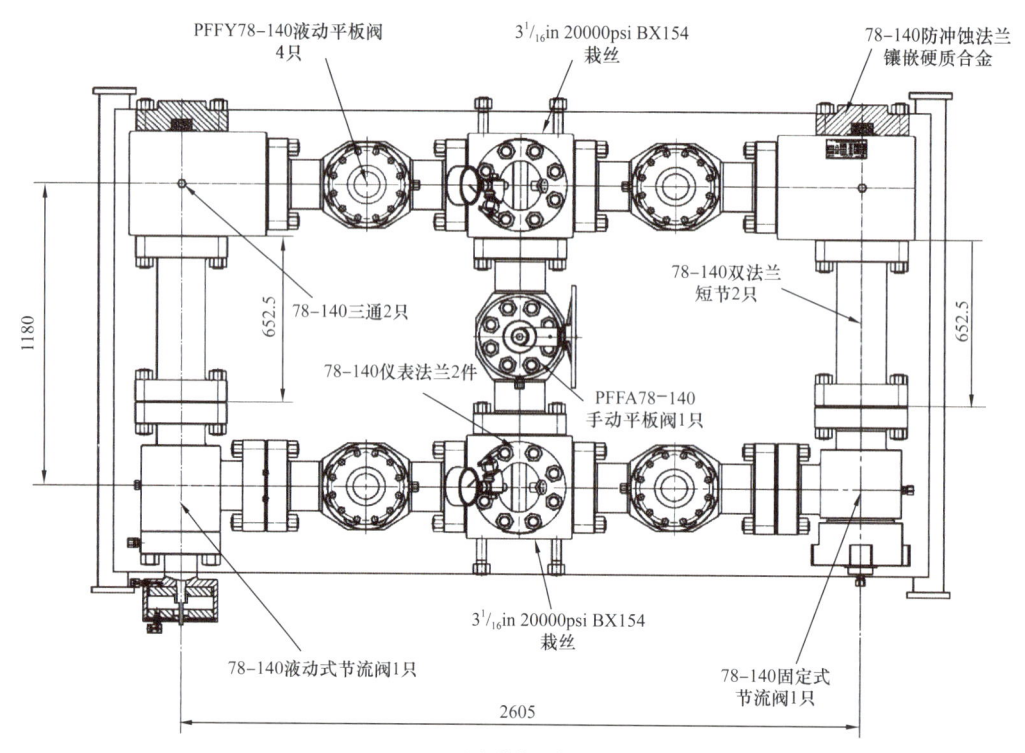

(a) 结构示意图

(b) 实物图

图7-25 远控型油嘴管汇图

2）主要技术参数

额定工作压力：20000psi（140MPa）。温度级别：L-U（-46～121℃）。

性能级别：PR1。产品规范级别：PSL3G。材料级别：EE。

工作介质：含砂返排液、原油、天然气。

主通径：$3\frac{1}{16}$in（78mm）。旁通径：$3\frac{1}{16}$in（78mm）。

入口：$3\frac{1}{16}$in 20000psi BX154（ϕ78mm 140MPa）栽丝。

出口：$3\frac{1}{16}$in 20000psi BX154（ϕ78mm 140MPa）栽丝。

连接规范：按 API SPEC 6A 标准法兰连接。

3）控制系统组成

（1）系统主要由气体及液压动力回路、控制阀组和辅助设备组成。

（2）气体及液压动力回路主要由减压阀、单向阀、过滤器、球阀、气动泵、压力表、易熔塞和蓄能器等部件组成。

（3）气体回路采用纯净干燥的压缩空气，主要用于驱动气动液体增压泵的启停、调节气动增压泵的输出压力、紧急关断和易熔塞关断回路等。液压动力采用气动液体增压泵和蓄能器联合供油。

（4）控制阀组主要由中继阀、溢流阀、三位四通阀、单向阀和球阀等部件组成，用于控制 5 个平板闸阀和 2 个安全阀的动作。

（5）辅助设备主要由机柜、油箱、吸油过滤器、液位计、气体管路和液体管路等部件组成。

4）控制系统结构原理

液压油通过气动液泵进行增压，气动液泵的动力为低压空气。气动液泵输出压力的大小受驱动气压力大小控制，可以进行无级调节。

通过控制液压油到闸板阀和安全阀的通断实现对每个阀门的开关，紧急关断按钮和易熔塞可确保紧急情况下停泵，关闭安全阀，保证生产安全，如图 7-26 所示。

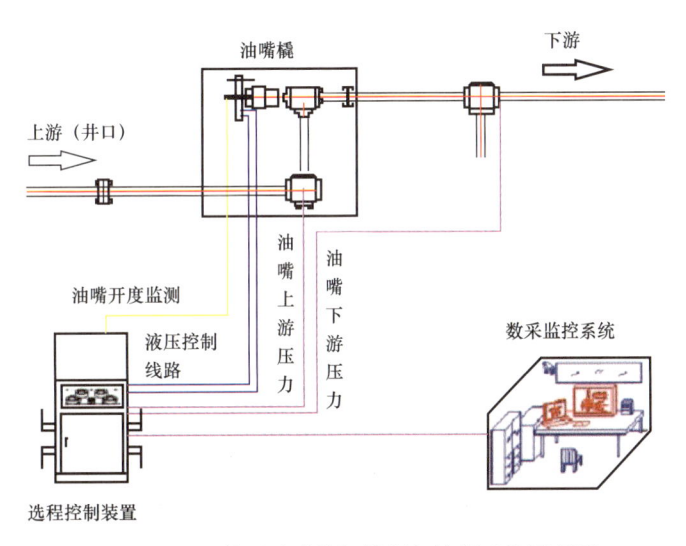

图 7-26 远控型油嘴管汇控制柜控制系统原理图

（1）气源流程：气源通过过滤和减压后分为三路，一路作为执行器控制阀组的先导气源，控制各类阀的开启和关闭；一路控制系统先导回路压力，紧急情况下可以实现停泵和关闭安全阀；一路为气动泵提供动力，实现高压油的输出。

（2）液压油流程：油箱内液压油经过过滤后进入气动泵实现增压，一部分能量蓄积在蓄能器组中，高压液压油分为两路，分别进入闸板阀控制阀组回路和安全阀控制阀组回路；主回路上安装有安全溢流阀，保证所有阀的液控压力在设定压力范围内工作，同时也起到保护管线和阀的作用，以实现装置的安全保护。采用 2 台 20L 蓄能器并联，充气压力 8.9MPa，最大工作压力 35MPa。主要作用是提供大流量、稳定供油压力、作为应急油源，满足 5 只阀同时开关和安全阀的打开。系统工作时，要把蓄能器开关阀打开。

（3）液动平板阀控制原理：通过调节三位四通阀的不同位置机能，将高压液压油输送到闸板阀的上液压缸或下液压缸，从而实现闸板阀的开启或关闭动作。在单向阀的作用下，当未进行开关动作时，闸板阀将稳定在设定位置。

（4）液动可调节流阀控制原理：通过调节阀控制通往节流阀执行机构的液压油的流量，可以控制节流阀在开启或关闭过程中的开关速度，从而进行不同开度的调节。

（5）安全阀控制原理：通过向安全阀内输入高压液压油或对液压油泄压，实现安全阀的打开和关闭，保证作业安全。

（6）安全附件功能：控制柜装有紧急关断阀，一旦紧急关断阀拍下，系统停止供油并降压，同时将安全阀关闭。

（7）易熔塞防火关断功能：当发生火灾时，环境温度迅速上升至易熔塞的熔化温度，使易熔塞熔化并释放紧急关断阀门的控制气源和泵的驱动气源，实现停泵关阀，如图 7-27 所示。

2. 三相分离器

1）结构

测试用油气水三相分离器主要由以下几部分组成：（1）分离器容器及内部元件；（2）流体进口管路；（3）气路控制和计量系统；（4）油路控制和计量系统；（5）水路控制和计量系统；（6）安全系统；（7）控制系统及气源供给系统；（8）进出口旁通管汇。具体结构如图 7-28 所示。

图 7-27　远控型油嘴管汇控制柜实物图

图 7-28　三相分离器实物图

分离器内部元件主要包括折射板、整流板、消泡器、除雾器、防涡器、堰板等，如图 7-29 所示。

2）工作原理

地层流体进入三相分离器后，首先碰到折射板，使流体的冲击量突然改变，流体被粉碎，液体与气体得到初步分离，气体从液体中逸出并上升，液体下沉至容器下部，但仍有一部分未被分离出的液滴被气体夹带着向前进入整流板内，在整流板内其动能再次降低而得到进一步分离。由于通过整流板之后，气体的流速可提高近40%，气体中夹带的液滴以高速与板壁相撞，使其聚结效率大大提高，于是聚结的液滴便在重力作用下降到收集液体的容器底部，液体收集部分为液体中所携带的气体从油中逸出提供了必要的滞留时间。

夹带大量液滴的气体通过整流板进一步分离后，夹带有小部分液滴的气体在排出容器之前，还要经过消泡器和除雾器。消泡器可使夹带在气体中的液滴重新聚结落下，从而使气体净化；气体出口处的除雾器同样也起到了使夹带在气体中更微小不易分离出的液滴与其发生碰撞而聚结沉降下来的作用。因此，气体通过这两个部件后，便可得到更进一步的净化，使其成为干气，然后从出气口排出。排气管线上设有一个气控阀来控制气体排放量，以维持容器内所需的压力。

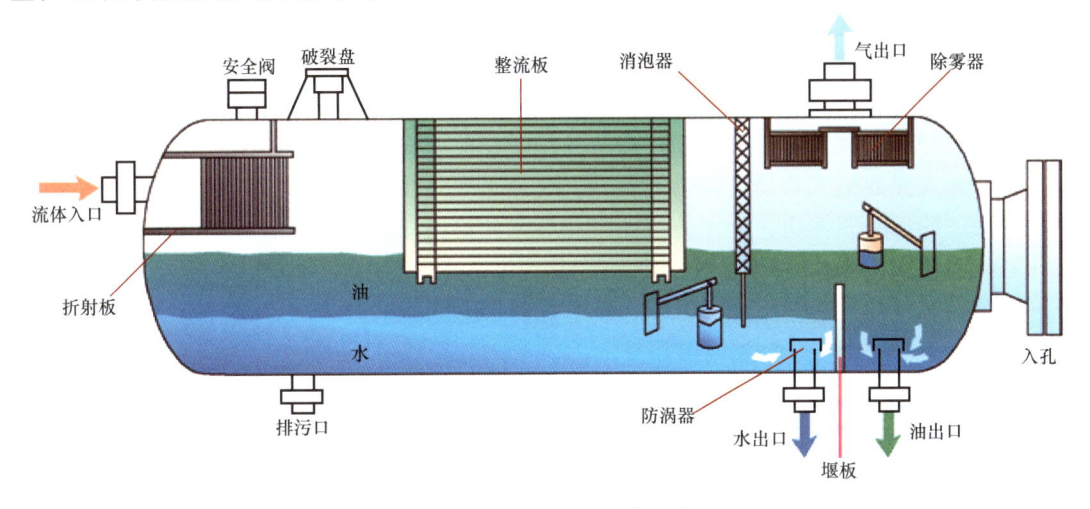

图 7-29 三相分离器内部结构示意图

分离器内的积液部分使液体在容器内有足够的停留时间，一般油与水的相对密度为0.75∶1，油水之间分离所需停留时间为1~2min。在重力作用下，由于油水的相对密度差，自由水沉到容器底部，油浮到上面，以便使油和乳状液在其顶部形成一个较纯净的"油垫"层。

浮子式油水界面调控器保持水面稳定；随着"油垫"增高，当油液面高于堰板时，溢过堰板流入油室，油室内的油面由浮子式液面调控器控制，该调控器可通过操纵排油阀控制原油排放量，以保持油面的稳定。

分离出的游离水，从容器底部油挡板上游的出水口，通过油水界面调控器操纵的排水阀排出，以保持油水界面的稳定。

第六节　页岩气丛式井地面返排测试技术

丛式井地面返排测试技术是石油勘探开发的一个重要组成部分，是认识页岩气区块，验证地震、测井、录井等资料准确性的最直接、有效的手段。通过丛式井地面返排测试技术可以得到油气层的压力、温度等动态数据。同时，可以计量出产层的气、水产量；测取流体黏

— 175 —

度、成分等各项资料；了解油层、气层的产能，采气指数等数据；为油田开发提供可靠的依据。丛式井地面测试技术是整个测试过程中的一个重要部分，通过地面返排测试设备，可以记录井口压力、温度，测量相对密度及天然气、水产量数据，对流体性质做出分析。因此搞好丛式井地面返排测试，取全、取准测试资料，对油田的勘探开发有着重要的意义。

一、地面流程组成

常规地面测试作业，通常是一口井配一套地面流程设备，以完成井筒流体降压、保温、分离、计量测试等作业。但是，在进行如页岩气等非常规气藏的丛式井组的地面测试作业时，将面临如下难题：（1）由于非常规气藏特殊的井下作业及储层改造措施，地面流程还需要具备捕屑、除砂、连续排液等更多的功能，所需地面流程设备较常规地面流程更多；（2）若仍然按照一口井配一套流程作业，不仅该丛式井场没有足够的空间摆放地面设备，同时也大大增加作业成本，降低了丛式井组开发效率；（3）丛式井组的完井试油作业往往涉及多工序同时交叉作业，怎样确保地面测试作业的安全顺利进行成为难题。

因此，丛式井组的地面流程设计，总体原则就是以模块化地面测试技术为依据，减少地面流程的使用套数。同时，能满足多口井同时作业，满足多口井不同工况作业的同时进行。目前，大多数丛式井场普遍为6口井。现将丛式井组的地面测试流程大致划分为井口并联模块、捕屑除砂模块、降压分流模块和分离计量模块，提出了利用多流程井口并联模块化布局，以解决整个丛式井组的地面测试需求。具体地面流程如图7-30所示，该流程可同时满足6口井分别进行加砂压裂、钻塞洗井、返排测试等不同工况的作业。

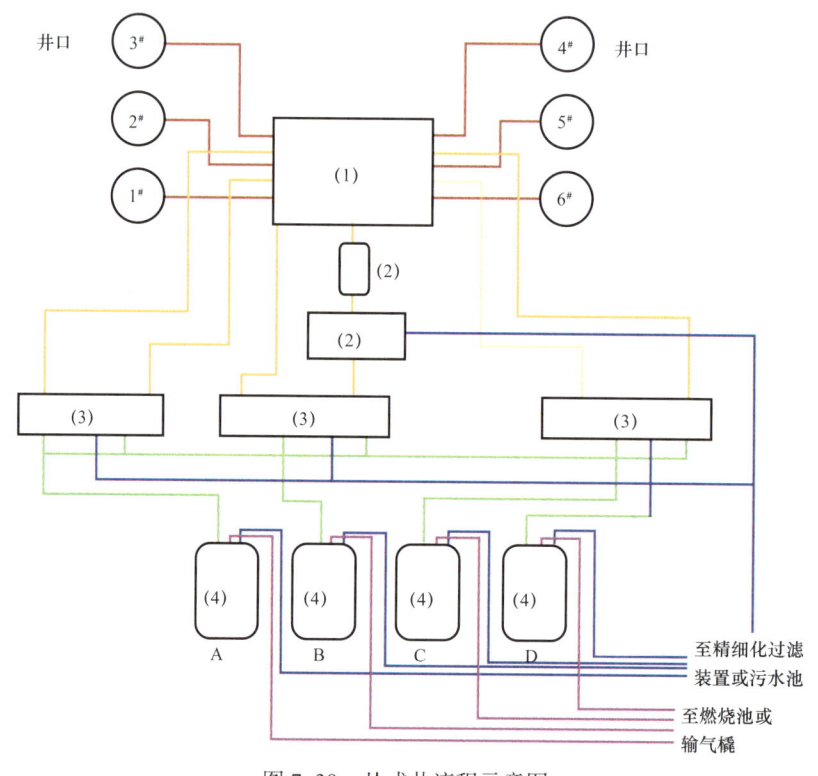

图7-30 丛式井流程示意图
（1）—井口并联模块；（2）—捕屑除砂模块；（3）—降压分流模块；（4）—分离计量模块

具体设计时,将原先每口井需要使用一套地面测试流程的设计,合并为6口井同时使用的4套地面流程,精简了地面测试计量流程设备。其流程设计主要特点为:(1)井口并联模块采用多个65-105闸阀组成的管汇组且直接与平台上各井口连接,现场能够满足平台上各井能同时开井且井间不串压、任意井单独压裂砂堵后解堵、任意井单独钻磨捕屑、任意井单独高压除砂;(2)捕屑除砂模块采用1套捕屑器+1套除砂器串联后,直接与井口并联模块相连,由井口并联模块倒换接入需要钻磨桥塞、除砂除屑的单井,若地层出砂量大,可以采用2套除砂器;(3)降压分流模块采用3个油嘴管汇橇并联组成,与井口并联模块之间采用65-105法兰管线连接,以满足6口井不同工况下的作业。

从图7-31可知,整个流程简明清晰,一目了然,功能齐全,而且便于操作。可以实现同井组不同井的不同作业不受干扰。每口井都能实现单独的返排测试,若要合并作业,流程同样能够实现。应用模块化地面测试技术,通过不同功能区块的划分,实现了对整套地面流程设备的充分利用,满足了丛式井组压裂改造的同时进行排液及产能测试的需要,以较少的测试设备(仅4套)完成对全井组的连续作业,很好地体现了页岩气等非常规气藏工厂化、批量作业的新需求。

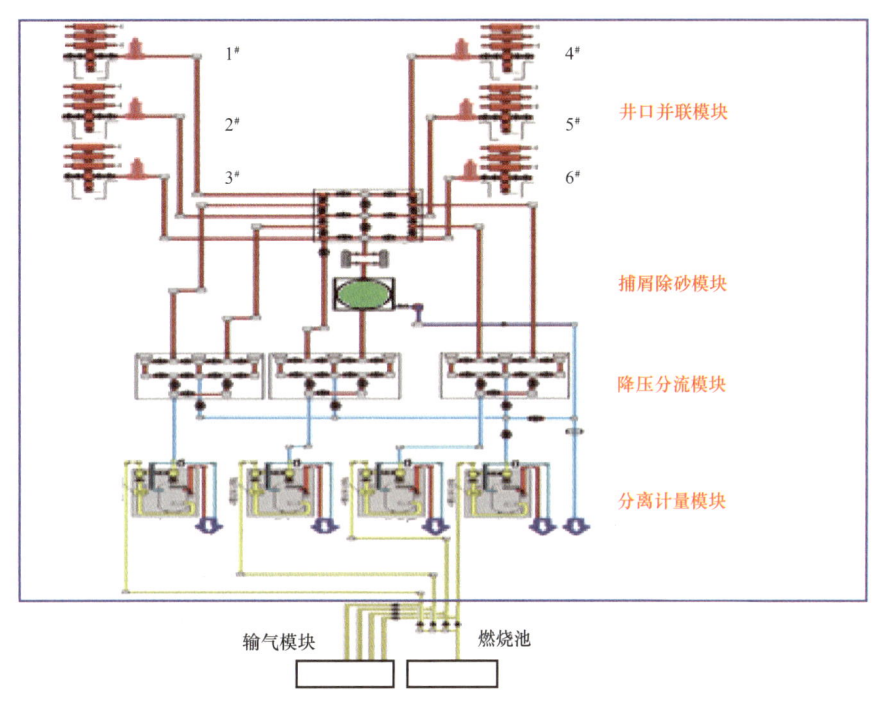

图 7-31 丛式井地面流程图

二、关键设备

1. 105MPa 捕屑器

1)结构组成

捕屑器由捕屑器本体、滤管、相应的阀门与变径法兰等构成(图7-32)。捕屑器本体主要采用180-105法兰管线,滤管装于捕屑器本体之内,常用的滤管尺寸为3mm、4mm、5mm和8mm。

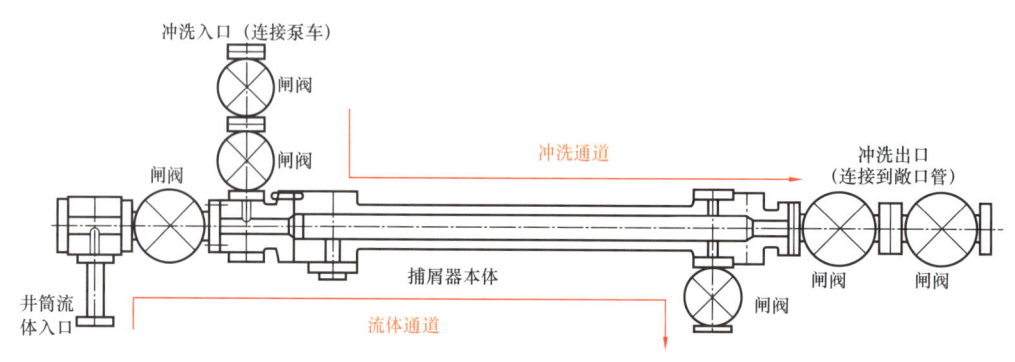

图 7-32 捕屑器设计图

2）主要参数及技术标准

（1）工作压力：105MPa。

（2）捕屑方式：滤孔过滤式。

（3）工作温度：-19～120℃。

（4）工作环境：酸性、碱性、含硫、含砂、含屑流体介质环境。

（5）滤管尺寸：$\phi 180mm \times \phi 150mm \times 3300mm$。

（6）捕屑长度：3082mm。

（7）捕屑容积：$54435825mm^3$。

（8）过滤孔直径：$\phi 3mm$、$\phi 5mm$、$\phi 6mm$、$\phi 8mm$。

（9）环空尺寸：$\phi 180mm \times \phi 150mm$（单边 6mm）。

（10）结构：可以在线连续冲洗。

（11）防硫等级：EE 级。

（12）执行技术标准：

API SPEC 6A《井口装置和采油树设备规范》；

NACE MR 0175—2003《油田设备用抗硫化氢应力开裂的金属材料》。

3）作业原理

主要用于页岩气等非常规气藏钻桥塞或水泥塞作业中担任捕屑角色，安装在流程最前端。从井筒返出的携砂流体，首先进入滤筒内部，通过内置滤筒拦截钻塞过程中井筒流体带出的桥塞等碎屑，经滤筒过滤后的流体再从侧面流出，碎屑被滤筒挡在其内部，从而实现碎屑和流体的分离，避免桥塞碎屑等固体颗粒大量进入下游，能有效地防止流程油嘴被堵塞或节流阀被刺坏，保障作业过程中流程设备和管线的安全，保证作业的连续性。

2. 105MPa 旋流除砂器

1）结构组成

105MPa 旋流除砂器由旋流除砂筒、集砂罐、管路、阀门、除砂器框架和仪表管路等几部分组成，如图 7-33 所示。

图 7-33 105MPa 旋流除砂器设备实物图

2）主要参数及技术标准

（1）工作压力：105MPa。

（2）除砂方式：旋流式。

（3）工作温度：−19～120℃。

（4）最大气处理量：$100\times10^4\text{m}^3/\text{d}$。

（5）最大液处理量：$690\times10^4\text{m}^3/\text{d}$。

（6）工作环境：酸性、碱性、含硫、含砂流体介质环境。

（7）除砂效率：95%以上。

（8）结构：可以连续排砂。

（9）防硫等级：EE级。

3）作业原理

旋流除砂器是一种配合地面测试使用的设备，适用于压裂后洗井排砂和出砂地层的测试或生产。除砂器能安全地除掉大型压裂的压裂砂，过滤并计量地层出砂量，有效减少对下游地面设备的损坏。

105MPa旋流除砂器是通过在超高压除砂罐内设置旋流筒，将井流切向引入旋流筒内，产生组合螺线涡运动，利用井流各相介质密度差，在离心力作用下实现分离。旋流除砂器设有超高压集砂罐，在集砂罐上设置了自动排砂系统，利用除砂器砂筒内部压力可将罐内积砂快速排出，可实现密闭排放。

3. 105MPa抗冲蚀节流阀

1）结构组成

105MPa远程控制抗冲蚀节流阀系统主要由两大部分组成：抗冲蚀节流阀阀体（图7-34）及远程液压控制装置（图7-35）。抗冲蚀节流阀阀体是节流控压的主要部件，而远程液压控制装置主要用于远距离控制抗冲蚀节流阀的开关。

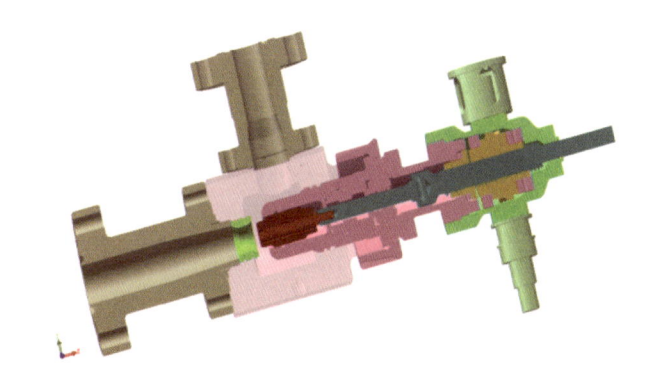

图7-34　105MPa抗冲蚀节流阀本体　　图7-35　抗冲蚀节流阀远程液压控制装置

抗冲蚀节流阀系统具体组成包括：刻度指示标尺、动力总成、油嘴总成、油嘴本体、防磨护套、入口法兰短节、出口法兰短节和远程液压控制系统。该装置安装在地面流程设备的前端管线或管汇中，在页岩气井返排流程中，主要安装于排砂管线上。其中动力总成主要由液压马达、蜗轮、蜗杆、壳体组成，壳体通过螺栓与油嘴本体连接，液压马达由远程液压控制系统驱动；油嘴总成主要由油嘴、油嘴套、油嘴阀座、连接杆等组成。油嘴总成安装在油嘴本体内，动力总成通过蜗轮心部的螺杆与油嘴总成中的连接杆相连，刻度指示标尺与动力总成的螺杆相连。进口法兰短节和出口法兰短节分别连接于油嘴本体的上下游，防磨护套安装于出口法兰短节内。

2）主要参数及技术标准

（1）公称通径：65mm。

（2）额定工作压力：105MPa。

（3）额定温度级别：P.U（–29～121℃）。

（4）材料代号及类别：75K/EE。

（5）连接形式：API 6BX 型法兰连接。

（6）进口连接：BX $2^{9}/_{16}$in–15K。

（7）出口连接：BX $3^{1}/_{16}$in–15K。

（8）最大节流通径：2in（50.8mm）。

（9）阀芯行程：2in（50.8mm）。

（10）产品规范级别：PSL3。

（11）性能要求级别：PR1。

（12）执行标准：API-6A-19 NACE MR0175 油田设备用抗硫化应力裂纹的金属材料。

3）作业原理

流程上游流体通过入口法兰短节进入油嘴装置，通过油嘴与油嘴阀座之间的环形间隙后流经出口法兰至下游。油嘴与油嘴阀座之间的间隙通过动力总成来调节，动力总成与远程液压控制系统相连，通过远程液压控制系统带动动力总成液压马达工作，驱动蜗杆蜗轮并带动螺杆前进与后退。由于螺杆与油嘴连接杆相接，从而螺杆的运动将带动油嘴连接杆和油嘴的前后运动，达到增加或减少油嘴与油嘴阀座之间间隙的目的，实现节流开度的任意调节。节流开度可以通过刻度指示标尺进行观察，也可通过在蜗杆后端安装位置指示传感器，在液压控制面板上直接显示节流开度的大小。

抗冲蚀节流阀控制系统配有蓄能器和手动增压泵，采用气体驱动方式，以压缩空气为驱动气源（100psi），通过输出的高压油控制油嘴的开启或关闭，油嘴的开启度实时显示在控制面板的数显仪表上；面板上可以手动操作手动控制阀开大或关小油嘴，同时可以监控阀前或者阀后压力（两路）。通过调节速度调节阀可以控制抗冲蚀节流阀的开关速度。控制面板共有两路循环压力通路，因此可以同时控制两个抗冲蚀节流阀进行开关工作。液压系统采用气动增压泵供液，同时备有 1 台手动泵，当气泵出现故障或低压气源中断时，通过备用手动泵也能保证系统应急工作。液压控制回路能够实现自动补压功能和超压自动排放功能；控制柜系统适应现场的全天候、连续运行和操作。具体原理示意图如图 7–36 所示。

4. 探砂仪

1）结构组成

探砂仪在地面测试领域主要应用于测量地面流程流体中固相颗粒的含量，有效指导现场施工，以便减少固体颗粒对设备的侵蚀，可起到安全防范作用。它由探砂仪探头、数据传输线、探砂仪主机、计算机（安装探砂仪软件）等部分组成。

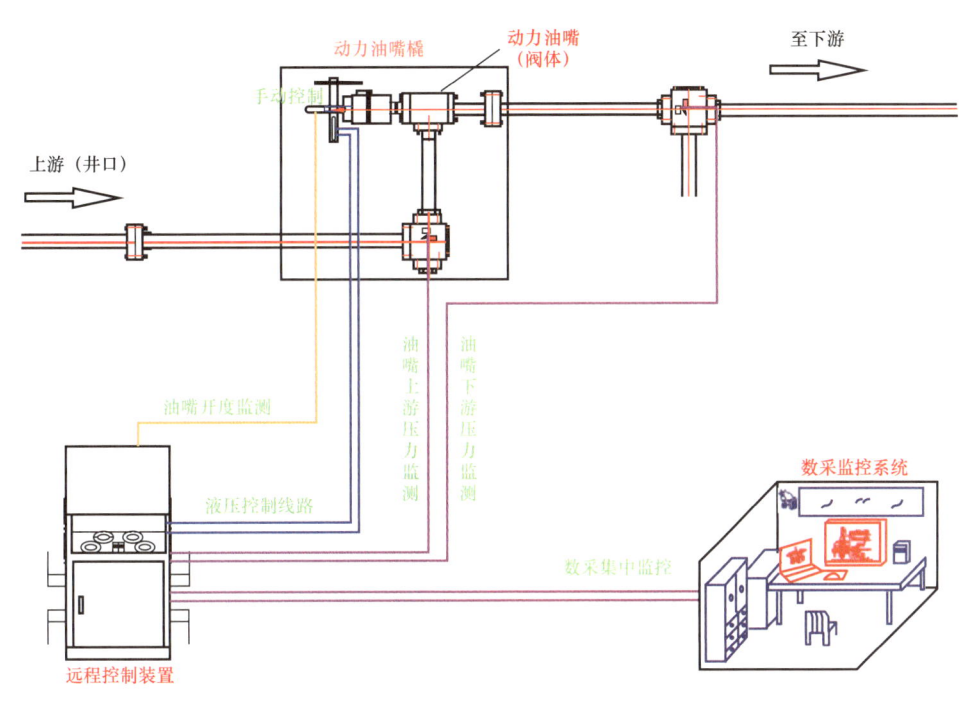

图 7-36 105MPa 远程控制抗冲蚀节流阀系统工作原理示意图

2）主要参数及技术标准

（1）耗电量：0.8W。
（2）工作温度：-40～225℃。
（3）最远距计算机位置：2000m。
（4）质量：2.0kg（4.4lb）。
（5）尺寸：800mm×800mm。
（6）外壳材质：316 不锈钢。
（7）输出信号：RS485 Multi-Drop）/4-20MA/Relay。
（8）外壳标准：IP 56。
（9）本安标准：EEx ia IIB T3-T5（DNV-99-ATEX-1004X）II2G。

3）作业原理

设备基于"超声波智能传感器"技术。这种传感器安装在第一根弯头后面，返排流体中的固相颗粒碰击管壁的内壁，产生一种超声波脉冲信号。超声波信号通过管壁传输，并由声敏传感器接收。探头被调节或校验到在频率范围内提取声音后，将它传给计算机之前的智能部分（探砂仪主机）做电子处理。再将处理后的信号传输给计算机，通过探砂仪计算软件计算出地面流程流体中固相颗粒的含量，并显示曲线。

三、液体清洁回收技术

近年来，页岩气藏等非常规气藏采用大规模体积压裂作业，页岩气藏储层改造需要的液量很大。据现场统计，大多数加砂压裂井单段需要的液量大致在 2000m³，单井改造可达 20 层以上。压裂后返排液量大，如 W201-H1 井返排总液量高达 10305.9m³。大规模加砂压裂后钻磨洗井以及后期返排期间,返排液中往往含有大量的桥塞碎屑或支撑剂。这不仅会影响施工安全,而且会造成巨大的水资源浪费,后期废液无害化处理成本高。因此,探索"高效、便捷、低廉"的压裂液清洁回收技术已经迫在眉睫。只有良性循环、合理利用水资源,才能降低页岩气藏勘探开发成本,提高经济效益。目前,现场采用最广泛的是通过物理方法来清洁返排流体,它主要针对的是压裂返排液中的悬浮污染物,包括重力分离、离心分离和过滤等方法。重力分离是指依靠油水相对密度差进行分离。离心分离是基于固体颗粒和液体处于高速旋转形成的离心力场中,因所受离心力差异实现固液分离。过滤是指利用协同作用、粗粒化作用、截留吸附作用去除机械杂质。具体方法如下。

1. 捕屑

捕屑器一般安装在地面测试流程的最前端,从井筒返出的携屑流体经过捕屑器滤筒后,桥塞碎屑等粒径较大的颗粒被留在了滤筒内,而颗粒较小的支撑剂等固体杂质则会和返排液一起流向后面的设备流程。根据钻塞的工艺、钻头类型等提前选择和安装好最佳尺寸的滤管,以保证捕屑的最佳效果,滤管滤孔尺寸通常有3mm、4mm、5mm和8mm等几种规格。通过捕屑器的合理利用,不仅可以确保现场的施工安全,而且实现了钻塞返排流体的初步清洁。

2. 除砂

旋流除砂器一般安装在捕屑器与油嘴管汇之间,它的液相处理能力大,被广泛应用于页岩气等非常规气藏液相介质的除砂,特别是当压裂液破胶效果较差、液体黏度较高时,旋流除砂器可以保证可靠的除砂效率。根据现场实际情况,合理选择旋流除砂器筛管,能有效提高除砂效率。参考标准如下:砂量大于$500m^3$加砂压裂井选用10in旋流管;砂量$100\sim500m^3$加砂压裂井选用8in旋流管;砂量小于$100m^3$加砂压裂井选用6in或4in旋流管,使用过程中根据压力、返出流体物性等实际情况可做适当调整。当井筒流体经过旋流除砂器的离心分离后,返排流体的固相含量急剧降低,可以实现返排流体的进一步清洁。

3. 精细化过滤

精细化过滤清洁回收技术的关键设备是多袋式双联过滤器,如图7-37所示。

它由过滤筒体、过滤筒盖和快开机构、专用过滤袋和不锈钢滤篮等主要部件组成。在非常规气井返排过程中,井筒返出流体在经捕屑器除屑、旋流除砂器除砂以及气液分离后,再将初步清洁的返排液泵入多袋式双联过滤器内部专用滤袋,滤袋安装于不锈钢滤篮内部,液体渗透过所需精度等级的滤袋即能获得合格的滤液,杂质颗粒被滤袋拦截。采用快开设计,滤袋更换非常便捷,滤袋清洗后可反复使用。

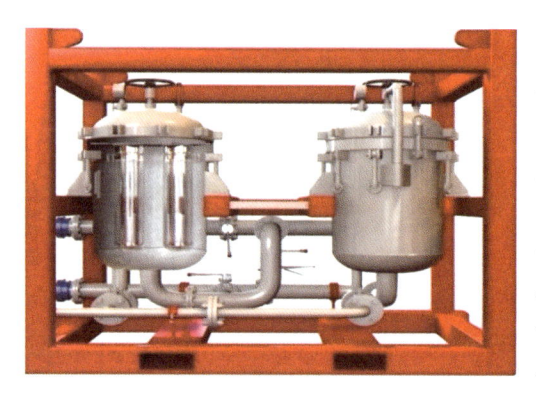

图7-37 多袋式双联过滤器实物图

多袋式双联过滤器处理量大、体积小,处理能力$780\sim1000m^3/d$,过滤精度高达$10\mu m$。它能够满足页岩气现场施工需求,为压裂液的回收再利用提供有效的解决途径。

采用本清洁过滤技术的返排液,还可以进一步采用化学法、生物法、电解技术、电絮凝技术、低温结晶技术等进行深度清洁,满足后期不同需求。现场压裂液清洁回收处置流程如图7-38所示。

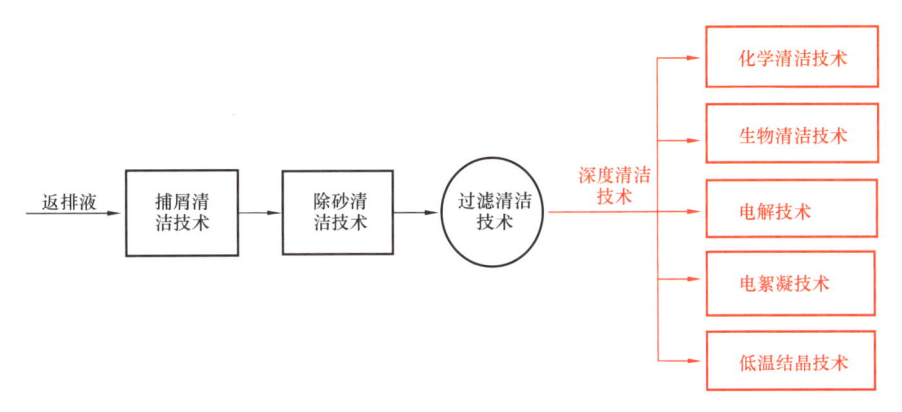

图 7-38　压裂液清洁回收处置流程

第七节　含硫井井筒返出液地面实时处理技术

含硫气井测试期间，井筒返出液中普遍含有 H_2S。当井筒返出液返至地面时，一部分 H_2S 通过分离，以气体的形态随着天然气燃烧，另一部分 H_2S 溶于井筒返出液中排入污水池，一旦污水池中的 H_2S 溢出，将对井场人员的安全造成威胁。另一方面，气井经过酸化后，在排液初期残酸浓度较高，对地面测试设备和残酸池腐蚀。同时返排液会产生大量泡沫，不仅聚集在残酸池表面，占据残酸池有效容积，而且一旦有风，泡沫将四处飘散，造成污染事故。

含硫井井筒返出液地面实时处理技术可以在测试期间加入除硫剂去除硫化氢。同时，利用该技术还可在地面测试流程的不同节点分别加入消泡剂消泡，加入 pH 值调节剂中和残酸，使处理后的井筒返出液在排污口处排出，有效消除泡沫，中和残酸、避免井筒返出液中 H_2S 溢出，保证井场安全。

一、技术原理

当井筒返出液流体依次通过转向管汇、节流管汇进入热交换器，再进入两个加速混合器，加速混合器形式上类似于三通，将连续加药装置中 pH 值调节剂管道和消泡剂管道接入加速混合器，通过连续加药装置分别加入 pH 值调节剂和消泡剂中和残酸和消泡。经分离器一级分离后，流体再进入另一个加速混合器，然后通过连续加药装置加入除硫剂去除硫化氢，处理后的流体经缓冲罐继续化学反应和气液进一步分离。整个过程均在全封闭的流程内进行，最终在排污口处排出，实现安全排放。该技术可以解决国内在处理返排液中的硫化氢时主要采用人工直接在罐上加处理剂，效率低，人员安全风险大，加入比例不均匀，易浪费药剂等问题。同时也可消除酸化后排出液中气泡，中和排出液中的残酸，达到试油期间井筒出液无害化的目的。利用该技术，可以进一步提高井场安全性，避免井场大气中硫化氢超标，实现排出液的无害化，最终实现试油期间环境保护的目的。

二、系统组成

为了满足液态的 pH 值中和剂、除硫剂、消泡剂注入的问题，需要研制配套相应的井筒出液处理系统，整个系统由加速混合器、连续加药橇、远程数据采集和控制系统组成。连续加药橇确保处理剂能实时添加至流程中；配套混合装置保证加入的药剂能和井筒返出液充分混合，提高反应效率；采用监测和自动控制技术，实现根据液体中硫化氢含量、pH 值等数据调整加药量，确保硫化氢无法溢出，保证井场安全。

1. 连续加药橇

连续加药装置为封闭式橇装结构，由药剂储存罐、自吸上料泵、计量泵、卸料泵、自动控制系统、液位计、管汇流程、橇座、集装箱房等组成。

连续加药装置用于加注 pH 值调节剂、除硫剂和消泡剂，各泵之间相互独立。为此，需要分别配套除硫剂注入泵，pH 值中和剂注入泵和消泡剂注入泵。加药橇工作压力为 10MPa。工作温度一般为 0~60℃。液体处理量为 1000m³/d。硫化氢处理最高含量为 1000g/m³。为了保证现场安装拆卸方便，形式为封闭式橇装结构，由药剂储存罐、隔膜计量加药泵、卸料泵、上料泵等系统组成。具体结构如图 7-39、图 7-40 所示。

(a) 主视图

(b) 俯视图

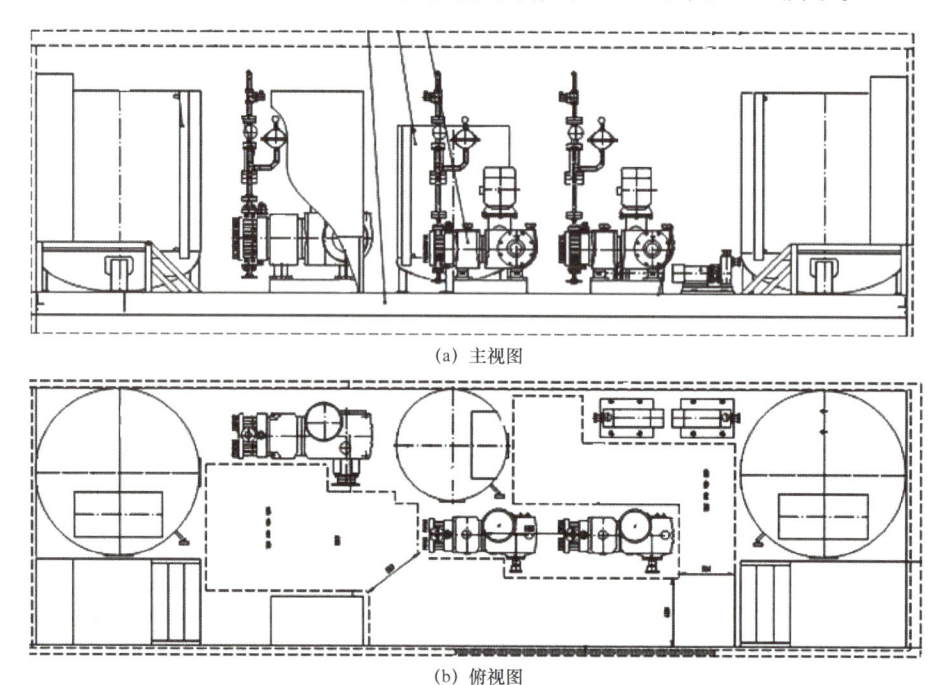

图 7-39 处理装置结构图

图 7-40 处理装置图

2. 加速混合器

为了提高处理效果，在连续加药橇和地面放喷流程之间采用了加速混合器。加速混合器是处理水与液体药剂瞬间混合的设备，具有高效混合、节约用药、设备小等特点。在不需要外动力情况下，水流通过反应器产生对分流、交叉混合和反向旋流 3 个作用，混合效率达 90%～95%。该装置的基本结构如图 7-41 所示。

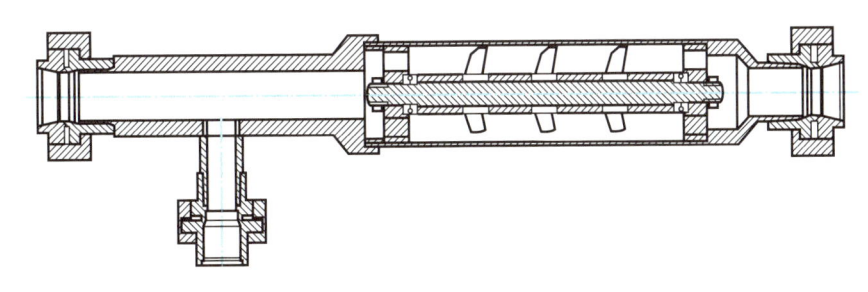

图 7-41 加速混合器结构图

流体在管线中流动冲击叶轮，可以增加流体层流运动的速度梯度或形成湍流。层流时产生"分割—位置移动—重新汇合"运动，湍流时流体除上述 3 种情况外，还会在断面方向产生剧烈的涡流，有很强的剪切力作用于流体，使流体进一步分割混合，最终形成所需要的各种介质均匀分布的混合液。

3. 远程数据采集和控制系统

远程数据采集和控制系统硬件部分包括 PLC 控制箱、H_2S 传感器、pH 值传感器、电磁阀、冲程调节器等，软件部分主要是配套软件。该系统可直接在排污口监测残酸浓度和大气中 H_2S 含量，利用反馈数据自动控制处理剂注入量，如图 7-42 所示。

该系统硬件从功能上主要分为两大模块：实时数据监测和自动控制。监测系统要求能够实时检测到储液罐液位高度、残酸浓度、H_2S 含量以及各泵排量、压力等。将各个监测点的数据汇总到控制平台计算机上显示出来。自动控制系统要求可以通过软件系统的人机界面和电控按钮发出控制指令，根据检测系统的检测数据，由 PLC 自动控制程序完成分析、整理和判断，并调控整个系统的运作。该系统是 HMI 防爆触摸一体机、PLC 控制器、继电器组、电源等构成的控制系统，是对消泡剂、中和剂、除硫剂的计量泵和电磁阀、上料泵、卸料泵进行控制的专用设备。输入电源 380V，防护等级 IP66，防爆等级 Ⅱ 类，电动机控制输出 5 组，电磁阀控制输出 3 组，数字量输入 3 组，模拟量输入 11 组。

该系统配套软件界面如图 7-43 所示，中间部分为工艺流程示意图，这一部分不可操作，只作为观察消泡剂电磁阀、中和剂电磁阀、除硫剂电磁阀、消泡剂计量泵、中和剂计量泵、除硫剂计量泵、上料泵、卸料泵的运行状态指示在流程图中，红色为停止，绿色为启动。消泡剂罐、中和剂罐和除硫剂罐中液位高低指示实际液位值。隔膜状态指示灯指示消泡剂、中和剂和除硫剂计量泵的隔膜状态，绿色为正常，红色为膜破。主画面下方为数值显示区，"pH 值一"是中和剂入口 pH 值，"pH 值二"是中和剂出口 pH 值，并指示消泡剂、中和剂和除硫剂的容量、液位和流量。主画面右方可以操作上料泵和卸料泵的启停，注意：上料泵和卸料泵有连锁功能，不能同时启动。6 个硫化氢传感器的测量数据显示在右方，并且自动计算出的最大值也一并显示。该软件还可对报警值、PID 参数等进行设置。

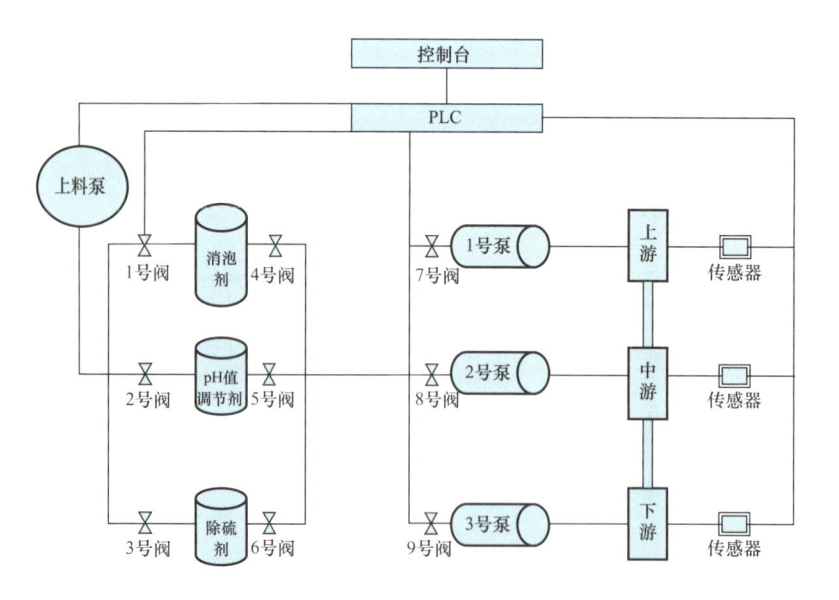

图 7-42　远程数据采集和控制系统

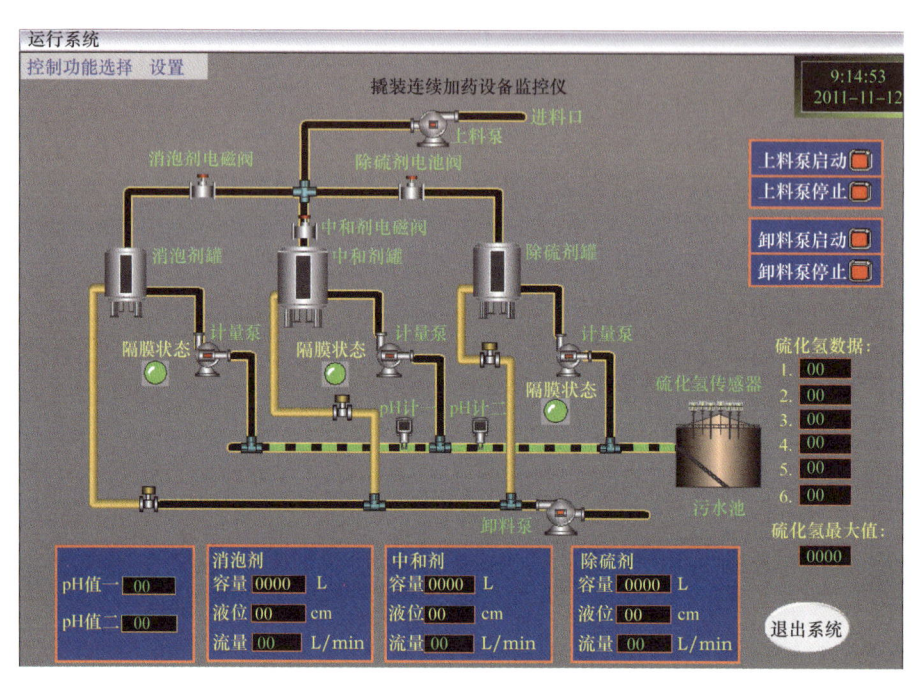

图 7-43　远程数据采集和控制系统

第八节　地面高压旋流除砂技术

地面试油测试作业中，井筒产出的高压高速油气流中通常会伴有固相颗粒物质，这些固体颗粒主要来自钻进中漏失的高密度钻井液中的加重材料，地层出的砂，岩屑，射孔残渣，压裂支撑剂等。特别是页岩气等非常规气藏大规模加砂压裂后，在返排初期井口压力高，地层出砂多，这些固相颗粒物质被井筒高速流体带出，会对地面测试设备、管线、仪表等产生严重冲蚀和堵塞，对测试安全造成严重威胁。

因此，为了保证试油测试期间地面测试设备和作业人员的安全，过去通常采用105MPa管柱式除砂器进行除砂作业，该除砂器依靠安装在滤砂筒内的不同等级的加固滤网过滤固相颗粒，然而在某些工况下滤网特别容易出现堵塞。比如页岩气井在钻塞过程中往往需要采用黏度较大的胶液以增加钻塞过程中的携砂带屑效果。同时若返排初期，进入地层流体破胶效果不好，返排流体的黏度也会大大增加，当此类流体进入滤砂器后，特别容易在进口绕丝滤网内壁形成一层液体黏膜，各种粒径大小的颗粒在压差作用下，会在黏膜上形成一层砂饼，造成滤网堵塞，滤砂器上下游压差会迅速增加。此外，管网式管柱除砂器以滤砂为主，存砂容积小，处理量低，加砂压裂后放喷排液容易导致滤网堵塞，刺坏滤网。

越来越多井的现场应用表明，管柱式除砂器主要适用于返排流体为纯气相或不含胶液的清洁液相介质中的除砂作业，在返排液相流体黏度较大情况下需要采用专用的高压旋流除砂器进行除砂作业。

一、高压旋流除砂器

1. 结构

高压旋流除砂器由旋流除砂筒、集砂罐、管路、阀门、除砂器框架和仪表管路等几部分组成，如图7-44、图7-45所示。

2. 主要技术参数

（1）工作压力：140MPa。工作温度：-19～120℃。

（2）除砂方式：旋流式。防硫等级：EE级。

（3）最大气处理量：$100 \times 10^4 m^3/d$。最大液处理量：$680 m^3/d$。

（4）除砂效率：95%以上。

（5）工作环境：酸性、碱性、含硫、含砂流体介质环境。

3. 工作原理

旋流除砂器是利用离心沉降和密度差的原理进行除砂。由于入口安装在旋流筒的偏心位置，当流体切向进入旋流筒后，沿筒体的圆周切线方向形成强烈的螺旋运动，流体旋转着向下推移，并随着旋流筒圆锥截面的逐渐缩小，其角速度逐渐加快。由于砂和水密度不同，在离心力、向心力、浮力和流体曳力的共同作用下，密度低的水在达到锥体一定部位后，转而沿筒体轴心向上旋转，最后经顶部出口排出，密度大的砂粒则沿锥体壁面落入设备下部的集砂罐中被捕获，从而达到除砂的目的。

4. 作业程序

（1）除砂作业。当井下流体中含有砂粒需要进行除砂作业时，打开旋流除砂器入口阀门，使流体由超高压除砂罐切向开孔的进口衬套切向进入旋流筒内，产生强烈的螺线涡运动，在离心力作用下实现分离。小粒径砂粒和密度小的油、气从旋流器溢流口经由除砂罐出口流向下游设备，大粒径砂粒和少量的油、水从旋流筒底流口经由除砂罐沉砂口、连接阀门，落入下方的集砂罐内。

（2）排砂作业。集砂罐内砂堆累积到一定高度时（监测系统中 p_1 和 p_3 之间的压差），关闭除砂罐和集砂罐之间的连接阀门，将集砂罐内压力降至安全水平后，转入自动排砂作业。在集砂罐的下端和底部分别设有冲砂管路和排砂管路，冲砂管路的冲洗水将集砂罐底部的砂堆冲散，提高砂堆含水量使其流化，并提供初始流动能量，使砂粒从底部排砂口流出；同时，排砂口下方设有排砂管路，能够将流砂冲至下游管线，保证排砂口通道流畅；罐内的砂堆在重力作用下，不断填补下方空隙，直至完全排出。

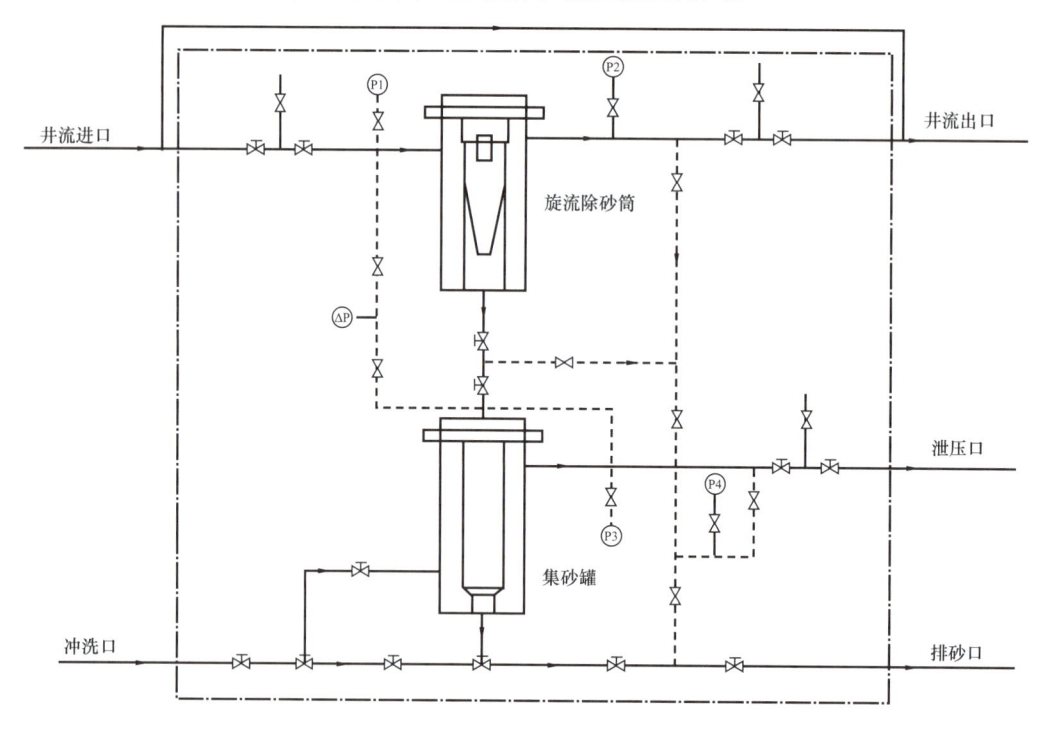

图 7-44 旋流除砂器 PID 图

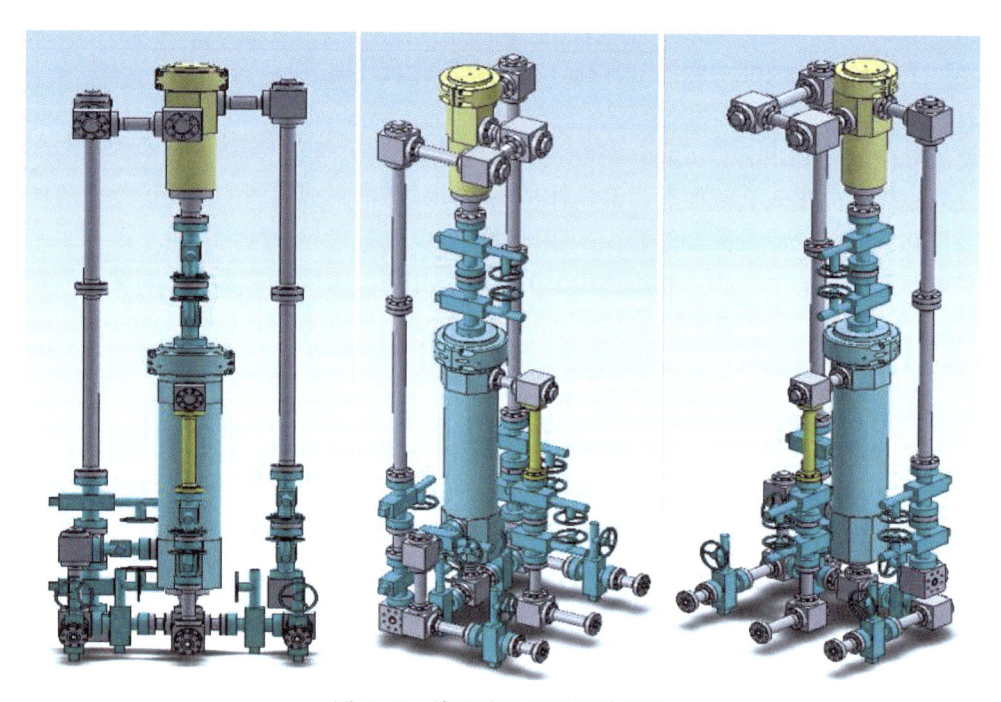

图 7-45 旋流除砂器结构示意图

二、连续除砂技术

现场使用时，旋流除砂器和井口 140MPa 的超高压管线并联连接，并在主流程与旋流除砂器之间的进出口两端都分别单独连接两个 140MPa 的防砂阀门进行压力隔断。当需要进除砂器进行除砂作业时，只需要关闭主流程上的隔断阀门，打开和除砂器连接的进出口阀门即可；反之，关闭和除砂器连接的进出口阀门，打开主流程上的隔断阀门即可。除砂器服务结束，关闭主流程和除砂器连接的阀门后，隔断主流程和除砂器之间的压力就可以直接拆除除砂器，能够减少除砂器在现场的等待时间，提高设备使用效率，如图 7-46 所示。

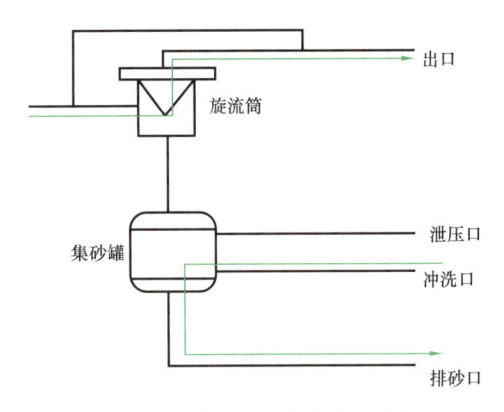

图 7-46 除砂器在线排砂示意图

参 考 文 献

[1] 程华，张铁军.随钻信息的有线钻杆传输技术发展历程和最新进展[J].特种油气藏.2004，11（5）：85-87.

[2] 刘飞，贺秋云，肖军，等.井下测试数据地面直读技术发展现状[J].钻采工艺，2013，36（4）：48-51.

[3] 张煜，裘正定，熊轲，等.基于差分脉码调制的随钻测量数据压缩编码算法[J].石油勘探与开发，2010，37（6）：748-755.

[4] 黄昌武.2009年国外石油科技十大进展[J].石油勘探与开发.2010，37（2）：166.

[5] 赵建辉，王丽艳，盛利民，等.去除随钻测量信号中噪声及干扰的新方法[J].石油学报，2008，29（4）：596-600.

[6] 庞东晓，潘登，贺秋云.井下无线微小信号识别技术研究[J].石油机械.2016，44（3）：44-47.

[7] 刘飞，潘登，覃勇.页岩气藏压裂返排液回收处理技术探讨[J].钻采工艺，2015，38（3）：69-72.

[8] 曾小军，陆峰，寇双峰.四川富顺页岩气藏压裂改造模式及返排工艺分析[J].钻采工艺，2016，30（2）：77-79.

第八章 水平井压裂作业技术

"十一五""十二五"期间，中国石油在水平井压裂作业技术研发、推广以及应用等方面取得了显著的成绩，并形成了一系列拥有自主知识产权的特色技术，有力地保障了中国石油天然气集团公司油气资源开发需求。

第一节 水力喷射分段压裂技术

水力喷射分段压裂技术以其可定向喷射准确造缝、一趟管柱可进行多段压裂、施工周期短、储层伤害小、施工安全和适用范围广等优点，在水平井改造过程中具有很大的优势。近几年，该技术在国内应用已经非常成熟，且效果显著，成为国内水平井改造的基本技术。

一、技术原理

水力喷射分段压裂技术是根据伯努利方程原理，将压能转变为动能，射流增压与环空压力叠加超过岩石破裂压力并维持裂缝延伸。该技术是集射孔、压裂、隔离一体化的增产改造技术，适用于低渗透油藏直井、水平井的增产改造，是低渗透油藏压裂增产的一种有效方法。

1. 水力喷砂射孔原理

水力喷砂射孔是将流体通过喷射工具，将高压能量转换成动能，产生高速射流冲击（或切割）套管或岩石形成一定直径和深度的射孔孔眼（图8-1）。为了达到好的射孔效果，在流体中加入石英砂或陶粒等。将喷射工具安装于管柱最下端，油管泵注高压流体通过喷嘴喷射出的高速射流射穿套管，形成喷射孔道；高速流体的冲击作用在水力射孔孔道顶端产生微裂缝，能在一定程度上降低地层起裂压力，对下步起裂、延伸具有一定的增效作用。

2. 水力喷射压裂裂缝起裂、延伸机理

关闭环空，在油管和环空内分别泵入流体。油管流体经喷射工具射流继续进入射孔孔道，射流继续作用在喷射通道中形成增压。向环空中泵入流体增加环空压力，喷射流体增压和环空压力的叠加超过地层破裂压力瞬间，将射孔孔眼顶端处地层压破。保持孔内压力不低于裂缝延伸压力，同时在喷射流核外将形成相对负压区，环空流体被高速射流带进射孔通道，从而持续保持孔内压力，使裂缝得以充分扩展（图8-2）。

3. 水力封隔分段原理

由于射孔孔眼内增压和环空负压区的作用，环空压力将低于地层裂缝的延伸压力，也低于其他位置地层的破裂压力，从而在水力喷射压裂过程中，流体只会进入当前裂缝，不会压开其他裂缝，这样就达到了水力动态封隔目的。

二、技术特点

（1）能够自动隔离，可用于裸眼、套管完井。
（2）一次管柱可进行多段压裂，施工周期短，有利于降低储层伤害。

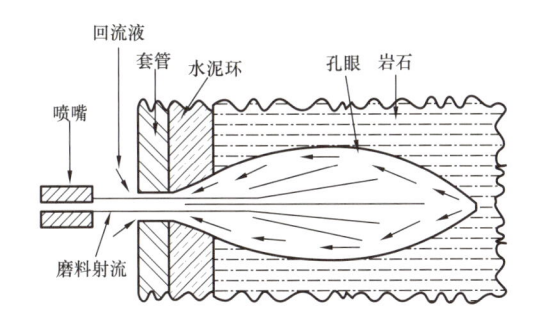

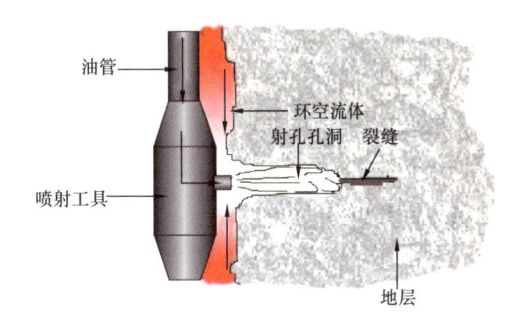

图 8-1　水力喷砂射孔切割岩石原理示意图　　图 8-2　水力喷射起裂、延伸机理示意图

（3）可进行定向喷射压裂，准确造缝。
（4）喷射压裂可以有效降低地层破裂压力，保证高破裂压力地层的压开和压裂施工。
（5）该工艺压井次数少，对储层伤害小，而且施工程序简单。

三、储层改造工艺

水力喷射分段压裂技术在工艺实施上应用最广泛的有两类：一类为不动管柱水力喷射分段压裂工艺；一类为带底封拖动水力喷射分段压裂工艺。本节着重介绍这两类工艺。

1. 不动管柱水力喷射分段压裂工艺

1）工艺原理

不动管柱水力喷射分段压裂工艺结合了水力喷射技术和滑套多层压裂的优点，是在常规水力喷射压裂和投球滑套压裂技术上发展起来的一种分段压裂技术。根据储层分段压裂级数设计要求，采用多套喷枪组合并配套滑套开关，组配管柱并下入设计位置。压裂时不需移动喷射管柱，在完成第一段喷砂射孔、压裂施工后，油管持续注液、控制环空压力，通过油管投球打开第二段的滑套并进行喷砂射孔、压裂施工，依次完成不动管柱多段分段压裂施工。

2）工艺特点

（1）一趟管柱完成水力喷砂射孔压裂，简化了工艺程序，节省了施工时间，提高作业效率。
（2）利用水动力学原理进行分层封隔，不需要机械封隔工具，减少作业风险和施工成本。
（3）滑套式喷射器整体密封性良好，滑套开关可靠，实现分层改造，合层开采。

3）管串结构

不动管柱水力喷射分段压裂管串由丢手＋扶正器＋滑套式喷射器＋单流阀＋筛管＋引鞋构成，管串结构如图 8-3 所示。

图 8-3　不动管柱水力喷射分段压裂管串结构图

4)工艺关键点

(1)滑套式喷射器设计。为增加分段压裂段数,采用了先进的小级差滑套设计,并优化喷嘴结构,选取碳化钨作为喷嘴材质,实现投球开启滑套并进行喷砂射孔、压裂施工。

(2)工具准确下入。为了确保喷砂射孔的顺利实施,按方案设计组配管串并准确丈量入井管柱,确保工具下入设计位置。

(3)喷枪喷嘴优化。根据方案设计调整喷嘴个数和大小,在井口承压条件下,使喷嘴降压既能实施水力喷砂射孔、压裂所需的最低压降值,又能够达到最高的施工排量。

(4)环空压力控制。环空压力以不超过套管限压为原则,同时,能够满足水力喷射压裂环空补液需要。

5)基本工艺过程

(1)通井、洗井等井筒准备。

(2)组配管柱,工具入井。

(3)投球打开第一级滑套。

(4)水力喷砂射孔作业。

(5)油管加砂压裂。

(6)依次投球打开滑套完成其余段压裂作业。

6)现场应用

不动管柱水力喷射分段压裂工艺在长庆油田应用200余口井,增产改造效果明显。靖××井是一口开发井,完井方式为$5\frac{1}{2}$in套管完井,完钻层位为石盒子组,完钻井深4747.0m,水平段长1457.0m。采用不动管柱水力喷射分段压裂工艺对该井进行了6段的压裂改造,施工排量2.4~3.0m³/min,累计加砂253.2m³,施工总液量2598.9m³。

2. 带底封拖动水力喷射分段压裂工艺

1)工艺原理

利用水力喷枪进行单簇或多簇水力喷砂射孔,用底封隔器对已施工层进行封隔,油管内和油套环空同时注入压裂。当目的层压裂施工完毕后,通过控制放喷释放地层压力(或者带压拖动管柱),调整管柱位置至下一施工段继续水力喷砂射孔、油套同注压裂施工,进而实现自下而上逐段连续压裂施工[1,2]。

2)工艺特点

(1)能进行定点水力喷砂射孔,压裂改造针对性强。

(2)用底部封隔器封隔,可验封,分段可靠。

(3)可进行大规模体积压裂,水平井分段级数不限。

(4)压裂发生砂堵时可及时用原管柱处理,能有效缩短砂堵处理时间。

(5)施工作业速度相对较快,压后井筒全通径,利于后期综合治理。

(6)入井一趟作业管柱可满足10段以上压裂施工需求。

3)管串结构

带底封拖动水力喷射分段压裂管串由安全接头+喷射器+单流阀+高强度底封隔器构成,管串结构如图8-4所示。

图8-4 带底封拖动水力喷射分段压裂管串结构图

4）工艺关键点

（1）高强度底封隔器。该封隔器采用高强度压缩式胶筒，可实现多次重复坐封。同时设计单流阀和反循环阀结构，管柱砂卡风险低。

（2）耐冲蚀喷枪。采用进口硬质合金内孔涂层防护喷嘴，提高喷嘴的硬度，进而提高喷嘴过砂能力。同时对喷枪本体的表面进行硬化处理，减小砂液反溅冲蚀伤害，延长喷枪使用寿命。

5）基本工艺过程

（1）通井、洗井等井筒准备。

（2）组配管柱，工具入井。

（3）坐封封隔器，验封。

（4）水力喷砂射孔作业。

（5）油管伴注，环空加砂体积压裂，或环空伴注，油管加砂压裂。

（6）上提管柱，解封封隔器，调整钻具至下一施工段，再次坐封封隔器。

（7）下一层喷射射孔、压裂。依次完成其余段作业。

6）现场应用

带底封拖动水力喷射分段压裂工艺在低渗透油气藏应用非常广泛，仅长庆油田就应用该工艺了1000多口井，增产改造效果明显。固平××井是一口采油井，完井方式为 $5\frac{1}{2}$ in 套管完井，完钻层位为长6层，完钻井深3470m，水平段长1549.92m。采用带底封拖动水力喷射分段压裂工艺对该井进行压裂改造，一趟作业管柱完成全井12段压裂施工，施工排量 $8m^3/min$（套管排量 $5.5m^3/min$ + 油管排量 $2.5m^3/min$），累计加砂 $960.0m^3$，施工总液量 $11109.5m^3$。

第二节　裸眼封隔器分段压裂技术

裸眼封隔器分段压裂技术能够实现有效的机械分隔、一趟管柱完成连续压裂，压后管柱作为完井管柱快速返排并投入生产，不仅节约时间和成本，而且工艺成熟，在低孔、低渗透、低压油气藏的水平井增产改造中应用广泛。

一、工艺原理

依据水平井水平裸眼段长度及分层改造需要，采用多个裸眼封隔器对水平井裸眼段进行机械封隔，同时将多级投球滑套分布在压裂起裂位置便于造缝。压裂施工开始，首先通过油管注入压裂液打开第一段压差滑套，然后压裂介质从滑套喷射孔进入地层进行压裂施工。第一段压裂施工完成后，从小到大依次投球打开对应滑套，并依次完成不同层段压裂施工，压后合层排液、投产。

该技术适应于多类油气井的增产改造。由于滑套不能重复开关，压后井筒完整性差，不适用于压后生产测试或其他需要重复作业的油气井。

二、工艺特点

（1）采用尾管悬挂器 + 裸眼封隔器 + 滑套，实现水平井选择性的分段、隔离。

（2）工具一次入井，分段压裂连续完成，施工效率高。

（3）不固井、不射孔，节约作业成本。

三、管串结构

裸眼封隔器分段压裂管串由回接筒+悬挂封隔器+投球滑套+裸眼封隔器+压差滑套+球座+引鞋构成，管串结构如图8-5所示。

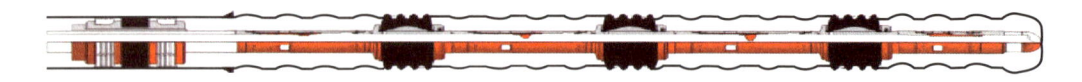

图8-5 裸眼封隔器分段压裂管串结构图

四、工艺关键点

（1）管柱的安全下入。管柱下入前需做好井筒准备工作，首先用套管刮管器刮管，确保悬挂封隔器坐封井段密封良好；其次用钻杆通井，该工序应充分调整钻井液性能，若遇阻卡，则划眼、活动钻具直至井眼通畅；最后用模拟管串通井，该工序是关键，模拟管串原则上不能划眼转动，因为入井封隔器不能转动，现场作业证明模拟通井能顺利到达井底，则下封隔器就不会出现卡钻复杂[3-5]。

（2）裸眼段地层的有效封隔。由于该工艺可在水平井裸眼段进行分段压裂，与套管井相比，裸眼井段工况比较恶劣，对裸眼段地层的封隔不能选用封隔套管的压缩式胶筒，应选择适合地层的胶筒进行封隔。

五、基本工艺过程

（1）通井规通套管、刮管器刮管、钻头和钻杆通水平段等井筒准备工作。

（2）用钻杆把完井管柱送入井内预定位置。

（3）顶替井筒内钻井液、坐封封隔器、丢手。

（4）起出钻杆。

（5）下油管和回接接头，回接管柱。

（6）投球打开压差滑套，形成第一段压裂通道。

（7）加砂压裂。

（8）依次投球开启滑套，完成后续压裂施工。

六、现场应用

2010年以来裸眼封隔器+滑套分段压裂技术在国内应用了100多口井，取得了较好的改造效果。苏××井是一口开发井，完井方式为裸眼完井，完钻层位为盒$8_{下}^1$，完钻井深5119m，水平段长1500m。采用裸眼封隔器分段压裂工艺对该井进行了8段的压裂改造，施工排量4～6m³/min，累计加砂325.6m³，施工总液量3251.8m³。

第三节　水力泵送桥塞分段压裂技术

水力泵送速钻桥塞技术作为一项新兴的水平井改造技术,近年来在国外页岩气藏以及致密气藏开发中得到广泛应用。该技术封隔可靠,分段压裂级数更多,裂缝布放位置精准,施工排量可达 8～15m³/min,施工压力低,压后无须返排,且桥塞压裂技术适应性好,可实现无限级压裂。因此,该技术在国内发展迅速,各大油田均有应用[6-9]。

针对桥塞压裂技术需要钻磨的问题,国内研究人员对其进行了相关改进和研究,如长庆油田研发的大通径桥塞配套可溶球,压后无须钻磨即可实现大通径。2015 年吐哈油田研发的可溶桥塞试验成功,桥塞本体由可溶性金属材料制造,压后无须钻磨即可自行溶解,从而实现全通径,使得桥塞压裂技术更加完善。

一、工艺原理

水力泵送桥塞分段压裂技术是指在井筒和地层有效沟通的前提下,运用电缆输送方式,按照泵送设计程序,将射孔管串和桥塞输送至目的层,完成坐封和多簇射孔联作,后期通过光套管进行分段压裂。首段施工时,采用连续管或常规油管传输射孔后,进行光套管压裂作业。目前应用的桥塞主要可分为 3 类:速钻复合桥塞、大通径桥塞和可溶桥塞。

二、工艺特点

(1)通过分簇射孔实现定点、多点起裂,裂缝位置精准,易形成更多的缝网改造体积。

(2)桥塞与射孔联作,带压作业,施工快捷,井筒隔离可靠性高。

(3)压后井筒全通径,井筒完整程度高。

(4)压裂段数不受限制。

(5)压裂通道大,能实施大规模压裂施工。

三、管串结构

1. 桥射联作工具串

桥塞+射孔联作工具串组成包含:电缆绳帽+CCL+转换接头+射孔枪+隔离短节+滚轮短节+坐封工具+推筒+桥塞。其结构如图 8-6 所示。

图 8-6　桥射联作工具串示意图

1—电缆绳帽;2—CCL;3—转换接头;4—射孔枪;5—隔离短节;6—滚轮短节;7—坐封工具;8—推筒;9—桥塞

2. 桥塞结构

1)速钻复合桥塞

速钻复合桥塞主要由上接头、可钻卡瓦、复合锥体、复合片、组合胶筒及下接头等部件组成，如图8-7所示。后期生产时需要运用连续管或油管进行钻磨桥塞作业。部分速钻复合桥塞产品参数对比见表8-1。

图8-7 速钻复合桥塞
1—上接头；2—可钻卡瓦；3—复合锥体；4—复合片；5—组合胶筒；6—下接头

表8-1 部分速钻复合桥塞产品参数对比

公司	产品	适用套管 mm	套管内径 mm	最大外径 mm	最小内径 mm	压力等级 MPa	温度等级 ℃
贝克休斯	Gen Frac	139.7	112.9～118.1	104.9	19.1	70	177
哈里伯顿	FRAC	139.7	111.1～121.3	105.4	25.4	70	200
斯伦贝谢	Diamondback	139.7	114.3～118.6	106.8	28.9	70	177

2）大通径桥塞

大通径桥塞主要由上接头、复合片、组合胶筒、锥体、卡瓦和下接头等部件组成，如图8-8所示。具有免除钻磨作业、保持井眼大通径、迅速投产等优点，降低了现场施工风险，节约了成本。部分大通径桥塞产品参数对比见表8-2。

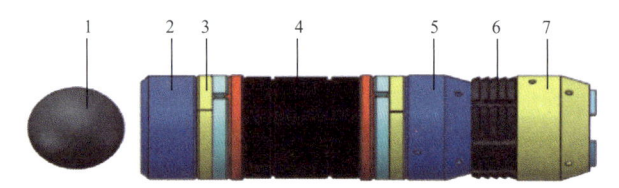

图8-8 大通径桥塞
1—可溶球；2—上接头；3—复合片；4—组合胶筒；5—锥体；6—卡瓦；7—下接头

表8-2 部分大通径桥塞产品参数对比

公司	产品	适用套管 mm	套管内径 mm	最大外径 mm	最大通径 mm	压力等级 MPa	温度等级 ℃
贝克休斯	SHADOW	139.7	118.6～121.3	111.2	69.8	70	177
Tryton	MAXFRAC	139.7	114.3	109.5	76.2	70	170
Lodestar	LB PnP	139.7	114.3～121.4	104.8	22.4	70	175

3）可溶桥塞

全可溶性桥塞主要由上、下接头，上、下卡瓦，上、下锥体，胶筒及卡瓦牙等部件组成，如图8-9所示。压裂完成后，可溶桥塞全部溶解，随返排液一同排出井筒。该工艺桥塞溶解后保持井眼全通径，免除钻磨桥塞作业，节约完井时间及成本。部分可溶性桥塞产品参数对比见表8-3。

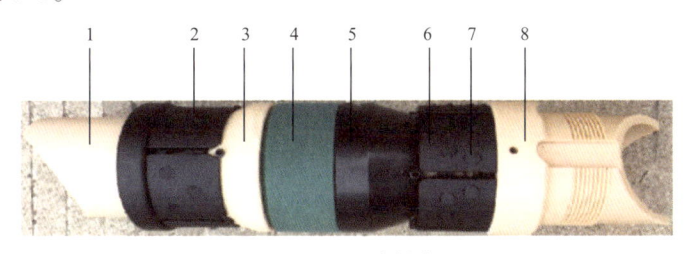

图 8-9　可溶桥塞
1—上接头；2—上卡瓦；3—上锥体；4—胶筒；5—下锥体；6—下卡瓦；7—卡瓦牙；8—下接头

表 8-3　部分可溶性桥塞产品参数对比

公司	产品	适用套管 mm	套管内径 mm	最大外径 mm	最小内径 mm	压力等级 MPa	可溶情况
贝克休斯	SPECTRE	139.7	118.6～121.3	111.1	54.7	70	全可溶
哈里伯顿	Illusion	139.7	118.6～124.3	111.0	33.0	70	卡瓦牙不溶解
Magnum	MVP	139.7	114.3～121.4	104.8	22.4	70	卡瓦不溶解

3. 速钻复合桥塞磨铣作业工具串

速钻复合桥塞在压裂施工结束后，需采用连续管或油管带螺杆马达+磨鞋进行磨铣钻除作业，磨铣作业工具串结构为：连接头+单向阀+震击器+丢手+螺杆钻+磨鞋。其结构如图8-10所示。

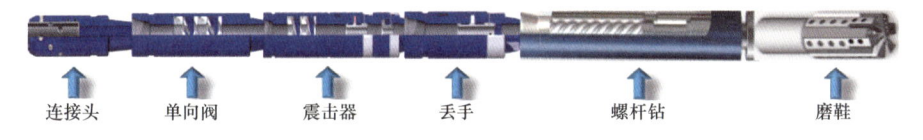

图 8-10　磨铣作业工具串示意图

四、基本工艺过程

（1）通井规通井，保证井筒内干净。
（2）使用连续管或常规油管传输射孔枪，进行第一段射孔。
（3）取出射孔枪，光套管注入进行第一段压裂。
（4）电缆作业下入射孔枪及桥塞至入窗点，开泵泵送桥塞至水平段设计位置。
（5）点火坐封桥塞，上提射孔枪至设计位置射孔。
（6）起出射孔枪及桥塞下入工具。
（7）光套管注入进行压裂作业（投球式桥塞需要先投球，将已施工段隔离）。
（8）重复步骤（4）～（8），完成后续段的压裂改造。
（9）分段压裂结束，大通径桥塞或可溶桥塞直接排液、投产；速钻复合桥塞需要采用连续管（或常规油管）钻除桥塞后进行排液、投产。

五、工艺关键点

1. 泵送桥塞关键点

根据井眼轨迹及桥射联作工具串，对泵送排量、管串通过能力、井口防喷装置夹持力等参数进行模拟计算，在实际作业中合理控制泵送排量和电缆下入速度，保证电缆和工具串受力在安全范围内，避免泵送桥塞过程中发生电缆断裂、缠绕和工具遇卡，造成工程复杂。

每次压裂完成后，即刻进行泵送桥塞作业，避免因井筒内沉砂过多产生泵送风险。如因特殊原因未能立刻进行泵送作业时，等候时间超过8h，应大排量冲洗井筒，再进行泵送作业。

2. 速钻桥塞磨铣作业关键点

磨铣作业时，缓慢下放连续管或油管，精确控制钻磨排量和钻压，避免憋泵和空转，提高磨铣效率。根据放喷出口磨屑返出情况，适时将磨铣工具提至入窗点以上，采用高黏液大排量冲洗，充分循环，将磨铣物返出地面；磨铣作业时做好坐岗观察，认真观察放喷口出液情况，避免井漏造成磨铣工具卡钻；磨铣过程中可根据实际情况进行强磁打捞，清洗井筒内金属碎屑。

六、现场应用

ZP××井为一口评价水平井，完钻井深4500m，水平段长1000m，油层套管为139.7mm。经过方案论证，采用致密油体积压裂改造，完成9段26簇体积压裂施工，施工排量7～10m³/min，累计加砂1880m³。压后利用连续管钻除井内所有桥塞，确保了后期井筒通畅。

第四节　双封单卡分段压裂工艺

双封单卡分段压裂技术主要应用于水平井老井复产和低渗透油田薄而多储层改造，可实现水平井多段、可控、有针对性的压裂施工。国内以大庆油田为代表，单趟管柱可以压裂15段，最大加砂规模210m³，工艺管柱耐温100℃，耐压70MPa。国外以哈里伯顿为代表，采用CobraFrac连续油管＋跨式封隔器压裂技术，最高耐温177℃，耐压70MPa，最大压裂层段深度2280.5m，最大单井分压24段。国内外施工排量约5m³/min，施工效率根据地层而异[10,11]。

该技术现场实施方式依据封隔器不同坐封方式，主要分为双K式（液压式坐封）双封单卡分段压裂工艺和YK式（液压式和机械式坐封结合）双封单卡分段压裂工艺，现场应用取得了较好的效果，为低渗透油田水平井老井重复改造提供了有效技术手段。

一、工艺原理

双封单卡分段压裂技术是利用双封隔器跨卡封隔施工层段，通过液压节流或机械加压实现封隔器坐封，油管内加砂由导压喷砂器进入施工地层完成压裂，压后反循环洗井冲砂后上提管柱压裂上一层段，实现一趟管柱多个层段的压裂。

二、工艺特点

（1）对于多段射孔的老井，采用双封隔器封隔目的层，可实现任意层段的选压。
（2）一趟管柱能完成多段压裂，最多可完成15段，能显著降低施工成本。
（3）工艺管柱具有反洗功能，卡钻风险低。
（4）YK组合式双封单卡工具下封集成设计了压差平衡机构，有效避免"负压卡钻"。
（5）YK双封单卡管柱双向锚定，施工安全可靠。

三、管串结构

1. 双K式双封单卡工具管串结构

由上到下依次为安全接头、扶正器、水力锚、K344上封隔器、导压喷砂器、K344下封隔器、导向丝堵，如图8-11所示。

2. YK组合式双封单卡工具管串结构

由上到下依次为TDY-118封隔器、伸缩补偿器、单流阀、导压喷砂器、油管调整短节、双公球座、K344-115封隔器（钢丝胶筒）、KFZ116-50B水力锚、液力式安全丢手，如图8-12所示。

图8-11 双K式双封单卡分段压裂管柱示意图
1—安全接头；2—扶正器；3—水力锚；4—上封隔器；5—导压喷砂器；6—下封隔器；7—导向丝堵

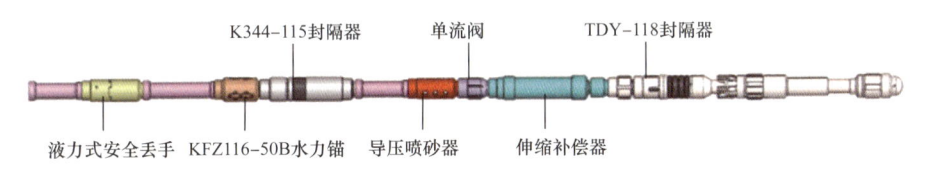

图8-12 YK组合式双封单卡管柱结构示意图

四、基本工艺过程

（1）通井、刮削等井筒准备。
（2）射孔，如果是水平井段重复改造，直接进入工序（3）。
（3）组配工具管串，匀速下钻。
（4）坐封封隔器，压裂施工。
（5）控制放喷，降低井口压力后，反循环冲洗，将钻具调整到下一个施工段；或者采用带压拖动管柱作业方式，将钻具调整到下一个施工段。
（6）第二段压裂施工。
（7）重复（4）～（6）工序，直到压完所有目的层段，然后起出压裂管柱。

五、工艺关键点

（1）地层亏空预处理。在施工作业前若地层有明显亏空迹象，则应采用灌井筒方式对地层充分补能，同时可优选YK组合式双封单卡工具进行改造施工，避免发生"负压卡钻"。

（2）井筒处理。在工具入井前，应用专用套管刮削器进行井筒清理作业，清除井筒杂物和射孔段炮眼毛刺，确保双封单卡工具顺利入井。

（3）封隔器坐封。施工中根据选用的不同工具串，采取上提下放或油管打压方式确保封隔器有效坐封。若压裂时环空出现返液，可上提管柱至直井段，正确坐封封隔器后管内憋压，判断封隔器是否完好。

（4）封隔器解封。施工结束后，应充分循环井筒，确保井筒内无沉砂，解封封隔器，起出管柱。若起钻中途遇卡，则持续循环井筒，同时在安全拉力范围内活动管柱进行解卡。

六、现场应用

截至2009年，大庆油田应用双K式双封单卡压裂工艺共完成171口井440层段现场试验，平均单井设计5.1段，压裂成功率95.5%，单井最多压8段，单趟最大加砂65m^3，单井最大加砂量105m^3，最大射孔井段33.8m，最大卡距44m，单段最多孔数338孔。

2017年，YK组合式双封单卡压裂工艺在长庆油田水平井选层段重复体积压裂改造施工中应用了3井次，利用3套工具完成了12段施工，平均单套工具完成4段施工。其中，在陈平××井1套工具完成了6段重复压裂，最大施工排量达到了5m^3/min。加砂总量235m^3，入地总液量2880m^3。

参 考 文 献

［1］玉坤，喻成刚，尹强，等.国内外页岩气水平井分段压裂工具发展现状与趋势［J］.石油钻采工艺，2017，39（4）：514-520.

［2］SUR JAATMADJA J B, GR UNDMANN S R, MC-DANIEL B, et al. Hydrajet fracturing：An effective method for placing many fractures in openhole horizontal wells［R］. SPE 48856, 1998：263-265.

［3］Matt Mckeon. Horizontal Fracturing in Shale Plays［R］.Hulliburton, 2011.

［4］BYBEE K. Multiple-layer completions for treatment of multilayer reservoirs［J］. Journal of Petroleum Tech-nology, 2008, 60（9）：80-82.

［5］丁庆新，侯世红，杜鑫芳，等. 国内水平井压裂技术研究进展［J］. 石油机械，2016，44（12）：78-82.

［6］熊亭，郭小勇，汪超平，等. 关于国内水平井分段压裂工艺技术的现状及展望［J］. 中国石油和化工标准与质量，2017，37（13）：185-188.

［7］卫秀芬，唐浩. 水平井分段压裂工艺技术现状及发展方向［J］. 大庆石油地质与开发，2014，33（6）：104-111.

［8］张波，苏敏文，邓小强，等. 水平井多级水力喷射压裂封隔工具［J］. 石油机械，2012，40（12）：109-112.

［9］孙聪聪，檀朝东，宋健，等.国内外水平井压裂工艺技术综述［J］.中国石油和化工，2014（10）：50-51.

[10] 袁灿,张福祥,石孝志,等. 不动管柱喷射分段酸压技术在超深井的应用[J]. 油气田开发,2012,30(5):43-46.

[11] 刘威,何青,张永春,等. 可钻桥塞水平井压裂工艺在致密低渗气田的应用[J]. 断块油气藏,2014,23(3):394-397.

第九章 技术展望

"十一五""十二五"期间，中国石油在井下作业新技术研发、推广以及应用等方面取得了显著的成绩，并形成了一系列拥有自主知识产权的特色技术，有力地保障了中国石油天然气集团公司油气资源开发需求。随着勘探开发不断向"低、深、海、非"发展，井下作业装备与技术仍将面临巨大的挑战，进一步提高井下作业技术的适用性及可靠性，提升作业装备的自动化、智能化水平，满足节能降耗环保的阶段性要求将是井下作业的重要发展方向。

第一节 精细分层注水展望

近些年，通过理论研究、新材料与新工具研发、新工艺现场试验，攻克了层段流量检测和调整等核心技术，奠定了第四代分层注水工艺基础，实现了分层注水全过程监测与自动控制等功能，通过小规模区块应用达到了预期效果。为了进一步加快第四代分层注水技术研制与应用步伐，满足不同油藏、特殊井型及降本增效的要求，在未来几年甚至十几年仍需对井下层段流量检测、井筒无线通信、井下自发电和易损部件投捞等技术加大研究力度，持续攻关核心技术和配套措施，并加强与油藏工程的有机结合，形成可持续支撑水驱开发的、系统的、完善的第四代分层注水技术。技术发展路线分两个阶段。

第一阶段，分析注采端动态关系，有针对性开展措施调整，进行区块规模化应用：（1）开展区块应用和综合效果评估；（2）辅助油藏动态分析，提高水驱动用程度。

第二阶段，利用颠覆性技术进一步引领和完善注水工艺，形成工艺规范和标准：（1）开发第四代工艺中调整端可投捞技术；（2）开发井下自发电和可溶解发电技术；（3）研制强电磁、声波井下无线通信技术；（4）形成工艺规范和标准3～5套。

要实现控制含水率上升速度、降低自然递减、提高储量动用程度和降本增效的目标，仍需围绕油藏、工程一体化发展方向开展精细注水相关研究工作，具体内容如下。

（1）开展配注方案符合率研究，监测区块注水合格率的变化趋势，与现有测调周期进行对比分析，重新核实分层注水合格率指标，并为测调周期的差别化管理提供基础数据。

（2）开展注水井分层测试和调配方法研究，利用监测的压力数据辅助区块某一层段累计注入量分析，建立区块化资料验收标准。

（3）研究油层动用厚度变化动态规律，通过吸水厚度动态变化比例对比分析，最大化提高水驱动用厚度。

（4）研究油层最大注水压力，达到充分利用压力空间的目的，同时研究压力预警标准及解决办法，确定套损报警技术指标。

（5）开展注水工艺与油田开发适应性的研究，建立更合理的井网平衡注采比；针对性质不同的油层开展周期注水、轮换注水研究。

（6）开展油藏、工程一体化研究，将第四代分层注水技术监测数据与油藏工程分析和油藏模拟相结合，根据油藏剩余油分布和压力分布研究结果，调整油藏开发方案，制订分层注水方案，使注水措施与油藏开发状态衔接匹配更加紧密，进一步提高油藏采收率，改善开发效果。

第二节　大修作业技术展望

未来修井技术将向着绿色经济、实用高效修井方向发展，应重点研究超声探测、全息影像等修前井况诊断技术，进行修前井况调查，实现诊断预判可视化；研发具有磨铣、修复、打捞于一体的组合式智能化的修井工具和具有堵漏、压井、封窜的多功能修井液，建立集施工经验、标准规程于一体的专家系统，实现施工决策智能化；建立修井数据自动采集、远程传输、信息共享系统和平台，实现修井全程信息化。修井整体技术将向"可视化、智能化、自动化、信息化"方向发展。

一、修井软件应用

国外重视计算机技术等高科技技术在修井方面的应用，主要包括修井问题监测、修井方案选择和施工设计，以及修井成本控制。国外许多油气田都建有修井数据库，用于科学地分析修井问题和修井设计。数据库具备以下特点：一是修井资料丰富，包括各种修井设备、修井工具、常用管材、修井标准、常见落物、施工总结和施工设计书等资料；二是提供事故咨询服务，只需将事故井进行简单描述，即可获得处理本事故的修井方案；三是修井案例丰富，收集了若干修井作业的经典案例。国内修井软件技术跟国外相比还有些差距。国内修井工具也形成系列化，但是没有很好地整合运用，编入数据库，也没有较完整的专家系统。

二、套损检测新技术

在检测技术方面，国外主要有铅模、井温测井和井下电视等检测技术，其井下电视技术能直观显示井下落物鱼头和套管状况，在轻微套变井上应用井数较多。国内其他油田和大庆油田一样，主要应用铅模核实落物和套管状况，用双封单卡进行验漏。目前机械井径测井、电磁探伤测井、井温同位素测井、超声成像测井在国内各油田广泛应用，适合检测套管漏失、变形、轻微套变、管壁厚度等情况，无法检测错断点以下状况。国内也开展了井下电视技术先导性试验，由于适用性差，主要是对井下条件要求严格，且无法检测错断点以下状况，因此没有推广应用。大庆油田研究了陀螺铅模方位检测技术和丢失套管探测技术，可确定下断口的方位和距离，提高打通道成功率。下一步还应开展超声影像检测技术研究，突破井下电视技术弊端，对遇阻点以下情况进行检测。

三、成片套损区治理和疑难井修复

未来需要通过攻关吐砂吐岩块、大位移活性错断井修复治理技术，持续完善小通径及无通道套损井修复工艺，使套损修复和成片套损区治理能力再上一个新台阶。通过科研攻关，进一步提高修井质量、时效和经济效益。针对提高修复率问题，应重点开展超声成像套损检测、大位移活性错断井修井、吐砂吐岩块井综合治理、小套管修复套损井等技术研究。针对提高施工质量、时效和经济效益问题，应重点开展深部取套提质提效现场试验、有落物井异井眼报废、套损井修复经济评价、修井作业套管损伤评价及低伤害修井等技术研究。

四、气井和水平井修井技术

在气井修井方面，国外大面积应用带压作业技术。非带压作业井，应用有机盐压井液、气溶性暂堵剂、150MPa防喷器、井下安全阀及过油管封隔器等设备和技术，在保证安全前提下，有效保护气层。国内四川、新疆、长庆、大庆等油气田，带压作业应用除比例较小外，其他技术与国外基本相同。在压井液、固化水暂堵、防喷设备等方面与国内外保持同一水平，在打捞井内腐蚀落物、修复漏失套管等方面领先国内外其他油气田；在带压作业、井下安全阀、气溶性暂堵剂、过油管封隔器等方面还落后于国外其他油气田，需要开展相关研究。

在水平井修井方面，国外主要进行冲砂和打捞作业，国内油田除可以进行冲砂和打捞作业外，还可以进行钻磨铣作业，并且打捞复杂落物技术领先。但是随着水平井逐渐出现套损问题，下一步需要开展套管整形和修复技术攻关。

五、修井应急抢险

抢拆装井口即在井口失控或着火情况下，恢复井口控制。通过在伊拉克某井井口着火抢险施工可以看出，国外水平高于国内水平，国内以川庆气田应急抢险中心技术最为先进。下一步应加快井下作业应急抢险中心建设，配套远程清障、切割、更换井口等装备。

第三节 带压作业技术展望

未来带压作业技术主要在以下方面发展。

一、带压作业机向智能化和模块化发展

（1）带压作业技术将更安全、更快捷，增加稳固装置安装在安全防喷器与带压作业机之间，以分解井口载荷，增加井口稳定性。

（2）在液压操作系统上增加卡瓦和工作防喷器自锁装置，防止误操作出现安全事故。

二、带压作业能力进一步提升

在2000年，国外出现带压钻、修、作业一体机。目前国外带压修井技术普遍应用，年施工能力5000口以上，修井装置在行程、举升力、下压力和承压能力方面均领先于国内。吉林、辽河油田通过自主创新、联合攻关以及装备引进，已实现最大井深3000m、井口压力14MPa情况下带压打捞、磨铣、整形，但满足密闭条件下起下大直径工具和实现带压旋转一直是难点。

三、带压作业配套技术更完善

随着低渗透储层、煤层气及页岩气等非常规天然气的规模开发，在气井的带压完井、

带压拖动压裂酸化、带压修井等方面对带压作业技术的需求将更加旺盛，也对带压作业技术提出新的挑战。

第四节　连续管作业技术展望

未来连续管作业技术主要向3个方面发展。

（1）攻关研究深层连续管作业技术与装备，解决深井、超深井、长水平段的作业难题，研发满足深层作业的连续管作业装备、工具和施工技术。

（2）开发连续管作业综合软件，建立监测预警与远程传输系统，搭建连续管作业数据中心和服务平台，提高适应复杂作业条件和解决复杂作业问题的能力，提高常规作业的设计效率和标准化水平。

（3）拓展煤层气领域压裂技术、径向井技术、完井技术、排采技术，拓展海洋和可燃冰领域完井技术、增产技术、修井技术，拓展海外区块作业等新领域的应用。

第五节　清洁环保及自动化作业技术展望

由于超级电容能量密度低，存储能量少，尽管与小修作业性能匹配较好，但目前只能适用于间歇性工作的小修井作业，在需要修井机大载荷、连续动力输出的工况下，超级电容功率补偿系统难以满足作业动力需求。此外，在大修井作业中，井场钻井泵、固控系统等其他用电设备也需要大量的电能维持。因此实现网电修井机的系列化、大型化将是未来的主要攻关方向。

微电网技术采用分布式电源，进一步扩大供电来源，以柴油发电机、双燃料发电机以及天然气发电机与外部电网组合，提高补偿系统电力供应能力，为井场大型用电设备提供充足的电力将成为今后新型网电修井机的研究重点。储能系统也需要进一步提高持续供电能力，把能量密度高的电池储能与超级电容储能功率密度高的优势相结合，形成更加强大、完善的网电修井机供电系统，以实现修井机全系列"以电代油"。

此外，随着电池、电容技术的进步和电动汽车产业的发展，修井机的电驱化也是今后必然的发展方向，即修井机底盘纯电动化。未来的石油修井机将以电能为主要动力，修井机作业实现完全无污染排放。

第六节　试油技术展望

未来国内外试油测试技术主要向两个方面发展：一方面是向高温高压复杂深井油气测试技术方面发展，另一方面向低成本的致密油气层测试方面发展。在工艺和装备方面主要体现出智能化、信息化、一体化特征。

一、智能测试技术

智能测试技术将传感器技术、无线传输技术、专家系统等技术结合为一体，搭建一个井下与地面沟通的信息平台，在试油测试期间测试人员可以实时掌握和控制井底情况，实现动态调整测试作业程序，提高测试数据录取质量，以及及时发现井下异常情况，降低安全风险。

二、超高压高温测试技术

针对高温深层油气，国外在高温高压地面测试设备、高温高压井下测试工具、高温高压完井封隔器等测试关键设备已形成了系列产品，但目前主流的压力级别（105MPa）和耐温级别（150℃）已经显示出偏低现象。随着钻探深度的增加，对于井下测试工具，发展工作压力级别达到140MPa，工作压力温度达到200℃，甚至240℃的工具已是大势所趋，并且相应的配套工艺来支撑高测试成功率也是必需的。另外，开发性能稳定的、能稳定使用诸如10年甚至更长时间的气井完井工具，也是未来降低成本的关键。对于地面测试设备，一方面继续完善设备对于高压及高风险的绝对掌控能力，即开发出更多工作压力140MPa级别的地面测试设备；另一方面，设备朝多功能化、一体化方向发展，降低成本和风险，提升作业效率。

三、小型化、集成化、一体化的致密油气测试装备技术

针对页岩气井等致密油气开采的工厂化作业特征，平台场地有限，多口井同时作业，需要尽可能减少设备使用、控制流程规模，同时又要保证每口井的正常使用。对于测试设备，采用小型化设计和多个设备一体化设计相结合；对于测试流程布局，采用模块化、集成化方案，并采用可移动模式，有利于随时搬迁，降低设备管线数量，提高设备利用率。

四、致密油气清洁测试技术

针对页岩气等致密油气开发的清洁化生产，开发测试放喷气体的清洁燃烧技术，以及后期返排液清洁回收处理技术，最终实现零排放，杜绝二次污染。

五、清洁燃烧技术

目前壳牌等国际石油公司已经普遍使用清洁燃烧的方式对页岩气等非常规气藏进行试气，而国内还未有成熟产品，更没有推广应用。未来几年中国石油将在国内大范围推广开发页岩气资源，预计钻井数量3000~5000口，因此该技术具有良好的经济和社会效益。

六、压裂返排液清洁处理

根据调研，针对页岩气等致密油气开发的压裂返排液处理，国外发展较为领先，其已不是采用简单的物理过滤和化学处理方法。中国页岩气资源储量丰富，开发潜力巨大，应借鉴国外的先进技术对实现中国页岩气返排液处理技术的研究跨越发展，不断提高返排液处理效率。

第七节　水平井压裂作业技术展望

随着勘探开发的不断深入，质量差、难开采油藏的比例将越来越大，致密油气藏、页岩气的高效开发将是攻关的方向和重点。为提高非常规油气储层单井产能，进一步降低开

发成本，并有效降低建产后期维护费用和风险，国内外开展了水平井全通径分段压裂工具的研究与试验，对于油气田增产和高效建产具有明显技术优势，但国内在这方面与国外依然存在一定差距。应大力发展全通径可开关滑套、一球多段、固井压裂一体化与速钻桥塞等工具与配套工艺技术，实现不限级数分段压裂。同时在工具系列化方面应做进一步的持续攻关工作，尽快形成具有自主知识产权的创新技术。